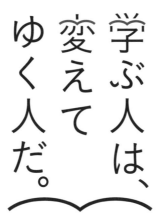

学ぶ人は、
変えて
ゆく人だ。

目の前にある問題はもちろん、

人生の問いや、

社会の課題を自ら見つけ、

挑み続けるために、人は学ぶ。

「学

少しずつ世！

いつでも、

学ぶことか、、、

旺文社

大学入試 全レベル問題集

生 物

駿台予備学校講師 太田信頼 著

2 共通テストレベル

三訂版

✒ はじめに

　本書は，大学入学共通テスト「生物」を受験する学生に対応した問題集です。「生物」と「生物基礎」全範囲の基本的な用語の確認から，共通テストで出題される文章選択，図表・グラフ選択，仮説検証を含む考察問題までを，教科書に記載がある内容から忠実に網羅的に学習できるように作成してあります。共通テストだけでなく，マーク式・選択式の大学受験問題対策にも，もちろん使えます。

　共通テスト「生物」は，生物の教科書すべての範囲と，それに関連した生物基礎の教科書の内容から，まんべんなく出題されるのが特徴です。

　現在の教科書は，昔に比べて先進的な生命現象の内容を多く記載し，幅広い知識を取り扱うようになりました。これは，近年みられる生物学の目覚ましい発展を物語っているのかもしれません。そのため，受験生は，「覚えることが膨大すぎて点数が伸びない」と思いがちです。しかし著者の考えでは，各分野の基本知識を身につけ，本書で考察問題のスキルを磨いていけば，必ず高得点が獲得できる試験科目であると確信しています。

　本書は，教科書を学習した上で，その内容を短時間にチェックできる「一問一答」と，共通テストで出題されやすい考察問題に対応した「実戦問題」の2本立てで，分野ごとに分けて構成しています。今回の改訂では，共通テストに特徴的な会話文形式の問題，仮説検証を扱う問題などを取り上げ，より入試に即した内容としました。

　最初から順に取り組んで学習するのもよし，自分の強化したい分野を選んで学習するのもよし，「一問一答」を用いて基本事項の確認をするのもよし，「実戦問題」を用いて考察問題のスキルを重点的に強化するのもよしと，使い方はさまざまです。本書が，受験生みんなの試験勉強の支えとなり，本書を用いた学習で合格に必要なスキルを有効に養ってくれることを，心から願っています。

太田 信頼

目　次

著者紹介：太田　信頼（おおた　しんらい）

横浜市立大学大学院修了，感染症学の研究を経て，予備校講師になる。現在，駿台予備学校生物科講師。長髪と髭の風貌が特徴的。主に東日本での講義を担当している。「東大実戦模試」（駿台），「全国模試」など数々の参考書・模試作成等の執筆を担当。『全国大学入試問題正解生物』（旺文社）の解答者でもある。

〔協力各氏・各社〕

装丁デザイン：ライトパブリシティ　　本文デザイン：イイタカデザイン

本シリーズの特長

1．自分にあったレベルを短期間で総仕上げ

　本シリーズは，理系の学部を目指す受験生に対応した短期集中型の問題集です。4レベルあるので，自分にあったレベル・目標とする大学のレベルを選んで，無駄なく学習できます。また，基礎固めから入試直前の最終仕上げまで，その時々に応じたレベルを選んで学習できるのも特長です。

レベル① …「生物基礎」と「生物」で学習する**基本事項の総復習**に最適で，基礎固め・大学受験準備用としてオススメです。

レベル② … **大学入学共通テスト「生物」の受験対策用**にオススメです。共通テスト生物では，「生物基礎」の範囲からも出題されるので，「生物基礎」の分野も収録しています。全問マークセンス方式に対応した選択解答です。また，入試の基礎的な力を付けるのにも適しています。

レベル③ … **入試の標準的な問題**に対応できる力を養います。問題を解くポイント，考え方の筋道など，一歩踏み込んだ理解を得るのにオススメです。

レベル④ … 考え方に磨きをかけ，**さらに上位を目指す**ならこの一冊がオススメです。目標大学の過去問と合わせて，入試直前の最終仕上げにも最適です。

2．入試過去問を中心に良問を精選

　本シリーズに収録されている問題は，効率よく学習できるように，過去の入試問題を中心にレベル毎に学習効果の高い問題を精選してあります。また，レベル①～③では，より一層，学習効果を高められるように入試問題を適宜改題しています。

3．解くことに集中できる別冊解答

　本シリーズは問題を解くことに集中できるように，解答・解説は使いやすい別冊にまとめました。より実戦的な問題集として，考える習慣を身に付けることができます。

本書の使い方

　「生物」の分野は「生物基礎」の内容が基礎知識として必要です。「生物基礎」分野にのみ含まれる内容には**基**の表示を示してあります。「生物基礎」に含まれる内容についても可能な限り学習を積んで，共通テストに臨んでください。

　問題は，各分野ごとに教科書の掲載順序に応じて配列してあります。最初から順番に解いていってもよいですし，苦手分野の問題から先に解いていってもよいでしょう。自分にあった進め方で，どんどん問題にチャレンジしてください。

一問一答 … 共通テストで狙われる穴埋め問題や，基礎問題などに対応しています。右欄の解答には，ポイントとなる点を簡潔にまとめてあります。この内容も合わせて確認しておきましょう。

実戦問題 … 共通テストの考察問題に対応しています。10分以内で解くのが目安です。時間を計ってトレーニングしてみましょう。

　別冊解答の構成は次の通りです。解けなかった場合はもちろん，答えが合っていた場合でも必ず読んで，理解を深めてください。

解答 … 解答は照合しやすいように，冒頭に掲載しました。

解説 … なぜその解答になるのかを，わかりやすくシンプルに解説してあります。必ず読みましょう。

重要事項の確認 … 問題を解く際に特に重要な知識や図・グラフをまとめました。

志望校レベルと「全レベル問題集　生物」シリーズのレベル対応表

＊ 掲載の大学名は購入していただく際の目安です。また，大学名は刊行時のものです。

本書のレベル	各レベルの該当大学
［生物基礎・生物］ ① 基礎レベル	高校基礎〜大学受験準備
［生物］ ② 共通テストレベル	共通テストレベル
［生物基礎・生物］ ③ 私大標準・国公立大レベル	［私立大学］東京理科大学・明治大学・青山学院大学・立教大学・法政大学・中央大学・日本大学・東海大学・名城大学・同志社大学・立命館大学・龍谷大学・関西大学・近畿大学・福岡大学　他 ［国公立大学］弘前大学・山形大学・茨城大学・新潟大学・金沢大学・信州大学・広島大学・愛媛大学・鹿児島大学　他
［生物基礎・生物］ ④ 私大上位・国公立大上位レベル	［私立大学］早稲田大学・慶應義塾大学／医科大学医学部　他 ［国公立大学］東京大学・京都大学・北海道大学・東北大学・名古屋大学・大阪大学・九州大学・筑波大学・千葉大学・横浜国立大学・神戸大学・東京都立大学・大阪公立大学／医科大学医学部　他

学習アドバイス

　大学入学共通テスト「生物」の全体的な枠組み(問題構成・出題形式など)と，著者がお勧めする効果的な勉強方法を解説します。

1．出題範囲を理解しよう

　共通テスト「生物」の出題範囲は，生物と生物基礎の教科書全範囲です。各大問は，生物の教科書の編・章立てである以下の内容から出題されます。

※教科書により，編・章立てが若干異なることもありますが，内容については同様です。

① 生物の進化

② 生命現象と物質

③ 遺伝情報の発現と発生

④ 生物の環境応答

⑤ 生態と環境

　また，生物基礎の編・章立ては，

⑥ 生物の特徴

⑦ ヒトのからだの調節(ヒトの体内環境の維持)

⑧ 生物の多様性と生態系

です。

　⑥は生物の②(と③)と，⑦は④と，⑧は⑤と関連しており，「生物」であっても「生物基礎」の内容からも出題されるので，「生物」の教科書のみを勉強しておけば大丈夫ということはありません。「生物基礎」の内容も含めて学習するように，注意しましょう。

2．勉強法

(1) 教科書に載っている基本事項(用語や図表)の理解を徹底しよう

　共通テストは，設問ごとに異なる分野から出題され，大問を通して内容を総合的に問う分野融合型の出題様式となっています。考察問題が多く，基本知識を単純に問うような用語の空欄補充問題などは出題されにくく，用語や生命現象を説明した文章を選択する問題，教科書にある図表(動物・植物・細胞，組織・器官の図，一般的な生命現象を示したグラフや表など)を選択する問題，そのような図表を用いて考察する問題が出題されます。さらに，語句や短文を複数あげて，適当なものを過不足なく選ぶ(正答をすべて含むものを選ぶ)問題もあります。このような問題は本試験において確実に正答したいものです。教科書の文中にある太字で示された用語や，図や表で示された生命現象のまとめなどは短時間でもよいので定期的に教科書を開き，反復して学習して確実に理解しておきましょう。

　文章選択の正誤判断は「何となく合っている・または違う」と曖昧な判断をするのではなく，解答時に間違っている部分を自分で予測し，線を引いておくなどして，復習時に解説を読んだときに，自分の判断が正しいか再確認できるようにすると効果的

です。

　本書では，このような問題の対策として，「一問一答」による知識確認用の問題を各項の最初に取り上げました。優先度の高い内容を網羅しており，誤答となる部分のポイントの説明や誤った選択肢の解説も可能な限りしています。解答・解説にも追加して覚えてほしい内容を記したので，合わせて学習すると，とても効果的です。

(2) 会話文・探究学習の文章の形式に慣れよう

　共通テストでは，会話文や探究学習をテーマとした問題が出題されます。文章の流れから解答を導くもの，実際に自分が探究学習をする上で疑問に思った点の解決策などが解答として求められます。このような問題は単に解答を求めるだけというだけでなく問題解決能力が問われます。実戦問題に収録してありますので，実際に解いて慣れておきましょう。

(3) 実験などの考察問題は，内容を把握，予測しながら解けるようになろう

　高得点を取るために，失点を最小限に抑えなくてはいけないのが考察問題です。各大問の序盤から出題され，全得点の8〜9割近くを占めています。60分の試験において各問題に割り当てられる時間は限られていますから，本文や問題文を何回も読み直す時間はありません。そのために，練習段階から，以下の内容を心掛けて問題を解くトレーニングをしてみてください。

① 考察に必要な文章と必要でない文章を見分けられるようになろう

　教科書にも書いてあるような一般的な生命現象の説明などの記述はさっと読み流し，初見の内容や考察に関係する内容を精読するのに少しでも時間を割り当てるようにしましょう。また，問題によっては設問の選択肢を先に見ると考察しやすくなるものもあります。

② 必要と思われる内容は文章中に下線を引くか，簡単なメモを作成しよう

　文中に出てくる実験条件，物質名，記号などは考察問題において重要な情報です。図や表に関する説明は，そのまま図に注釈で加えても構いません。これは，問題を考察するときに，必要な情報を短時間で再確認できるようにするためです。また，ある反応の経路や現象を，ある物質が促進・抑制したりする場合，全体の流れがわからなければ結果は予測しにくいものです。物質や現象に関連性がある場合は，つながりを考察しながらメモして全体的に把握できるようにしましょう。その際，自分が考えた予測(仮説)を「？」などとともに書き加え，問題を解く際に検証していくのも有効です。

③ 仮説検証，図や表の解読は，条件が1つ違うものから順に比較していこう

　複数の条件が異なる場合，どの条件が結果に影響を及ぼしているか判断できません。変更された条件が1つであれば，その条件がもとで結果が変化したわけですから，考察をする際に自分が立てた仮説を検証する上でも有利に働きます。

以上の内容をふまえて，ぜひ本書の「実戦問題」に挑戦してみて下さい。

第1章　生物の進化

1　生物の進化，ヒトの系統と進化

❶ 正誤 グリーンランドの地層の調査から，熱水噴出孔付近で21億年前に最初の生命が誕生したといわれる。

❷ 次の①〜④を，古いものから順に並べよ。
① 生物の陸上進出　　　　② 真核生物の誕生
③ 光合成を行う生物の誕生　④ 多細胞生物の誕生

❸ 正誤 27億年前に繁栄したシアノバクテリアはストロマトライトという岩石となり，当時の地層から発見された。

❹ 次のA〜Dの時代に起きたとされる出来事として適当なものを，①〜⑧からそれぞれすべて選び古い順に並べよ。
A．先カンブリア時代　B．古生代　C．中生代　D．新生代
① 硬い殻やトゲをもつバージェス動物群が出現した
② 海洋の酸素欠乏による三葉虫，フズリナなどの絶滅
③ ロボク，リンボクなどのシダ植物が大森林を形成
④ 扁平な体格をもつエディアカラ生物群が繁栄した
⑤ 巨大隕石の衝突によるアンモナイト，恐竜などの絶滅
⑥ 哺乳類の多様化と繁栄，霊長類の出現
⑦ 哺乳類（単孔類）の出現
⑧ 鳥類（始祖鳥）の出現

❺ 次に示した人類を，出現が古い順に並べよ。
① ホモ・サピエンス　② アウストラロピテクス
③ ホモ・エレクトス　④ ホモ・ネアンデルターレンシス
⑤ アルディピテクス　⑥ サヘラントロプス・チャデンシス

❻ 類人猿にはなく現生人類のみにみられる特徴をすべて選べ。
① 眼窩上隆起がある　　② おとがいが発達
③ 犬歯が強大で大きい　④ 骨盤の形が幅広
⑤ 拇指対向性がある　　⑥ 大後頭孔が頭蓋の真下に開口
⑦ 背骨がS字型　　　　⑧ 眼が前方にあり立体視が可能

❼ 正誤 原始的な細胞に好気性細菌，シアノバクテリアが順に取り込まれ，ミトコンドリアと葉緑体が生じた。

❶ ×
21億→40億（21億年前に最初の真核細胞が誕生）。

❷ ③→②→④→①
①生物の陸上進出はオゾン層形成後。

❸ ○
シアノバクテリアが放出した酸素は海中の鉄を酸化。

❹ A—④（6億年前）
B—①（カンブリア紀）→③（石炭紀）→②（ペルム紀）
C—⑦（三畳紀）→⑧（ジュラ紀）→⑤（白亜紀）
D—⑥（古第三紀，新第三紀）
その他，A：全球凍結
B：無顎類の出現（カンブリア紀）・陸上植物の出現（オルドビス紀）・裸子植物と昆虫類・両生類の出現（デボン紀）・は虫類の出現（石炭紀）
C：被子植物の出現（白亜紀）
なども覚えよう。

❺ ⑥→⑤→②→③→④→①
①と④の共通祖先は，ホモ・ハイデルベルゲンシスといわれる。

❻ ②，④，⑥，⑦
類人猿のみの特徴：①，③
共通の特徴：⑤，⑧

❼ ○
マーギュリスの共生説。

1 地球環境の変化と生物の進化

　図1は地球の誕生から現在までの地球の大気中の酸素濃度の変化を示したものである。<u>ア先カンブリア紀の地球の大気にはもともと酸素が含まれなかったが</u>，<u>イ酸素を放出する生物の出現</u>により，ゆっくりではあるが大気中に酸素が徐々に蓄積してきた。これにより，<u>ウ地球の環境が変化して，生物</u>は徐々に陸上進出をし始めるようになっていった。

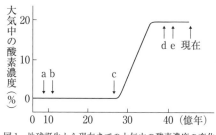

図1　地球誕生から現在までの大気中の酸素濃度の変化

問1　下線部アに関連して，先カンブリア紀の地球のようすの説明として**誤っているもの**を，次から一つ選べ。

① 地球の誕生初期は，頻繁に隕石が衝突し，地球の表面はマグマで覆われていた。
② 初期の海水は金属イオンが少なく，これが原因で地球は度々全球凍結していた。
③ 無機物から大量の有機物が合成されており，この過程を化学進化という。
④ 海底から熱水を噴出する熱水噴出孔で最初の生命が誕生したと考えられている。

問2　下線部イについて，地球上で最初に酸素を発生させた生物として最も適当なものを，次から一つ選べ。

① 化学合成細菌　　② 光合成細菌　　③ 好気性細菌　　④ シアノバクテリア

問3　図1について，次のア～オは図1中のa～eのいずれかで起きた主要な出来事である。図1のb，c，eにあてはまる出来事として最も適当な組合せを，下の①～⑥から一つ選べ。

　ア．光合成を行う最初の生物の出現　　　イ．多細胞生物の出現
　ウ．好気性の生物の出現　　　　　　　　エ．生命の誕生
　オ．動物と植物が水中から陸上に進出

	b	c	e			b	c	e			b	c	e
①	ア	イ	ウ		②	ア	ウ	オ		③	イ	ア	ウ
④	イ	ア	オ		⑤	ウ	ア	イ		⑥	ウ	イ	オ

問4　下線部ウについて，地球環境の変化と生物の陸上進出に関する説明として最も適当なものを，次から一つ選べ。

① 大気中の酸素はオゾン層の形成を促し，地球に降り注ぐ有害な赤外線を減少させた。
② 大気中の鉄が酸化されて雨として陸上に降り注ぎ，縞状鉄鉱層が形成された。
③ 植物の最古の陸上化石として，シルル紀の地層からクックソニアが発見されている。
④ 両生類のイクチオステガはえらから肺を進化させ，四肢を獲得して陸上進出した。

〈愛知医大〉

2 地質時代とその変遷，ヒトの系統と進化

　地球は今から　a　億年前に誕生し，細胞構造が単純な原核生物とされる最初の生命は約　b　億年前に海の中で誕生したと考えられている。少なくとも約　c　億

年前には，独立栄養生物であるシアノバクテリアが誕生し，酸素発生型の光合成が始まった。その後，真核生物が誕生し，ア化石の調査からイ各時代の特徴が把握されている古生代，中生代，新生代を経て，ウ人類が地球上に広く繁栄する現在に至った。

問1 文中の空欄 $\boxed{\text{a}}$ 〜 $\boxed{\text{c}}$ に入る数値の組合せとして最も適当なものを，次から一つ選べ。

	a	b	c		a	b	c		a	b	c
①	46	40	27	②	46	27	6	③	40	27	20
④	40	20	6	⑤	27	20	2.5	⑥	27	6	2

問2 下線部アに関連して，生物の調査には放射線を用いる手法もある。炭素の放射性同位体である ^{14}C は自然界において一定の割合で含まれ，放射線を出しながら約5700年で半減し，^{14}N へと変化する。それに対して通常の ^{12}C は，時間が経っても別の原子に変化することはない。生物が生きているうちは，^{14}C の割合と ^{12}C の割合は生体内と自然界で同じ値を示すが，生物が死ぬと，^{14}C を取り込めなくなるため，次第に ^{14}C は減っていく。^{14}C を使った年代測定法は，生物の体内にある ^{12}C と ^{14}C の割合を利用して行う。ある生物の化石には，もとの量の4分の1の ^{14}C が含まれていた。この化石は約何年前のものとなるか，最も適当なものを次から一つ選べ。

① 1425年　② 8550年　③ 11400年　④ 17100年　⑤ 22800年

問3 下線部イに関連して，地質時代に関する記述として適当なものを次から二つ選べ。
① 脊椎動物の陸上への進出は，植物の陸上への進出に先立って起きた。
② アンモナイト類は中生代末期の白亜紀に絶滅した。
③ エディアカラ生物群は古生代を代表する生物群であり，この生物群の生物はやわらかく扁平な体をもっていた。
④ 哺乳類は古生代の終わり頃に出現し，新生代に繁栄した。
⑤ 古生代に出現したクックソニアは維管束をもつ最初の種子植物である。
⑥ マンモスや三葉虫は新生代の寒冷化により絶滅した。
⑦ 軟骨魚類は古生代に出現し，硬骨魚類は中生代に出現した。
⑧ 魚類は古生代に出現した有顎類から現在の無顎類に進化した。
⑨ リンボクなどの木生シダ類が繁栄した時期に，は虫類が出現した。

問4 下線部ウに関連して，人類の進化に関する記述として適当なものを，次から二つ選べ。
① アウストラロピテクスは，直立二歩行を行わなかった。
② アウストラロピテクスは，脳容積が猿人類の3倍近くまで増大した。
③ アウストラロピテクスの前肢には，拇指対向性はみられなかった。
④ アウストラロピテクスは，約700万年前のアフリカに生息した。
⑤ ヒト（ホモ・サピエンス）の顎は，類人猿の顎に比べて大きく発達する。
⑥ ヒト（ホモ・サピエンス）の大後頭孔は頭蓋の真下にあり，脊椎はS字型である。
⑦ ヒト（ホモ・サピエンス）は，著しく発達した眼窩上の隆起をもつ。
⑧ ヒト（ホモ・サピエンス）は，約20万年前にアフリカで出現した。

〈センター試験・本試〉

3 類人猿・ヒトの進化

(a)ヒトの近縁種の系統関係を調べるため，チンパンジー，ゴリラ，オランウータン，およびニホンザルのそれぞれについて，遺伝子Aからつくられるタンパク質Aのアミノ酸配列を調べたところ，互いに異なっているアミノ酸の割合は，上表の通りであった。

	チンパンジー	ゴリラ	オランウータン
ゴリラ	0.90%	—	—
オランウータン	1.93%	1.77%	—
ニホンザル	4.90%	4.83%	4.85%

問1 下線部(a)について，ヒトがもつ次の特徴①〜④のうち，直立二足歩行に伴って獲得した特徴はどれか。適当なものを二つ選べ。

① 拇指対向性がある　　② 大後頭孔が頭骨の底面に位置し，真下を向いている

③ 眼が前方についている　　④ 骨盤は幅が広く，上下に短くなっている

問2 表の結果から得られる系統樹として最も適当なものを，次から一つ選べ。

問3 チンパンジーの祖先とオランウータンの祖先が分岐した年代が1300万年前，ヒトの祖先とチンパンジーの祖先が分岐した年代が600万年前とすると，分子時計の考え方により，表を用いてヒト – チンパンジー間のタンパク質Aにおけるアミノ酸配列の違いを予測できる。ところが，タンパク質Aにおけるヒト – チンパンジー間のアミノ酸配列の違いを実際に調べた値は，分子時計の考え方による予測値よりも小さかった。次の数値①〜③のうち，分子時計の考え方による予測値はどれか。また，後の記述④〜⑥のうち，実際に調べた値が予測値よりも小さくなった原因に関する考察として適当なものはどれか。最も適当なものを，一つずつ選べ。

① 0.42%　　② 0.89%　　③ 4.18%

④ 遺伝的浮動により，ヒトの集団内で，突然変異によって遺伝子Aに生じた新たな対立遺伝子の頻度が上がったため。

⑤ ヒトにおいて生存のためのタンパク質Aの重要度が上がり，タンパク質Aの機能に重要なアミノ酸の数が増えたことで，突然変異によりタンパク質Aの機能を損ないやすくなったため。

⑥ 医療の発達により，ヒトでは突然変異によってタンパク質Aの機能を損なっても，生存に影響しにくくなったため。　　〈センター試験・本試〉

❶ 減数分裂で染色体の乗換えが起こる時期を一つ選べ。
① 第一分裂開始前　　② 第一分裂前期
③ 第一分裂終期　　　④ 第二分裂前期

❷ 減数分裂で染色体の交さが起こる部分を一つ選べ。
① 動原体　　② キアズマ　　③ クロマチン

❸ 正誤 減数分裂第一分裂後期には二価染色体が縦裂面で分離し，第一分裂が終了すると核相は半減する。

❹ 正常なヒトの男性がもつ性染色体をすべて選べ。
① X　　② Y　　③ Z　　④ W

❺ ホモ接合体をすべて選べ。
① AA　② Aa　③ $AaBb$　④ $AAbb$　⑤ $aaBB$

❻ 正誤 ヒトの体細胞に含まれる相同染色体を n 対とすると，ヒトの染色体数は $2n=46$ と表される。

❼ 正誤 異なる染色体に存在する 2 組の対立遺伝子（アレル）が互いに影響されることなく配偶子に分配されることを，分離の法則という。

❽ $A(a)$ と $B(b)$ が独立しているとき，$AaBb$ と $aabb$ の交配で生じた子に含まれる $aabb$ の割合を，一つ選べ。
① $\dfrac{1}{4}$　② $\dfrac{3}{4}$　③ $\dfrac{1}{16}$　④ $\dfrac{3}{16}$　⑤ $\dfrac{9}{16}$

❾ 遺伝子 A と b，a と B が連鎖している個体から生じる配偶子うち AB をもつものが 10% の割合で含まれたとき，遺伝子 AB 間の組換え価(%)を，次から一つ選べ。
① 0　　② 5　　③ 10　　④ 20　　⑤ 40

❿ 正誤 突然変異のうち，挿入や欠失は置換に比べて個体の形質に影響を与える可能性が高い。

---

❶ ②
二価染色体を構成する相同染色体の間で染色体の一部が交換されることを乗換えという。

❷ ②
①紡錘糸が結合する染色体の部位。
③染色体の構造。

❸ ✕
二価染色体が対合面で分離する。

❹ ①，②
女性は X 染色体を 2 本もつ。

❺ ①，④，⑤
ホモ接合体：ある遺伝子座について同じ遺伝子の組合せをもつ個体。

❻ ○
ヒトの相同染色体は23対。

❼ ✕
独立の法則が正解。分離の法則は対立遺伝子が配偶子に同じ比率で分配される法則。

❽ ①
$AaBb$ どうしの交配でない点に注意。

❾ ④
生じる配偶子は $AB:Ab:aB:ab=10:40:40:10$。
$\dfrac{(10+10)}{100}\times100=20\%$

❿ ○
コドンの読み枠の変化（フレームシフト）による影響。

4 減数分裂

　開花前のテッポウユリから複数のつぼみ(長さ10～170mm)を採取した後，つぼみを割り，おしべから薬を，めしべの子房から胚珠をそれぞれ取り出し固定した。それらを解離したのち酢酸オルセイン液で染色し，押しつぶして，薬や胚珠の中にある細胞を顕微鏡で観察した。図1は，薬(左図)と胚珠(右図)で，観察した細胞のうち減数分裂開始前の細胞(□)，_ア減数分裂第一分裂期の細胞(▨)，減数分裂の第二分裂期の細胞(■)，減数分裂終了後の細胞(▥)の割合をつぼみの長さごとにそれぞれ示している。なお，横軸のつぼみの長さはつぼみの成長ぐあいに対応し，グラフの棒を省略したところ(⫻)以外では，となり合うつぼみの長さの間(棒の間)の期間は約3日である。

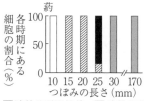
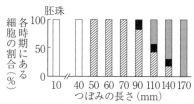

□減数分裂開始前　▨減数分裂第一分裂期　■減数分裂第二分裂期　▥減数分裂終了後

図1

問1　図1の結果から考えられる記述として最も適当なものを，次から一つ選べ。

① 1個のつぼみの中では，胚珠内の方が薬内における減数分裂よりも早く始まる。

② 薬内における減数分裂の方が胚珠内における減数分裂よりも時間がかかる。

③ 薬内においても胚珠内においても減数分裂はほぼ一斉に始まるが，胚珠の方が薬よりも細胞間での分裂の進行の同調性が高い。

④ 薬内における減数分裂においても，胚珠内における減数分裂においても，第一分裂の方が第二分裂よりも時間がかかる。

⑤ 薬内における減数分裂においても，胚珠内における減数分裂においても，第一分裂と第二分裂の間には十分な時間の間期がある。

問2　下線部アに関連して，減数分裂の第一分裂期と第二分裂期を区別する記述として**誤っている**ものを，次から一つ選べ。

① 相同染色体の対合がみられるのは第一分裂期である。

② 相同染色体間で乗換えがみられるのは第一分裂期である。

③ 相同染色体が対合面で分離するのは第二分裂期である。

④ 紡錘体の極が減数分裂を開始したもとの1個の細胞あたり4つ存在するのは第二分裂期である。

⑤ 体細胞分裂とほぼ同じような過程にあるのは第二分裂期である。

問3　下線部アに関連して，第一分裂中期と第二分裂中期の一つの赤道面で観察される染色体数として適当な値を，次からそれぞれ一つずつ選べ。なお，分裂を行っていないテッポウユリの体細胞の染色体構成は$2n=24$であり，分裂期の時期にかかわらず1本の染色体は1分子のDNA(二重らせん構造のもの)からなる。

① 6　② 12　③ 18　④ 24　⑤ 36　⑥ 48　⑦ 60　⑧ 72

〈センター試験・本試〉

　ムギなどの穀類では，野生種は穂や種子が熟するまでに植物体から容易に脱落する（脱粒性）が，栽培種では収穫しやすいように熟しても脱落しない（非脱粒性）。この性質は1個または2個の遺伝子が支配する。

　オオムギの脱粒性については，野生種（脱粒性）は栽培種（非脱粒性）に対して顕性であり，東洋型の栽培種と西洋型の栽培種は遺伝子型が異なる。また，栽培種，野生種ともに遺伝子型はホモ接合である。東洋型と西洋型の栽培オオムギ1系統ずつと野生オオムギ1系統について，雑種第一代（F_1）および雑種第二代（F_2）を作り，脱粒性を調査した（表1）。なお，組合せの雄親と雌親を入れ替えても結果は同じであった。

表1

組合せ			F_1			F_2		
雌　親		雄　親	脱粒性	:	非脱粒性	脱粒性	:	非脱粒性
東洋型	×	野生種	1	:	0	3	:	1
西洋型	×	野生種	1	:	0	3	:	1
東洋型	×	西洋型	1	:	0	9	:	7

　この結果は(a)1遺伝子の顕性・潜性の違いがある2対立遺伝子では説明できないが，(b)独立した二つの遺伝子による次の仮説で説明できる。

仮説：各々の遺伝子で顕性・潜性関係のある対立遺伝子（アレル）A，a と B，b を仮定すれば，この実験に用いた野生種は AABB，東洋型栽培種は aaBB，西洋型栽培種はAAbb である。なお，遺伝子型 aabb は東洋型でも西洋型でもない栽培種である。

問1 下線部(a)で述べた**説明できない**こととは何か，最も適当なものを次から一つ選べ。
① 表現型には，脱粒性と非脱粒性の二つの型がある。
② 遺伝子型には，異なった三つの型がある。
③ 潜性である栽培種には，二つ以上の異なる遺伝子型がある。
④ 野生種が顕性である。

問2 下線部(b)の仮説が正しいとき，表1の東洋型×西洋型のF_2で分離した脱粒性個体のなかで最も頻度が高い遺伝子型はどれか，最も適当なものを次から一つ選べ。
① AABB　② AABb　③ AaBB　④ AaBb

問3 ある栽培種が東洋型であるか，西洋型であるかを決める交配に関する記述として，最も適当なものを次から一つ選べ。
① 東洋型および西洋型と交配して，F_1がともに非脱粒性であれば西洋型である。
② 東洋型および西洋型と交配して，F_1がともに脱粒性であれば西洋型である。
③ 野生種および西洋型と交配して，F_1がともに脱粒性であれば西洋型である。
④ 東洋型と交配してF_1が脱粒性であり，西洋型と交配してF_1が非脱粒性であれば西洋型である。
⑤ 東洋型と交配してF_1が非脱粒性であり，西洋型と交配してF_1が脱粒性であれば西洋型である。

〈センター試験・本試〉

6 マイクロサテライト

ヒトゲノムには共通する塩基配列もあれば，個人によって異なる塩基配列もある。個人の違いの多くは，ある一定の範囲の塩基配列のうちの1塩基が異なっているもので，(ア)一塩基多型(SNP)と呼ばれる。また，SNPの他に2〜7塩基の短い塩基配列(マイクロサテライト)が繰り返されている場所があり，この繰り返しの回数が人によって異なる。この繰り返し回数の違いを利用して，血縁鑑定を行うことができる。

ある母子と，男性(男性1〜男性3)間の血縁鑑定を行った。被験者それぞれの毛髪より採取したDNAを抽出し，マイクロサテライトがみられるゲノム上の場所(a〜e)についてコンピュータで解析した。マイクロサテライトaで行った，母と子の解析の例を図1に示す。各ピークの下の数字は，配列の繰り返し数を示す。マイクロサテライト(a〜e)はそれぞれ別の常染色体上にあるものとし，すべての結果をまとめたものを次ページの図2に示す。

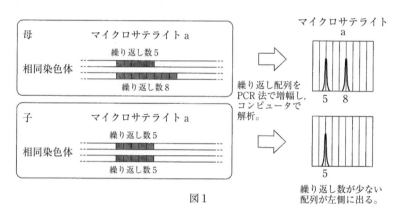

図1

問1 下線部(ア)について，SNPはゲノム内の様々な位置に見られる。ある位置のSNPは，その違いによりタンパク質のアミノ酸配列に違いはないが，遺伝子の発現量を個人で変化させる。この領域として最も可能性の高いものを，次から一つ選べ。

① 遺伝子内のイントロン　　② 非遺伝子領域

③ 遺伝子内のエキソン　　④ プロモーター

問2 この血縁鑑定の結果から，子の父親であると考えられるのは誰か。最も適当なものを，次から一つ選べ。ただし，マイクロサテライトでは，相同染色体間での乗換えは起こっていないものとする。

① 男性1　　② 男性2　　③ 男性3　　④ どの男性か特定できない

マイクロサテライト

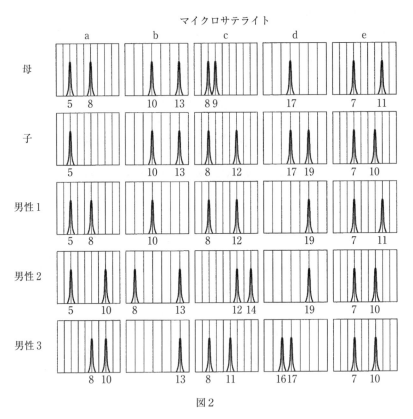

図 2

3 進化のしくみ

❶ [正誤] 集団がもつ遺伝子の集合全体を遺伝子プールといい，その中の対立遺伝子（アレル）の割合を遺伝子頻度という。

❷ 相同器官と相似器官の具体例を，次から一つずつ選べ。
① ヒトの尾骨と虫垂
② 昆虫の翅と鳥類の翼
③ クジラの胸びれとコウモリの翼

❸ [正誤] 異なる種が相互的に作用して両者に適応的な進化が起こることを共進化，他の生物から身を守るためなどに体やその一部の形態や色彩が他のものに似ることを擬態という。

❹ ハーディ・ワインベルグの法則が成立するメンデル集団の特徴として**誤っているもの**を，次から二つ選べ。
① 集団が極めて多数の同種の個体からなる。
② 個体により生存力や繁殖力に差がない。
③ 集団内で一定の頻度で突然変異が生じる。
④ 特徴的な形質をもつ個体に，性選択が起こる。
⑤ 他の集団との間で，個体の移出入が起こらない。

❺ 有利でも不利でもない中立的な突然変異を生じた遺伝子が，偶然の結果，集団内に広まる現象を次から一つ選べ。
① 遺伝的浮動
② 地理的隔離
③ 生殖的隔離
④ 共進化
⑤ 同所的種分化
⑥ 競争的排除

❻ 進化に関する次のA～Eに示した用語の説明として適当なものを，下の①～⑤から一つずつ選べ。
A. 自然選択
B. 適応放散
C. 収れん
D. 分子進化
E. 生殖的隔離
① 類似した環境下で，別々に進化した異なる生物がよく似た形質をもつようになる。
② 集団内の個体のうち，生存や生殖に有利な形質をもつものが次世代の個体を多く残す。
③ DNA の塩基配列などに生じる変化。
④ 共通の祖先をもつ生物群が，様々な環境に適応した形態や機能をもつようになり，多種に分かれる現象。
⑤ 長い年月の間に遺伝的変化が蓄積し，交配できなくなる。

---

❶ ○
ハーディ・ワインベルグの法則が成立する限り，集団内の遺伝子頻度は変化しない。

❷ 相同－③ 相似－②
相同器官は適応放散，相似器官は収れんの結果生じた。

❸ ○
擬態でみられる鮮やかな体色を警告色という。

❹ ③，④
③突然変異は生じない，④性選択が起こらない（自由交配が行われる），が正しい。②は自然選択が起こらないということ。
これらのうち１つでも満たされないと，集団の遺伝子頻度が変化して進化が起こる。

❺ ①
木村資生の中立説で説明されている。

❻ A－② B－④ C－①
D－③ E－⑤
A：ダーウィンが自然選択説を提唱。
D：タンパク質のアミノ酸配列に生じる変化も同様。分子に生じる変化の速度を分子時計という。
E：地形の変化などで集団が分断することを地理的隔離という。

7 集団遺伝

ア生物の進化は個体の形質の変化ではなく，何世代もかけて集団内にみられる形質の割合が変化して生じると考えられる。イ集団内の形質の変化は遺伝子頻度の変化から生じる。また，一定の条件のもとでは，ウハーディ・ワインベルグの法則が成立することが知られている。

この法則が成立する生物集団を仮定してみよう。この生物の体色は対立遺伝子A（黒色，顕性）とa（白色，潜性）で決まるとする。集団中の遺伝子Aの遺伝子頻度が0.8，遺伝子aの遺伝子頻度が0.2とすると，次世代では遺伝子型がAAの個体の割合は　エ　，Aaの個体の割合は　オ　，aaの個体の割合は0.04となる。このときの遺伝子Aの頻度は　エ　＋　オ　÷2＝0.8となり，遺伝子aの遺伝子頻度も同様に次世代で変化しないことがわかる。

問1 下線部アに関連して，生物が進化してきた証拠として，相同器官があげられる。相同器官の例として最も適当なものを，次から一つ選べ。
① サボテンのトゲとバラのトゲ
② クジラの胸びれと哺乳類の前肢
③ チョウの翅（はね）とコウモリの翼
④ ヒトの虫垂や尾骨などのはたらきを失った器官

問2 下線部イに関連して，集団内に生じた有利でも不利でもない突然変異は遺伝的浮動の結果，集団内に広まるという進化説を提唱した人物として最も適当なものを，次から一つ選べ。
① 岡崎令治　② 利根川進　③ 木村資生　④ リンネ　⑤ ダーウィン

問3 文中の空欄　エ　，　オ　に入る数値として最も適当なものを，次からそれぞれ一つずつ選べ。
① 0.02　② 0.16　③ 0.32　④ 0.49　⑤ 0.64　⑥ 0.96

問4 下線部ウについて，この法則が成立する条件として適当なものを，次から二つ選べ。
① 白い体色の個体は黒い体色の個体に比べて捕食者に見つかりやすく，生存率が低い。
② 集団内から出て行く個体や，他の集団から入ってくる個体がいない。
③ 黒い体色の個体と白い体色の個体は体色に関係なく自由に交配する。
④ 黒い体色の個体は白い体色の個体よりも子を多く生む。
⑤ 単位時間あたりに一定の割合で突然変異が起きる。
⑥ 集団を構成する個体数が極端に少ない。

問5 この生物の別の集団（ハーディ・ワインベルグの法則が成り立つ）で，白い体色の個体が100匹中に9匹の割合で存在する場合，ヘテロ接合体の個体は100匹中何匹の割合で存在すると推定されるか。最も適当なものを，次から一つ選べ。
① 3　② 18　③ 36　④ 42　⑤ 49　⑥ 64

〈大阪工大〉

8 分子進化と分子系統樹

　進化の過程で生じたアミノ酸の置換の累積は，生物の類縁関係の推定に用いられる。アミノ酸の置換は，時計のように一定の速度で進むことから，分子時計という概念が生まれた。分子時計によれば，一般に共通祖先より分岐してから長い時間が経過した生物間ほど，アミノ酸の差異数が大きくなる傾向がある。

　そこで，7種の哺乳類について，ヘモグロビンα鎖のアミノ酸配列を比較した。異なるアミノ酸の数を表1に，表1をもとにして作成した分子系統樹を図1に，ヘモグロビンα鎖のアミノ酸配列の一部を図2に示した。

表1

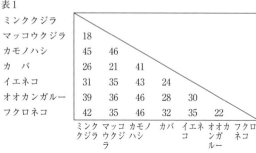

	ミンククジラ	マッコウクジラ	カモノハシ	カバ	イエネコ	オオカンガルー	フクロネコ
ミンククジラ							
マッコウクジラ	18						
カモノハシ	45	46					
カバ	26	21	41				
イエネコ	31	35	43	24			
オオカンガルー	39	36	46	28	30		
フクロネコ	42	35	46	32	35	22	

ヘモグロビンα鎖のアミノ酸の位置（141個のうち）

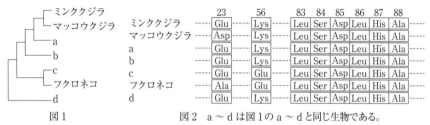

図1　　　　　図2　a～dは図1のa～dと同じ生物である。

問1　図1のa，b，dに入る生物名として最も適当なものを，次から一つずつ選べ。
① カモノハシ　　② イエネコ　　③ オオカンガルー　　④ カバ

問2　ヘモグロビンα鎖のアミノ酸は約600万年で1個の割合で置換する。ミンククジラとマッコウクジラの系統が共通祖先から分岐したのは約何年前か，次から一つ選べ。
① 2700万年　　② 5400万年　　③ 6600万年　　④ 7050万年
⑤ 7200万年　　⑥ 7800万年　　⑦ 9900万年　　⑧ 1億3650万年

問3　図1と図2について，ヘモグロビンα鎖の分子進化についての考察として**誤って**いるものを，次から一つ選べ。
① 有袋類と真獣類（有胎盤類）の共通祖先がもつ第23番目のアミノ酸は Glu である。
② 有袋類と真獣類（有胎盤類）の共通祖先がもつ第56番目のアミノ酸は Glu である。
③ クジラ類と図1中のaの共通祖先がもつ第23番目のアミノ酸は Glu である。
④ クジラ類と図1中のaの共通祖先がもつ第56番目のアミノ酸は Lys である。
⑤ 第83～88番目の領域のアミノ酸はヘモグロビンの機能に重要なはたらきを担う。

〈東京医大〉

4 生物の系統と進化

❶生物を共通性に従ってまとめたとき，種から順にその段階を示すとどのようになるか。次の①〜⑦を，種に続く順に並べよ。
① 科　　② 綱　　③ 属　　④ 界　　⑤ 目
⑥ 門　　⑦ ドメイン

❷ 正誤 生物の学名は，マーギュリスが確立した二名法に従うと，属名−種小名の順にラテン語で表記される。

❸次からアーキアドメインに分類される生物をすべて選べ。
① 好熱菌　② 大腸菌　③ ユレモ　④ 好塩菌
⑤ 根粒菌　⑥ アメーバ　⑦ 粘菌

❹次のA〜Fの特徴を示す動物のグループとして適当なものを，①〜⑪からそれぞれすべて選べ。
A.新口動物　　B.脱皮動物　　C.冠輪動物
D.無胚葉動物　E.脊索を形成する　F.種数が最多
① 環形動物　② 棘皮動物　③ 軟体動物
④ 輪形動物　⑤ 扁形動物　⑥ 海綿動物
⑦ 線形動物　⑧ 節足動物　⑨ 脊椎動物
⑩ 原索動物　⑪ 刺胞動物

❺マーギュリスの五界説で菌界に属するものを三つ選べ。
① 接合菌　② 変形菌　③ 卵菌　④ アーキア
⑤ 細胞性粘菌　⑥ 子のう菌　⑦ 担子菌

❻次のA〜Iの特徴を示す植物・藻類のグループとして適当なものを，下の①〜⑨からそれぞれすべて選べ。
A.維管束をもつ　B.果実をつくる　C.種子をつくる
D.クロロフィルa，bをもつ
E.クロロフィルa，cをもつ
F.原生生物界に含まれる　G.葉緑体の起源となる
H.生活環の主体が胞子体　I.胞子体が配偶体に寄生
① コケ植物　② シダ植物　③ 被子植物
④ 裸子植物　⑤ シャジクモ類　⑥ 紅藻類
⑦ 緑藻類　⑧ 褐藻類　⑨ シアノバクテリア

---

❶ ③→①→⑤→②→⑥→④→⑦
界の上位にドメインがあるという考え方が一般的。

❷ ×
二名法はリンネが確立。マーギュリスは五界説と共生説を提唱。

❸ ①，④
3ドメイン説はウーズが提唱。②・③・⑤は細菌，⑥・⑦は真核生物の例。

❹ A−②⑨⑩　B−⑦⑧
C−①③④　D−⑥
E−⑨⑩　F−⑧
①③④⑤⑦⑧は旧口動物。
⑪は二胚葉動物。
⑥・⑪以外は三胚葉動物。
⑨・⑩合わせて脊索動物。

❺ ①，⑥，⑦
その他，地衣類，ツボカビ類なども含まれる。④は原核生物。他は原生生物界。

❻ A−②③④　B−③
C−③④
D−①②③④⑤⑦
E−⑧　F−⑤⑥⑦⑧
G−⑨　H−②③④
I−①
E−ケイ藻類も同様，⑥・⑨はクロロフィルaをもち，クロロフィルbとcはもたない。
⑨は原核生物。
①は配偶体が主体，②は配偶体・胞子体が独立生活。

9 3ドメイン説と動物界の系統樹

　細胞の構造に着目すると，現存する生物は原核生物と真核生物に二分できる。近年，核酸の塩基配列に基づいた系統解析が行えるようになり，原核生物には2つの異なる系統をもつ生物群の存在があるとわかってきた。現在，_ア全生物を細菌，アーキア（古細菌），真核生物に分ける3ドメイン説も広く受け入れられている（図1）。

　マーギュリスの五界説では原核生物のほかに真核生物を四界に分けており，捕食型の従属多細胞生物は動物界に含まれる。_イ図2は，形態や発生の比較に基づいた伝統的な動物界の系統樹であり，各グループの名前を示し，e動物は脱皮する動物である。

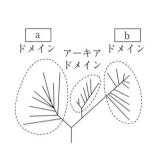

図1　3ドメイン説による系統樹

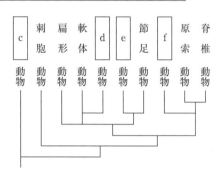

図2　動物の系統樹

問1　下線部アについて，図1のa，bのうち細菌ドメインを示すものと，アーキアドメインに属する生物の具体例の組合せとして最も適当なものを，次から一つ選べ。

	細菌ドメイン	アーキアドメイン		細菌ドメイン	アーキアドメイン
①	a	好熱菌	②	a	ユレモ
③	b	メタン生成菌	④	b	酵母

問2　下線部イについて，図2のc〜eのうち線形動物を示すものと，fに属する生物の具体例の組合せとして最も適当なものを，次から一つ選べ。

	線形	fの例		線形	fの例
①	c	ナメクジウオ	②	c	ヒトデ
③	d	ウニ	④	d	イソギンチャク
⑤	e	ナマコ	⑥	e	センチュウ

問3　図2について，各動物の特徴の説明として適当なものを，次から二つ選べ。

①　cの動物と刺胞動物は，いずれも内胚葉の分化がみられない二胚葉動物である。

②　dの動物と軟体動物，扁形動物は脱皮を行わないため，冠輪動物と呼ばれる。

③　eの動物と節足動物は体に複数の体節を有する脱皮動物である。

④　fの動物と原索動物，脊椎動物は幼生段階で脊索をもつ動物である。

⑤　図2の全動物のグループの中で，新口動物に属するものは3つ含まれる。

⑥　fの動物と原索動物，脊椎動物の哺乳類の卵割は表割である。

〈創価大〉

10 　植物の系統と進化

被子植物の多様化の過程を調べるため，8種の現生の被子植物に見られる花粉を調べたところ，花粉管が発芽する孔（発芽孔）の数について，表1に示す多様性が観察された。また，それら8種について分子系統樹を作成したところ，図1に示す結果が得られた。

問1　発芽孔の数が進化した過程について，表1と図1の結果から導かれる考察として最も適当なものを，次から一つ選べ。

① 3個，1個，4個以上の順に進化した。
② 3個，4個以上，1個の順に進化した。
③ 3個から，4個以上と1個が同時に進化した。
④ 4個以上，1個，3個の順に進化した。
⑤ 4個以上，3個，1個の順に進化した。
⑥ 4個以上から，3個と1個が同時に進化した。
⑦ 1個，3個，4個以上の順に進化した。
⑧ 1個，4個以上，3個の順に進化した。
⑨ 1個から，3個と4個以上が同時に進化した。

問2　被子植物が出現した時代の花粉の化石について，発芽孔の数，生育した年代，および生育していた場所の当時の緯度を調べたところ，下の表2の結果が得られた。被子植物の分布の変化について述べた記述のうち，表1・表2および図1の結果から導かれる結論として最も適当なものを，次ページの①〜④から一つ選べ。

表1

被子植物の種	発芽孔の数(個)
アカザ	4以上
ウド	3
オニユリ	1
クルミ	4以上
ジュンサイ	1
ハス	3
ブナ	3
モクレン	1

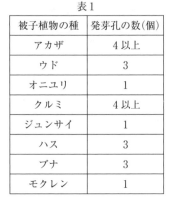

図1

表2

試料番号	発芽孔の数(個)	年代(百万年前)	当時の緯度
1	3	67	北緯60°
2	3	90	南緯40°
3	1	67	北緯60°
4	1	110	南緯20°
5	1	135	北緯 5°
6	1	130	南緯10°
7	3	110	北緯25°
8	1	110	北緯30°
9	1	100	南緯35°
10	1	120	北緯10°
11	3	90	南緯20°
12	3	80	北緯40°
13	4以上	67	北緯60°
14	4以上	67	南緯55°

① 当時の赤道付近に出現し，高緯度方向に分布を広げた。
② 当時の北極付近に出現し，南方向に分布を広げた。
③ 当時の南極付近に出現し，北方向に分布を広げた。
④ 当時の北緯30°付近に出現し，南北方向に分布を広げた。

問3 次の図2は，双子葉植物とその他の陸上植物A〜Dの系統樹である。また，下の図3は，植物B〜Dの写真である。系統樹ア〜ウに入る植物の組合せとして最も適当なものを，下の①〜⑥から一つ選べ。

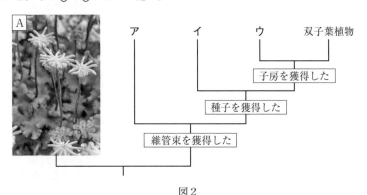

図2

図3

	ア	イ	ウ
①	B	C	D
②	B	D	C
③	C	B	D
④	C	D	B
⑤	D	B	C
⑥	D	C	B

〈共通テスト試行調査〉

5 生体物質と細胞

❶190万種ともいわれる地球上のすべての生物の共通性として，**誤っているもの**を二つ選べ。
① 核膜をもつ　② DNA を遺伝情報として用いる
③ 体温を一定に保つ　④ 刺激を受容しそれに反応する
⑤ ATP をエネルギーの受け渡しに用いて代謝を行う
⑥ 生殖を行い，自分と同じ構造をもつ子孫をつくる

❷生物の化学的組成の説明として適当なものを二つ選べ。
① 植物細胞の組成は水，炭水化物，脂質の順に多い。
② 動物細胞の組成は水，タンパク質，脂質の順に多い。
③ 生細胞の構成元素の重量は，多い順にC，O，N，Hである。
④ 有機物はいずれも分子内にC，H，Oを含む。

❸原核生物の具体例として適当なものを**すべて**選べ。
① 大腸菌　② 乳酸菌　③ 酵母　④ ゾウリムシ
⑤ ユレモ　⑥ HIV　⑦ 好熱菌　⑧ ミドリムシ
⑨ オオカナダモ　⑩ ボルボックス　⑪ イシクラゲ

❹ 正誤 細胞内で分解するものを膜で包み込み，リソソームと融合させて分解する過程をオートファジーという。

❺次に示した細胞やウイルスを大きい順に並べよ。
① 大腸菌　② ヒトの赤血球　③ インフルエンザウイルス

❻細胞小器官などの説明として**誤っているもの**を四つ選べ。
① ゴルジ体：物質の濃縮，物質分泌に関わる。
② ミトコンドリア：有機物を分解してATPを合成する。
③ 葉緑体：光エネルギーを用いて有機物を合成する。
④ 滑面小胞体：表面に多数のリボソームが付着している。
⑤ 細胞壁：主成分はタンパク質で，植物体を支える。
⑥ リソソーム：細胞内での物質の分解に関わる。
⑦ 液胞：物質貯蔵に関与し，原核細胞はもたない。
⑧ 微小管：細胞骨格で最も細く細胞分裂などに関わる。
⑨ リボソーム：タンパク質と rRNA を合成する。

---

❶ ①，③
①原核生物は核膜をもたない。
③哺乳類と鳥類の特徴。
その他，細胞膜をもつ，細胞を基本単位とする，恒常性をもつなども共通する。

❷ ②，④
①脂質→タンパク質。
③ O，C，H，N の順（C，O，N，H は乾重量の順）。
④その他，N，S，P を含む場合もある。
原核細胞の組成は，（多い順に）水，タンパク質，核酸。

❸ ①，②，⑤，⑦，⑪
⑤・⑪はシアノバクテリア（細菌の一種）。①・②は細菌。⑦はアーキア。⑥は非生物のウイルスの例。その他は真核生物（⑩は細胞群体）。

❹ ○
大隅良典による功績。

❺ ②→①→③
大きさは，①約3μm，②約7〜8μm，③約100nm。

❻ ④，⑤，⑧，⑨
④滑面→粗面（粗面小胞体は合成したタンパク質の輸送経路，滑面小胞体は脂質合成・Ca^{2+}の濃度調節）。
⑤タンパク質→炭水化物（植物ではセルロースが主成分）。
⑧細く→太く。
⑨を合成する→からなる（rRNAの合成は核小体）。

11 細胞

　　(a)細胞はすべての生物の基本単位である。生物のしくみを理解するために，人工的に"細胞"(以下，人工細胞)を作成する試みが行われている。しかし，(b)現段階の人工細胞はまだ生物の特徴を有しているとはいえない。最近，(c)光を照射するとタンパク質をつくる人工細胞が開発され，生物により近い人工細胞についても開発が進められている。

問1　下線部(a)に関連して，動物細胞と植物細胞は様々な物質から構成される。それぞれの生細胞を構成する物質のうち，２番目に多く含まれるものの組合せとして最も適当なものを，次から一つ選べ。

	動物細胞	植物細胞		動物細胞	植物細胞
①	脂質	炭水化物	②	核酸	タンパク質
③	タンパク質	核酸	④	タンパク質	炭水化物

問2　下線部(b)に関連して，次の記述のうち，すべての生物に共通してみられる特徴はどれか。適当なものをすべて選べ。

① 細胞の内外が膜で隔てられている。　　② 生殖細胞をつくって増殖する。

③ ミトコンドリアをもつ。　　④ 代謝を行う。

問3　下線部(c)について，この人工細胞は，RNA や ADP をつくることはできないが，RNA と ADP を加えて光を照射すると，RNA の情報に基づいてタンパク質をつくることができる(実験Ⅰ)。このとき，人工細胞に光を照射することで ADP からつくられる ATP が，RNA の情報に基づいてタンパク質をつくるときに必要であることを証明したい。次の実験Ⅱ～Ⅵのうち，この証明のために実験Ⅰに追加すべき実験はどれか。その組合せとして最も適当なものを，後の①～⑧から一つ選べ。

実験Ⅰ：人工細胞に RNA と ADP を加え，光を照射する。

実験Ⅱ：人工細胞に RNA と ATP を加え，光を照射する。

実験Ⅲ：人工細胞に RNA のみを加え，光を照射する。

実験Ⅳ：人工細胞に RNA と ADP を加え，光を照射しない。

実験Ⅴ：人工細胞に RNA と ATP を加え，光を照射しない。

実験Ⅵ：人工細胞に RNA のみを加え，光を照射しない。

①	Ⅱ・Ⅲ・Ⅴ	②	Ⅱ・Ⅲ・Ⅵ	③	Ⅱ・Ⅳ・Ⅵ	④	Ⅱ・Ⅴ・Ⅵ
⑤	Ⅲ・Ⅳ・Ⅴ	⑥	Ⅲ・Ⅳ・Ⅵ	⑦	Ⅲ・Ⅴ・Ⅵ	⑧	Ⅳ・Ⅴ・Ⅵ

〈共通テスト・追試〉

12 細胞骨格

　細胞内にはァ細胞骨格と呼ばれる繊維状の構造がある。その一種の微小管はチューブリンという球状タンパク質が重合してできており，＋端と－端という極性をもつ。ある条件で単離した１本の微小管を観察し，＋端と－端の位置を経時的に記録した(図1)。長さ

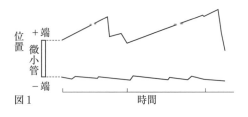

図1

の変化はチューブリンの結合(重合)と
解離(脱重合)によるものである。

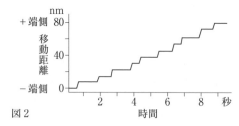

図2

　ある種の魚は背景の明るさによって
体色を変化させる。この反応は色素胞
という巨大細胞の中で，黒色の色素顆
粒が微小管に沿って移動し，集合また
は分散することで生じる。色素胞では，
微小管の−端は核の近くの中心体付近にあり，＋端は細胞の周辺部にある。色素顆粒に
はモータータンパク質が結合し，これが微小管上を移動して色素顆粒を運ぶ。このしく
みを調べるため，モータータンパク質の一種のキネシンをシリコンビーズに結合させ，
単離した微小管にのせて移動するようすを記録し，その結果を図2に示した。

問1　下線部アに関連して，複数のマウスにチューブリンとGFPの融合遺伝子を導入
　　　して発現させ，様々な細胞でGFPの蛍光を観察したところ，この蛍光はチューブリ
　　　ンと同じ局在を示した。次の蛍光顕微鏡像の模式図①〜⑤のうち，観察された像とし
　　　て適当なものを，三つ選べ。

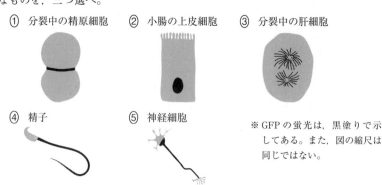

①　分裂中の精原細胞　　②　小腸の上皮細胞　　③　分裂中の肝細胞

④　精子　　　　⑤　神経細胞

※GFPの蛍光は，黒塗りで示
してある。また，図の縮尺は
同じではない。

問2　図1の結果から推測できることとして最も適当なものを，次から一つ選べ。
①　＋端では−端と比べて重合・脱重合のサイクルはおおむね一定である。
②　−端では脱重合は重合に比べて持続時間が長い。
③　＋端では脱重合は重合に比べて速度が大きい。
④　＋端と−端の重合・脱重合は互いに同調している。

問3　図2の結果から推測できることとして最も適当なものを，次から一つ選べ。
①　キネシンは微小管の＋端側から−端側へだけ移動する。
②　キネシンは体色を薄くするのにはたらく。
③　キネシンの平均の移動速度はおよそ90nm/秒である。
④　キネシンは移動と停止を繰り返して微小管上を移動する。

〈東邦大，共通テスト試行調査〉

6 | 細胞膜と物質の透過性

❶ **正誤** 生体膜はリン脂質二重層からなり，様々なタンパク質が配置されている。タンパク質は比較的自由に膜内を動き，これを流動モザイクモデルという。

❷ 細胞膜に存在するタンパク質で，物質の輸送に関わるものの例として適当なものを，次からすべて選べ。
① イオンチャネル　② カドヘリン　③ ヘモグロビン
④ 担体　　　⑤ インテグリン　⑥ アクアポリン

❸ 細胞膜がもつ特定の物質を透過させる性質を一つ選べ。
① 選択的透過性　② 拡散　③ 全能性　④ 自動性

❹ **正誤** チャネルや担体による物質輸送は濃度勾配に従った拡散によるもので，これらは受動輸送と呼ばれる。

❺ 細胞内外の Na^+ と K^+ の濃度勾配を維持するために，能動輸送を行う膜タンパク質を，次から一つ選べ。
① ナトリウムチャネル　　② カリウムチャネル
③ ナトリウム－カリウム ATP アーゼ

❻ 細胞内外の水の移動の説明として**誤っている**ものを，次から二つ選べ。
① 赤血球を水に浸すと細胞内に水が入り，溶血する。
② 赤血球を高張液に浸すと，膨圧が発生する。
③ 動物細胞を溶液に浸しても，細胞内外で水の移動が見かけ上みられない等張液を生理食塩水という。
④ 植物細胞を高張液に浸すと原形質復帰がみられる。
⑤ 植物細胞を低張液に浸すと，吸水して膨らむが破裂はしない。

❼ 細胞膜のリン脂質部分（タンパク質以外の部分）を比較的自由に通過できる物質を，次から三つ選べ。
① 水　　② Na^+　③ K^+　④ エチレングリコール
⑤ 酸素　⑥ スクロース　⑦ 糖質コルチコイド

❽ **正誤** 細胞外の物質を細胞膜で包んで小胞として取り込む現象をエンドサイトーシス（飲食作用）という。

---

❶ ○
生体膜は細胞小器官の膜と細胞膜の総称。

❷ ①，④，⑥
②・⑤細胞接着に関わる膜タンパク質。
③赤血球内に含まれ，酸素運搬に関わる。

❸ ①
②は濃度が均一になるように分散する現象。

❹ ○
ポンプによる輸送は濃度勾配に逆らう能動輸送。

❺ ③
①・②は受動輸送を行う。③はナトリウムポンプの酵素名（ATP を分解，Na^+ を細胞外，K^+ を細胞内へ輸送）。

❻ ②，④
②細胞壁の無い動物細胞で膨圧は発生しない。
④原形質復帰→原形質分離。
③ヒトの等張液は約0.9%の食塩水に相当する。
⑤植物細胞を低張液に浸すと吸水して膨らみ膨圧が発生するが，細胞壁は伸縮性が乏しいので破裂しない。

❼ ④，⑤，⑦
気体⑤とステロイド⑦や，④，尿素は比較的自由に細胞膜のリン脂質を通過する。

❽ ○
小胞を介した細胞外への輸送はエキソサイトーシス（開口分泌）。

ア リン脂質とタンパク質が配列してできた細胞膜には，イ 様々な膜タンパク質が埋め込まれている。そこで，細胞膜について調べる以下の実験を行った。

実験 細胞膜全体に存在する2種類の膜タンパク質（X, Y）を，それぞれ別の蛍光物質で均一に標識した。この細胞自身は，この蛍光物質を合成できない。その後，細胞膜の一部のみに強いレーザー光を照射し，その領域の蛍光物質を変性させ蛍光を不可逆的に退色させた（図1）。レーザー光は膜タンパク質X, Yおよび細胞膜の構造には影

響を与えない。レーザー光の照射領域の蛍光の強さを，各標識細胞でレーザー光照射前から照射後のしばらくの間測定した結果を図2に示した。

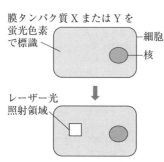

図1 蛍光標識した細胞にレーザー光を照射する実験の模式図

図2 レーザー光照射領域の蛍光の強さの測定

問1 下線部アについて，細胞膜の構造として最も適当なものを，次から一つ選べ。ただし，図中の ▢ はタンパク質を，● に尾部が2つ結合したものはリン脂質を示す。

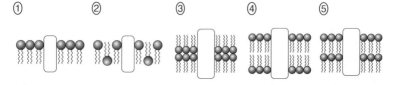

① ② ③ ④ ⑤

問2 下線部イについて，細胞膜に存在し，ATPを分解したときに生じるエネルギーを用いて物質を輸送するタンパク質として最も適当なものを，次から一つ選べ。

① ナトリウムポンプ　　② ナトリウムチャネル　　③ シトクロム
④ ヘモグロビン　　⑤ アクアポリン　　⑥ アセチルコリン受容体

問3 図2について，実験結果から推論できることとして最も適当なものを，次から一つ選べ。ただし，レーザー光を照射したタイミングはどの細胞も同じとする。

① レーザー光を照射したのはいずれも図2のBからCの間である。
② あらゆる膜タンパク質は，細胞膜中を自由に移動することができる。
③ 膜タンパク質Xは，細胞膜中を自由に移動することができるが，膜タンパク質Yは細胞膜中を自由に移動することはできない。
④ 小腸上皮細胞などで細胞接着に関わるカドヘリンやインテグリンを標識すると，膜タンパク質Xと同様のグラフが描けると予想される。
⑤ 膜タンパク質Xは盛んに合成されており，常に細胞膜表面に供給されている。

〈日本女大〉

7 | タンパク質と酵素

❶ タンパク質に関する説明として, 適当なものを二つ選べ。
  ① タンパク質を構成するアミノ酸は20種類である。
  ② 隣り合うアミノ酸は, カルボキシ基とアミノ基がジスルフィド結合によって結ばれる。
  ③ αヘリックスやβシートなどの立体構造を一次構造という。
  ④ ヘモグロビンは三次構造をつくるタンパク質である。
  ⑤ 高温や極端な pH はタンパク質を変性させる。

❷ 酵素に関連した内容の説明として適当なものを三つ選べ。
  ① 酵素は活性化エネルギーを上昇させ化学反応を促進する。
  ② 酵素と基質はアロステリック部位で特異的に結合する。
  ③ ペプシンの最適 pH は2, トリプシンは8である。
  ④ 補酵素は一部の酵素に結合し活性化させる物質である。
  ⑤ 最終産物が代謝経路の初期反応に作用するアロステリック酵素にはたらいて, 反応系全体の進行を調節することがある。
  ⑥ 競争的阻害は酵素の活性部位に結合して反応を阻害するので, 基質濃度を十分に高めても阻害効果は高い。

❸ 細胞内ではたらく酵素として適当なものを一つ選べ。
  ① ミオグロビン　② 免疫グロブリン　③ インスリン
  ④ アクチン　　　⑤ カタラーゼ　　　⑥ アミラーゼ

❹ 小腸上皮の細胞接着に関わる次のA〜Eの結合の説明として適当なものを, 下の①〜⑤から一つずつ選べ。
  A. 密着結合　B. 接着結合　C. デスモソームによる結合
  D. ヘミデスモソームによる結合　　E. ギャップ結合
  ① 低分子物質やイオンを, タンパク質を介して細胞間で輸送する。
  ② 生体内外での細胞間の物質の輸送を物理的に制限する。
  ③ 細胞骨格のアクチンフィラメントに結合したカドヘリンを介して細胞どうしを接着する。
  ④ インテグリンで細胞外のコラーゲンと結合する。
  ⑤ 細胞骨格の中間径フィラメントに結合したカドヘリンを介して細胞どうしを接着する。

❶ ①, ⑤
②ジスルフィド→ペプチド。ジスルフィド結合はシステインどうしの結合。
③一次構造→二次構造。一次構造はアミノ酸の配列順序のこと。
④三次構造→四次構造。
⑤タンパク質の立体構造が変化することを変性, はたらきを失うことを失活という。

❷ ③, ④, ⑤
①上昇→低下。
②アロステリック部位→活性部位。
③アミラーゼ(動物)の最適pH は7。
④補酵素は熱に強い低分子物質。
⑤フィードバック調節という。
⑥基質濃度が高いと阻害効果はほとんどない。

❸ ⑤
①②③④は酵素ではない。
⑥は細胞外ではたらく消化酵素。

❹ A−②　B−③
C−⑤　D−④　E−①
B：上皮の湾曲に対応。
C：組織全体を張力に耐えるようにする。
D：細胞と細胞外マトリックスを結合。
B〜Dを合わせて固定結合という。

14 細胞間の接着

血管は，酸素や物質を全身の細胞に運ぶための血液が通る通路であり，血管の内外の物質交換は毛細血管で行われる。毛細血管は内皮細胞が隣り合う細胞間で結合した一層の管であり，血管の内外の物質移動は

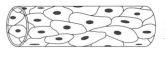

図1　毛細血管の構造(左)とその断面図(右)

主に内皮細胞の間を通って行われる(図1)。そのため，内皮細胞どうしの接着が強いほど毛細血管の物質の透過性は低くなる。ｱ細胞間の接着は細胞膜にある接着タンパク質Jどうしが接着することで生じる。接着の強さは細胞膜上の接着タンパク質Jの量に依存しており，その量が多いほど接着は強い。そこで，毛細血管の透過性に関する次の実験1〜3を行った。

実験1　青色の色素Dをモルモットの静脈内に注射し，物質Pを背中の皮膚に少量注射した。さらに，物質Pを注射した部位から少し離れたところの皮膚に同量の生理食塩水を注射した。20分後に皮膚を観察すると，生理食塩水を注射した部位に比べて物質Pの溶液を注射した部位がより青く染まり，皮膚の組織から色素Dが多く検出された。

実験2　3種類の物質A，B，C(大きさはAが最も大きく，Cが最も小さい)を等量含む水溶液を作り，モルモットの静脈内に注射した。20分後，モルモットから器官X，Y，Zを取り出して標本を作り顕微鏡で観察した。観察の結果，器官Xでは物質BとCが，器官Yでは物質A，B，Cが，器官Zでは物質Cが血管の外に見られた。

実験3　モルモットの器官X，Y，Z(実験2と同じ器官)を破砕して，抽出液X，Y，Zを調製した。実験1と同様に色素Dをモルモットの静脈内に注射した後に抽出液X，Y，Zをモルモットの皮膚に注射し，注射部位の周囲を染めた色素Dの量を測定した。抽出液Yを注射した部位の周囲での色素Dが最も多く，細胞膜上の接着タンパク質Jの量は大幅に減っていた。一方，内皮細胞に含まれる接着タンパク質Jの総量は変化していなかった。

問1　下線部アについて，細胞間結合の説明として最も適当なものを，次から一つ選べ。
① 上皮の細胞どうしは接着結合によって小分子も通れないほど密着して結合している。
② 密着結合は細胞内でアクチンフィラメントと結合している。
③ 接着結合とデスモソームはどちらもカドヘリンを介して細胞間を結合している。
④ 固定結合で結合した細胞間は，低分子物質が細胞質を介して直接移動する。

問2　実験1，2について，それぞれの実験とその結果から推測できることとして**誤っているもの**を，次から一つ選べ。
① 実験1で生理食塩水を注射したのは，皮膚へ注射を行う操作自体がどれだけ色素Dを血管外に流出させるか調べるために行われた対照実験である。
② 注射された物質Pは接着タンパク質Jによる結合を弱めるように作用した。
③ 組織に存在する毛細血管の透過性は器官Yが最も高く，器官Zが最も低い。
④ 細胞膜上に存在する接着タンパク質Jの量は器官Yに比べ器官Zの方が少ない。

問3　実験2，3の結果から推測できることとして最も適当なものを，次から一つ選べ。

① 抽出液Yには接着タンパク質Jの細胞内への回収を促す物質が多く含まれる。

② 抽出液Yには接着タンパク質Jの分解を促す物質が多く含まれる。

③ 色素Dの組織への流出量は抽出液Xより抽出液Zを注射した部位の方が多い。

④ 各抽出液に含まれる物質は体内から分離されるとその作用を発揮する。

15 酵素反応

　生体内の様々な反応は，ア タンパク質からなる酵素が触媒する反応で営まれている。酵素反応には，それぞれの酵素がもつ最適なpHや温度があり，反応速度は温度，pHによって変化する。図1に酵素Xを様々な温度とpHにおいたときの反応速度を示した。また，イ 37℃，pH7で，酵素Xと基質のみを試験管中で反応させ，時間を追って生成物量を測定すると，図2のようになった。

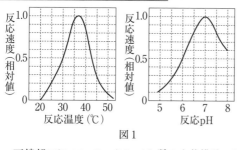

図1

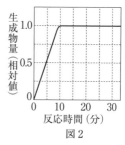

図2

問1　下線部アについて，タンパク質の立体構造の説明として最も適当なものを，次から一つ選べ。

① ポリペプチド中に部分的にみられるらせん状の構造は一次構造と呼ばれる。

② 二次構造は離れたアミノ酸間が水素結合によって規則的に結合した構造である。

③ 三次構造では，隣り合うアミノ酸のアミノ基とカルボキシ基がS-S結合する。

④ ヘモグロビンやミオグロビンは複数のポリペプチドが集合した四次構造をつくる。

問2　下線部イについて，図2に関する説明として適当なものを，次から二つ選べ。

① 0〜8分の間は，反応液中の酵素−基質複合体の量はほぼ一定である。

② 0〜8分の間は，反応速度が徐々に上昇している。

③ 0〜8分の間は，単位時間に生成される生成物量と消費される酵素量が等しい。

④ 10分を過ぎると酵素が急激に失活するため，反応生成物量が上昇しなくなる。

⑤ 10分を過ぎると，すべての基質が酵素−基質複合体となった状態になる。

⑥ 25分の時点で反応液中に基質を加えると，反応生成物量はさらに増加する。

問3　下線部イに関連して，図2で実験したときの反応条件を変化させたところ，グラフの傾きが0.5倍になり，反応生成物量は実験開始後20分まで上昇してから最大に達して一定となった。どのような条件下で酵素反応を行わせたと考えられるか，最も適当なものを次から一つ選べ。ただし，各選択肢には変更した条件のみを示した。

① 温度のみを30℃にした。　② 酵素濃度を半分にし，基質濃度を2倍にした。

③ pHを6にし，基質濃度を半分にした。

④ 酵素濃度と基質濃度をともに2倍にした。

〈東邦大〉

　保健の授業で，日本人には，お酒(エタノール)を飲んだときに顔が赤くなりやすい人が，欧米人に比べて多いことを学んだ。このことに興味をもったスミコ，カヨ，ススムの三人は，図書館に行ってその原因について調べてみることにした。

スミコ：この本によると，顔が赤くなりやすいのは，エタノールの中間代謝物であるアセトアルデヒドを分解するアセトアルデヒド脱水素酵素(以下，ALDH)の遺伝子に変異があって，アセトアルデヒドが体内に蓄積されやすいからなんですって。変異型の遺伝子をヘテロ接合やホモ接合でもつ人は，ALDHの活性が正常型のホモ接合の人の2割くらいになったりゼロに近くなったりするそうよ。

カヨ：正常遺伝子と変異遺伝子の両方をもつヘテロ接合体は，正常型の表現型になるのが普通だと思っていたけど，違うのね。ヘテロ接合体の表現型って，どうやって決まるのかしら。

ススム：ヘテロ接合体の活性がとても低くなってしまうっていうところが，どうもピンとこないね。僕は，ヘテロ接合体であっても正常型の遺伝子をもつのだから，そこからできる(a)タンパク質が酵素としてはたらくことで，正常型のホモ接合体の半分になると思うんだけどなあ。(図1)

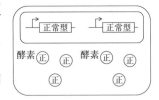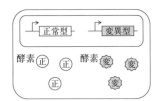

図1

スミコ：あっ，もしかしたら，ALDHの遺伝子からつくられるポリペプチドは，(b)1本では酵素としてはたらかないんじゃないかしら。

ススム：ALDHに関する本を見つけたよ。本当だ，4本の同じポリペプチドが複合体となってはたらくんだってさ。よし，4本ではたらくとして計算してみるか，あれれ，(c)4本でもヘテロ接合体の活性は，半分になってしまうぞ。

カヨ：ちょっと待って。私が見つけた文献には，ヘテロ接合体でできる5種類の複合体について詳しく書いてあるわ。(表1)

表1　5種類の複合体

変異ポリペプチドの本数	0	1	2	3	4
存在比	$\frac{1}{16}$	$\frac{4}{16}$	$\frac{6}{16}$	$\frac{4}{16}$	$\frac{1}{16}$
酵素活性(相対値)	100	48	12	5	4
複合体の例	正 正 正 正	正 正 正 変	変 正 正 変	変 変 正 変	変 変 変 変

カヨ：表1から計算すると，ヘテロ接合体の活性は，正常型のホモ接合体の2割強になるわね。たぶん，ススムさんの計算は前提が間違っているのよ。

スミコ：きっと活性のない変異ポリペプチドが，複合体の構成要素となって，活性を阻害しているのね。二人三脚で走るときに，速い人が遅い人と組むとスピードが遅くなるというのと同じことよ。ああ，だから，ヘテロ接合の人は，変異型のホモ接合体の表現型に近くなるんだわ。

ススム：なるほどね。日本人にお酒を飲んだときに顔が赤くなりやすい人が多いのには，変異ポリペプチドを含む複合体のALDHの活性と，変異型の遺伝子頻度という生物学的な背景があるんじゃないかな。

問1 下線部(a)に関連して，細胞でつくられるタンパク質には，ALDHとは異なり，細胞外に分泌されてはたらくものもある。このようなタンパク質を合成しているリボソームが存在する場所として最も適当なものを，次から一つ選べ。

① 核の内部　　② 細胞膜の表面　　③ ゴルジ体の内部
④ 小胞の内部　　⑤ 小胞体の表面

問2 下線部(b)に関連して，2本の正常ポリペプチドが集合して初めてはたらく酵素を考える。このとき，正常ポリペプチドと，集合はできるが複合体の活性に寄与しない変異ポリペプチドがあると仮定する。正常ポリペプチドに対して混在する変異ポリペプチドの割合を様々に変化させるとき，予想される酵素活性の変化を表す近似曲線として最も適当なものを，右のグラフから一つ選べ。

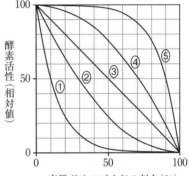

問3 下線部(c)について，どのような前提で計算すれば，活性が半分になるか。考え得る前提として適当なものを，次から二つ選べ。

① 複合体の酵素活性は，複合体中の正常ポリペプチドの本数に比例する。
② 複合体の酵素活性は，複合体中の変異ポリペプチドの本数に反比例する。
③ 正常ポリペプチドが1本でも入った複合体の酵素活性は100である。
④ 変異ポリペプチドが1本でも入った複合体は，酵素活性をもたない。
⑤ 変異ポリペプチドは，複合体の構成要素にならない。

〈共通テスト試行調査〉

❶葉緑体中で光合成色素がある部分を，次から一つ選べ。
  ① 内膜　② 外膜　③ チラコイド膜　④ ストロマ

❷次のA～Dの炭酸同化を表す化学反応式を，下の①～③から一つずつ選べ。同じものを繰り返し選んでもよい。
  A．化学合成細菌の化学合成　　B．光合成細菌の光合成
  C．シアノバクテリアの光合成　D．植物の光合成
  ① $6CO_2 + 12H_2O + 光エネルギー \longrightarrow C_6H_{12}O_6 + 6O_2 + 6H_2O$
  ② $6CO_2 + 12H_2O + 化学エネルギー \longrightarrow C_6H_{12}O_6 + 6O_2 + 6H_2O$
  ③ $6CO_2 + 12H_2S + 光エネルギー \longrightarrow C_6H_{12}O_6 + 12S + 6H_2O$

❸ 正誤 シアノバクテリアの光合成は植物とは異なる光合成色素であるバクテリオクロロフィルを用いて行われる。

❹化学合成を行う生物を，次からすべて選べ。
  ① 紅色硫黄細菌　② 被子植物　③ アゾトバクター
  ④ 緑色硫黄細菌　⑤ 鉄細菌　⑥ シアノバクテリア
  ⑦ 亜硝酸菌　⑧ 硝酸菌　⑨ 硫黄細菌

❺植物の光合成過程の説明として**誤っているもの**を二つ選べ。
  ① 光エネルギーはチラコイド膜上の光化学系Ⅰと光化学系Ⅱに吸収され，反応中心クロロフィルに集められる。
  ② 光化学系Ⅱでは，水の分解で生じた電子を受け取る。
  ③ 光化学系Ⅰでは，$NADP^+$ から NADPH を合成する。
  ④ 光化学系Ⅰから放出された電子は電子伝達系を流れて，チラコイド内腔に H^+ を輸送しながら，光化学系Ⅱに渡される。
  ⑤ チラコイド内腔からストロマに H^+ が移動する際に ATP が分解される。
  ⑥ NADPH と ATP はストロマのカルビン回路で CO_2 を固定して有機物を合成する際に消費される。

❻ 正誤 砂漠地帯では夜に C_4 回路を用いて炭酸固定し，昼に気孔を閉じて光合成を行う C_4 植物が多い。

---

❶ ③
光化学系に関わる光合成色素はチラコイド膜中にある。

❷ A―②　B―③
C―①　D―①
A：化学エネルギーは無機物を酸化して得る。
B：光合成細菌には H_2S を用いず H_2 などを水素源とするものもいる。

❸ ×
シアノバクテリア→光合成細菌。

❹ ⑤, ⑦, ⑧, ⑨
無機物を酸化した際に生じる化学エネルギーを用いる炭酸同化を化学合成という。
①・④は H_2O を使わない光合成，②・⑥は H_2O を使う光合成，③は従属栄養生物。

❺ ④, ⑤
④光化学系Ⅱ→Ⅰの順に電子が流れる。
⑤ ATP が分解→合成。
⑥ CO_2 は RuBP → PGA の過程で取り込まれ，$NADPH + H^+$ と ATP の消費と有機物（糖）の合成は PGA → RuBP の過程で行われる。

❻ ×
C_4 植物→ CAM 植物

17　光合成色素と吸収スペクトル

シアノバクテリアはクロロフィルaやカロテノイド以外にも，様々な光合成色素をもつ。光合成色素の違いが光合成およびシアノバクテリアの増殖に与える影響について調べるため，クロロフィルa以外に異なる光合成色素をもつ2種類のシアノバクテリア（種Xと種Y）を用いて実験1，2を行った。なお，ア太陽光の下では種Xは緑色に，種Yは赤色に見え

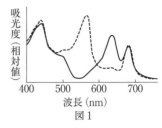

図1

る。種X，Yそれぞれの光の吸収スペクトルを調べたところ，図1に示す2種類の曲線が得られた。

実験1　同じ細胞数の種Xと種Yを別々の培養びんに入れ，赤色光（波長600nm～660nm），または緑色光（波長500nm～560nm）を当てて培養したところ，図2のa～dの増殖曲線が得られた。●は種X，○は種Yの赤色光，または緑色光照射時の結果である。

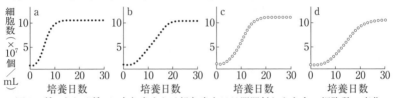

図2　種Xまたは種Yに赤色光または緑色光を30日間照射したときの細胞数の変化

実験2　同じ細胞数の種XとYを同じ培養びんに入れ，3種類の光条件（白色光，赤色光，緑色光のいずれか一種類の光）で培養したところ，図3のe～gのいずれかの増殖曲線が得られた。なお，実験1と同様に図中の●は種X，○は種Yを示している。

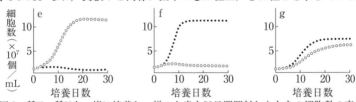

図3　種X，種Yを一緒に培養し，様々な光を30日間照射したときの細胞数の変化

問1　下線部アについて，図1の説明として最も適当なものを一つ選べ。

① 実線は種X，点線は種Yの吸収スペクトルを示している。

② 一般的な種子植物は，点線で示す曲線に近い吸収スペクトルをもつ。

③ 点線の種はクロロフィルaを大量に含むので550nmの光をよく吸収する。

④ 種Xと種Yはともに3種類の光合成色素をもつと考えられる。

問2　実験1について，赤色光を照射した実験の組合せとして最も適当なものを一つ選べ。

① a，c　　② a，d　　③ b，c　　④ b，d

問3　実験2について，eとgの照射光の組合せとして最も適当なものを一つ選べ。

	e	g		e	g		e	g
①	白色光	赤色光	②	白色光	緑色光	③	赤色光	白色光
④	赤色光	緑色光	⑤	緑色光	白色光	⑥	緑色光	赤色光

〈北大〉

光合成のしくみは，これまで
多くの科学者によって研究され
てきた。次の実験1と2に，そ
の代表的な研究の一部を示す。
また，図1は光合成の反応過程
を模式的に示したものである。

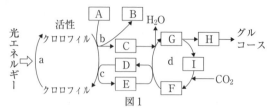

図1

実験1　植物を暗黒または二酸化炭素を含む様々な条件下（段階Ⅰ～Ⅳ）で栽培し，各段
階での二酸化炭素吸収速度を時間経過とともに測定した。その結果を図2に示す。

実験2　炭素の放射性同位体（^{14}C）を含むCO_2をクロレラの懸濁液に与えた。5秒間ま
たは90秒間光合成を行わせた後，熱アルコール中に懸濁液を入れて反応を停止させ，
細胞の内容物を抽出した。次にこの抽出物を二次元ペーパークロマトグラフィー（異
なる展開溶媒で物質を分離する方法）により分離した後，放射能を検出し，時間経過
とともに^{14}Cがどのような物質に取り込まれるかを調べた。その結果を図3に示す。

図2

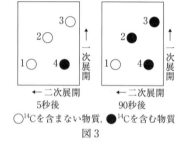

○^{14}Cを含まない物質，●^{14}Cを含む物質
図3

問1　実験1について，図2中の各段階の説明として最も適当なものを次から一つ選べ。
① 段階Ⅰは，物質Aが物質B，Cに分解され，多量の酸化型補酵素がつくられている。
② 段階Ⅱは，過程a，b，cが進行し，過程dでCO_2が固定されていない。
③ 段階Ⅲは，物質Dが酸化的リン酸化されて物質Eになる反応が行われている。
④ 段階Ⅳの最中に光照射を中断すると，その直後に植物細胞内に物質Gが蓄積する。

問2　図3の物質4にあてはまる図1中の物質を，次から一つ選べ。
① C　② D　③ E　④ F　⑤ G　⑥ H　⑦ I

問3　実験2について，右の図4に，^{14}Cを含む二酸化炭素を
与えてからの時間と，分離した物質に取り込まれた^{14}Cの割
合を模式的に示した。物質e～gは，それぞれ図1中のF～
Hのいずれの物質と考えられるか。最も適当な組合せを，次
から一つ選べ。

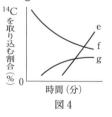

図4

	①	②	③	④	⑤	⑥
e	F	F	G	G	H	H
f	G	H	F	H	F	G
g	H	G	H	F	G	F

〈同志社女大〉

19 二酸化炭素濃度の季節変動と光合成

　植物は，大気中の二酸化炭素（CO_2）を取り込み，光合成によって有機物に変換して自らの生育に役立てている。植物のCO_2の吸収速度は，光合成器官である葉の量と葉の光合成速度の積に比例する。したがって，植物の葉の量が変わらない場合，葉の光合成速度は，植物のCO_2吸収速度から見積もることができる。例えば，(a)熱帯や亜熱帯を原産地とする多くの植物は，低温にさらされるとCO_2の吸収速度が大きく低下することから，低温により葉の光合成速度が低下することがわかる。

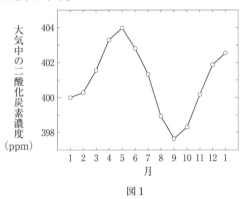

図1

　植物がCO_2を吸収すれば，それに伴って植物体の周囲のCO_2濃度は低下し，同時に，光合成によって酸素（O_2）濃度は上昇する。そして，この変化は，地球の大気のCO_2濃度やO_2濃度にも反映される。右の図1は，ハワイのマウナロア山で測定された大気中のCO_2濃度の季節変動のグラフである。(b)このCO_2濃度の変動は，地球規模での光合成の季節変動を反映していると考えられる。植物の光合成では，CO_2の吸収とO_2の放出が起こるため，(c)O_2濃度についても季節変動がみられる。

問1　下線部(a)に関連して，低温によるCO_2吸収速度の低下の原因が，気孔の閉鎖によるものなのか，それとも葉緑体の機能の低下によるものなのかを明らかにするためには，低温処理の前後で何を比較するのがよいか。最も適当なものを次から一つ選べ。
① 葉の面積　　　　　　　　　　　② 暗所においた葉内の ATP の量
③ 光照射時の葉の周囲の CO_2濃度　④ 光照射時の葉の周囲の O_2濃度
⑤ 光照射時の葉の細胞間の CO_2濃度

問2　下線部(b)に関連して，大気中のCO_2濃度が光合成による影響を最も大きく受けているのは，図1から考えるとどの時期か。最も適当なものを次から一つ選べ。
① 1月から2月　② 2月から3月　③ 3月から4月　④ 4月から5月
⑤ 5月から6月　⑥ 6月から7月　⑦ 7月から8月　⑧ 8月から9月
⑨ 9月から10月　⓪ 10月から11月　ⓐ 11月から12月　ⓑ 12月から1月

問3　下線部(c)に関連して，もし地球上の光合成をする生物が，次の①〜⑥の生物のいずれかだけになったと仮定した場合，大気中の濃度の季節変動が最も小さくなるのは，どの生物の場合だと考えられるか。最も適当なものを次から一つ選べ。
① 被子植物　　② 裸子植物　　③ コケ植物　　④ 緑藻類
⑤ シアノバクテリア　　⑥ 緑色硫黄細菌などの光合成細菌

〈共通テスト試行調査〉

8 | 炭酸同化　　37

9 異化（呼吸と発酵）

❶ [正誤] 呼吸は解糖系・クエン酸回路・電子伝達系に分けられ，順に細胞質基質，ミトコンドリアの内膜（クリステ），ミトコンドリアのストロマでそれぞれ行われる。

❷ [正誤] 解糖系のATP合成過程は酸化的リン酸化と呼ぶ。

❸ 次のA〜Gの反応を表す化学反応式を①〜⑥から，また，各反応で合成されるATP量（Cは最大量）を⑦〜⑰から，それぞれ最も適当なものを一つずつ選べ。なお，同じものを繰り返し選んでもよい。

A. 解糖系　　B. クエン酸回路　　C. 電子伝達系
D. 呼吸全体の反応式　　E. アルコール発酵
F. 乳酸発酵　　G. 解糖

① $C_6H_{12}O_6 + 6O_2 + 6H_2O \longrightarrow 6CO_2 + 12H_2O$

② $2C_3H_4O_3 + 6H_2O + 8NAD^+ + 2FAD$
$\longrightarrow 6CO_2 + 8(NADH + H^+) + 2FADH_2$

③ $C_6H_{12}O_6 + 2NAD^+ \longrightarrow 2C_3H_4O_3 + 2(NADH + H^+)$

④ $C_6H_{12}O_6 \longrightarrow 2C_3H_6O_3$

⑤ $10(NADH + H^+) + 2FADH_2 + 6O_2$
$\longrightarrow 10NAD^+ + 2FAD + 12H_2O$

⑥ $C_6H_{12}O_6 \longrightarrow 2C_2H_6O + 2CO_2$

⑦ 1　　⑧ 2　　⑨ 3　　⑩ 4　　⑪ 6　　⑫ 12
⑬ 30　　⑭ 32　　⑮ 34　　⑯ 36　　⑰ 38

❹ 電子伝達系でATPが合成される過程の説明として**誤っているもの**を，次から二つ選べ。
① NAD^+とFADから電子伝達系に電子が渡される。
② 電子が内膜のタンパク質複合体を流れる際に，H^+が内膜を介してマトリックスから膜間腔へ移動する。
③ 電子伝達系を流れた電子は，最終的にH^+とともに酸素と結合して水になる。
④ H^+は内膜を介した濃度勾配に逆らって膜間腔からマトリックスに移動し，ATPが合成される。

❺ [正誤] 脂肪は加水分解されてグリセリンと脂肪酸になる。脂肪酸はβ酸化を受けて，コエンザイムAと結合し，アセチルCoAとしてクエン酸回路に流入する。

---

❶ ✕
内膜（クリステ）→マトリックス。
ストロマ→内膜（クリステ）。

❷ ✕
基質レベルのリン酸化が正しい。酸化的リン酸化は電子伝達系のATP合成。

❸ A—③, ⑧　B—②, ⑧
C—⑤, ⑮　D—①, ⑰
E—⑥, ⑧　F—④, ⑧
G—④, ⑧
C, Dで生じるATPは最大量を示す。
⑥エタノールはC_2H_6Oでも，C_2H_5OHでも可。

❹ ①, ④
① $NAD \rightarrow NADH + H^+$,
$FAD \rightarrow FADH_2$。
④濃度勾配に逆らって→濃度勾配に従って。
②は能動輸送，④は受動輸送。

❺ ○
グリセリンは解糖系に入って分解される。

20 ミトコンドリアの ATP 合成過程

ミトコンドリアでの酸素消費とATP合成の関係を知る目的で，酵素反応を阻害したり，膜の透過性に影響を与えたりする薬剤は有用に活用される。動物細胞から分離した無傷なミトコンドリアを用いて，十分な酸素の存在下で次の実験を行った。

実験 ミトコンドリア懸濁液の酸素消費量とATP合成量を測定しながら，懸濁液にATP合成の基質となるADPとリン酸(Pi)を加え，次にミトコンドリアが呼吸基質として利用できるコハク酸を加えた。その後，A点で薬剤Nを加えると図1の結果が得られた。これとは逆にコハク酸を最初に加え，次にADPとPi，B点で薬剤Oを，C点で薬剤Pを順に加えると図2の結果が得られた。図中の矢印は各試薬を加えた時点を示している。

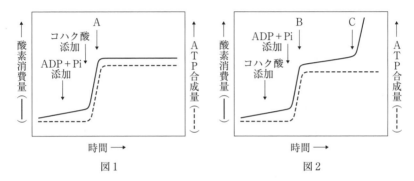

図1　　　　　　　　図2

問1 図1，図2に示した結果の説明として**誤っているもの**を，次から一つ選べ。

① 実験中にミトコンドリア懸濁液には，酸素消費とATP合成が観察された。
② ミトコンドリア懸濁液にADPと無機リン酸だけを加えればATPは合成された。
③ 薬剤Nの添加は，酸素消費とATP合成の両方を完全に抑制した。
④ 薬剤Oの添加は，酸素消費を完全には抑制せず，ATP合成を完全に抑制した。
⑤ 薬剤Pの添加は，酸素消費を促進したが，ATPの合成を完全に抑制し続けた。

問2 この実験において，A点とB点で添加された薬剤Nと薬剤Oは次のア〜ウのいずれかの過程に関わる酵素の反応をそれぞれ1種類だけ完全に阻害する。薬剤Nと薬剤Oは，それぞれどの酵素を阻害すると考えられるか，最も適当な組合せを下の①〜⑥から一つ選べ。ただし，解答はN，Oの順に示している。

ア．解糖系　　イ．内膜の電子伝達系　　ウ．内膜にあるATP合成酵素

① ア，イ　② ア，ウ　③ イ，ア　④ イ，ウ　⑤ ウ，ア　⑥ ウ，イ

問3 図2のC点で添加した薬剤Pは内膜に対してH^+の透過性を変化させる作用をもつ。その作用として最も適当なものを，次から一つ選べ。

① 内膜にあるタンパク質を介さずに，H^+を内膜と外膜の間に多く移動させる。
② 内膜にあるタンパク質を介さずに，H^+をマトリックス側へ多く移動させる。
③ ATP合成酵素を介してH^+をマトリックス側へ多く移動させる。
④ 電子伝達系とATP合成酵素のH^+の輸送を通常時よりも増大させる。

21 **呼吸商の測定**

　生物は有機物を分解し，生命活動に必要なエネルギーを得ている。異化には$_{ア}$酸素を必要とする呼吸と必要としない発酵とがあり，グルコースなどの炭水化物のほかに，脂肪やタンパク質が用いられることもある。ある植物の発芽種子および酵母を用いて，実験1，2を行い，その結果を表1に示した。

実験1　図1に示す測定装置（装置I，II）を用意し，それぞれに発芽種子を同量入れた。装置Iの副室には二酸化炭素を溶解する20%の水酸化カリウム水溶液を，装置IIの副室には水をそれぞれ同量入れて，装置を密閉した。装置を暗所に移し，25℃に保った恒温器に一定時間入れた後，両装置内の気体の体積の変化量を測定した。

実験2　実験1の発芽した種子のかわりに，5%グルコース水溶液に酵母を入れたもので同様の実験を行った。

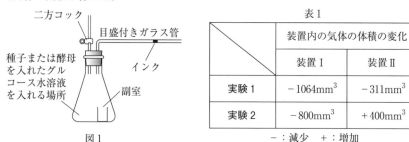

図1

表1

	装置内の気体の体積の変化	
	装置I	装置II
実験1	$-1064mm^3$	$-311mm^3$
実験2	$-800mm^3$	$+400mm^3$

－：減少　＋：増加

問1　下線部アについて，酵母が行う異化に関する説明として最も適当なものを，次から一つ選べ。

① グルコースからピルビン酸に分解される過程は，呼吸と発酵で共通している。

② 酵母が行う発酵と同様の過程が哺乳類の筋肉中でもみられる。

③ 呼吸ではミトコンドリアの内膜で水を分解する際に$NADH$と$FADH_2$を生成する。

④ 発酵の過程でみられるATP合成過程を酸化的リン酸化という。

問2　実験1，2の結果からわかることとして最も適当なものを，次から一つ選べ。

① 装置Iでは，発芽種子は$1064mm^3$の二酸化炭素を放出していた。

② 装置Iでは，吸収した酸素量は発芽種子よりも酵母の方が少ない。

③ 装置IIでは，酵母は酸素を$800mm^3$吸収し，二酸化炭素を$400mm^3$放出していた。

④ 装置IIでは，発芽種子は呼吸のみを，酵母は発酵のみを行っていた。

問3　実験2において，装置内に空気の代わりに窒素を入れて同様の実験を行った場合，装置内の気体の体積の変化はどのようになるか。最も適当なものを，次から一つ選べ。

① 装置Iおよび装置IIとも変化しない。

② 装置Iでは変化しないが，装置IIでは増加する。

③ 装置Iでは変化しないが，装置IIでは減少する。

④ 装置Iでは減少し，装置IIでは増加する。

⑤ 装置Iおよび装置IIとも減少する。

⑥ 装置Iおよび装置IIとも増加する。

遺伝情報の発現と発生

10 顕微鏡観察と体細胞分裂 基

❶肉眼，光学顕微鏡，電子顕微鏡の分解能を一つずつ選べ。
　① 1cm　② 1mm　③ 0.1mm　④ 20μm　⑤ 2μm
　⑥ 0.2μm　⑦ 20nm　⑧ 2nm　⑨ 0.2nm

❷植物細胞のプレパラートを作成する順に並べよ。
　① 塩酸で細胞壁どうしの接着物質を溶かす
　② 酢酸アルコールで固定する
　③ 染色液を滴下して特定の細胞小器官に色を付ける

❸ 正誤 光学顕微鏡でレンズの倍率を上げると，視野の範囲が広くなって明るくなる。

❹ 正誤 光学顕微鏡の観察では，横から見ながら対物レンズとプレパラートの距離を十分に近づけ，顕微鏡をのぞいてその距離を離しながらピントを合わせる。

❺対物ミクロメーター（T）と接眼ミクロメーター（S）の目盛りを合わせると，Tの8目盛りとSの5目盛りが一致した。Tの1目盛りが1/100mmであった場合，Sの1目盛り分の大きさ（μm）を，次から一つ選べ。
　① 0.6　② 1.25　③ 2　④ 6.25　⑤ 16　⑥ 40

❻体細胞分裂の観察に最も適した試料を次から一つ選べ。
　① タマネギの根の先端　　② オオカナダモの葉
　③ ユキノシタの葉　　　　④ ムラサキツユクサの葯

❼動物細胞の体細胞分裂の説明として適当なものを二つ選べ。
　① 間期の細胞には明確な核と核小体が見られる。
　② 染色体はG₁期からS期に徐々に複製される。
　③ 前期に染色体が細く長く分散する。
　④ 中期に紡錘体が完成し染色体が赤道面に並ぶ。
　⑤ 後期は染色体が両極へ移動し，核相が半減する。
　⑥ 終期にできた細胞板は外へ広がって，細胞を二分する。

❶ 肉眼―③　光学―⑥
電子―⑨
異なる2点を見分けられる2点間の最小距離を分解能という。

❷ ②→①→③
③の後，カバーガラスをかけて指で上から試料を押しつぶす（押しつぶし法）。

❸ ×
広く→狭く，明るく→暗く。

❹ ○
プレパラートと対物レンズの接触を避けるため。

❺ ⑤
1/100mm=10μm なので，
$$\frac{8 \times 10}{5} = 16 (\mu m)$$

❻ ①
①根の先端には根端分裂組織がある。
②原形質流動，③原形質分離，④減数分裂の観察に用いる。

❼ ①，④
細胞周期は，G₁期→S期→G₂期→M期の順で進行する。
② G₁期では染色体は複製されない。
③細く長く分散→太く短く凝集。
⑤体細胞分裂では核相は半減しない。
⑥植物細胞の特徴（動物はくびれによる）。

22 体細胞分裂 基

ア動物細胞の体細胞分裂を顕微鏡で観察し，その模式図を図1に示した。さらに，図2の左上に示した植物の根端部分のhの領域に太線で示した一列の細胞列を時間を追って観察し，観察開始時と6時間後の細胞の輪郭を写生した（図2）。図2の目盛りは根の先端からの距離を示し，観察開始時の根の先端に近い細胞を1として，根の先端から離れるに従って，2，3，…と細胞に番号を付けた。6時間後の図で，同じ番号の細胞は，観察開始以降に分裂した細胞を示し，図の各細胞列間をつなぐ点線は同じ細胞の位置を示している。

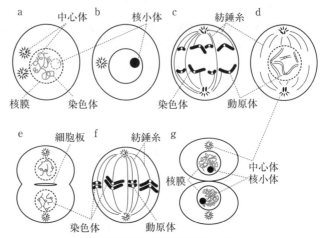

図1 動物細胞の体細胞分裂のようす

問1 下線部アについて，図1には，誤った図が二つ含まれる。誤っている図を次から二つ選べ。

① a ② b ③ c ④ d
⑤ e ⑥ f ⑦ g

問2 下線部アについて，図1の正しい図を分裂期の直前から細胞分裂の順に並べたとき，はじめから2番目と4番目の図の組合せとして最も適当なものを，次から一つ選べ。

① a-c ② a-f ③ b-c
④ b-e ⑤ c-d ⑥ c-e
⑦ d-g ⑧ e-f ⑨ e-g

問3 図2で観察した番号1〜26の細胞の説明として最も適当なものを，次から一つ選べ。

① 1〜10の細胞は，分裂も伸長もしなかった。

② 1〜26の細胞は，分裂した細胞の大きさが約2倍になると細胞分裂が起こり，それ以上大きくなれなかった。

③ 1〜10の細胞は細胞分裂が盛んで，21〜26の細胞は縦方向の伸長が盛んであった。

④ 1〜10の細胞は横方向の伸長が盛んで，21〜26の細胞は縦方向の伸長が盛んであった。

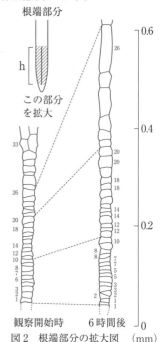

図2 根端部分の拡大図 （mm）

〈センター試験・本試〉

23 顕微鏡観察 基

アキラとカオルは，オオカナダモの葉を光学顕微鏡で観察し，それぞれスケッチをした（下図1）。

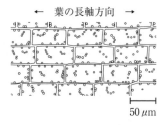
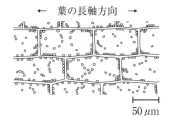

アキラのスケッチ　　図1　　カオルのスケッチ

アキラ：スケッチ（図1）を見ると，オオカナダモの葉緑体の大きさは，以前に授業で見たイシクラゲ（シアノバクテリアの一種）の細胞と同じくらいだね。

カオル：ちょっと，君のを見せてよ。おや，君の見ている細胞は，私が見ているのよりも少し小さいようだなあ。私のも見てごらんよ。

アキラ：どれどれ，本当だ。同じ大きさの葉を，葉の表側を上にして，同じような場所を同じ倍率で観察しているのに，細胞の大きさはだいぶ違うみたいだ。

カオル：調節ねじ（微動ねじ）を回して，対物レンズとプレパラートの間の距離を広げていくと，最初は小さい細胞が見えて，その次は大きい細胞が見えるよ。その後は何も見えないね。

アキラ：そうだね。それに調節ねじを同じ速さで回していると，大きい細胞が見えている時間の方が長いね。

カオル：そうか，(a)観察した部分のオオカナダモの葉は2層の細胞でできているんだ。ツバキやアサガオの葉とはだいぶ違うな。

アキラ：アサガオといえば，小学生のときに，葉をエタノールで脱色してヨウ素液で染める実験をしたね。

カオル：日光に当てた葉でデンプンがつくられることを確かめた実験のことだね。

アキラ：(b)デンプンがつくられるには，光以外の条件も必要なのかな。

カオル：オオカナダモで実験してみようよ。

問1 下線部(a)について，二人の会話をもとに，葉の横断面（右図2中のP-Qで切断したときの断面）の一部を模式的に示した図として最も適当なものを，次の①〜⑥から一つ選べ。ただし，いずれの図も，上側を葉の表側とし，▨はその位置の細胞の形と大きさを示している。

図2

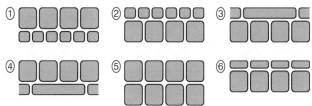

問2 下線部(b)について，葉におけるデンプン合成には，光以外に，細胞の代謝と二酸化炭素がそれぞれ必要であることを，オオカナダモで確かめたい。そこで，次の処理Ⅰ～Ⅲについて，右の表1の植物体A～Hを用いて，デンプン合成を調べる実験を考えた。このとき，調べるべき植物体の組合せとして最も適当なものを，下の①～⑨から一つ選べ。

処理Ⅰ：温度を下げて細胞の代謝を低下させる。

処理Ⅱ：水中の二酸化炭素濃度を下げる。

処理Ⅲ：葉に当たる日光を遮断する。

表1

	処理Ⅰ	処理Ⅱ	処理Ⅲ
植物体A	×	×	×
植物体B	×	×	○
植物体C	×	○	×
植物体D	×	○	○
植物体E	○	×	×
植物体F	○	×	○
植物体G	○	○	×
植物体H	○	○	○

○：処理を行う，×：処理を行わない

① A，B，C ② A，B，E ③ A，C，E ④ A，D，F

⑤ A，D，G ⑥ A，F，G ⑦ D，F，H ⑧ D，G，H

⑨ F，G，H

〈共通テスト試行調査〉

11 | DNA の構造と複製

❶ DNA の二重らせん構造モデルの提唱者を，次から一つ選べ。
① ハーシーとチェイス　② メセルソンとスタール
③ グリフィスとエイブリー　④ クリックとワトソン

❷ DNA の構成成分に含まれるものを，次からすべて選べ。
① リボース　② アデニン　③ ウラシル
④ リン酸　⑤ グリシン　⑥ シトシン

❸ 正誤 個体の形成や生命活動に必要な一組の遺伝情報をゲノムといい，ヒトの体細胞はゲノムを１つもつ。

❹ 2 本鎖 DNA に含まれる塩基の割合で数式を作った場合，どの生物にもあてはまる数式を，次から一つ選べ。
① $A=G$　② $A+T=C+G$　③ $A/T=G/C$

❺ 正誤 肺炎双球菌の S 型菌を破砕した溶液を RNA 分解酵素で処理し，これに生きた R 型菌を加えて寒天培地で培養すると，S 型菌のコロニーのみが生じる。

❻ 正誤 DNA を標識したファージを大腸菌に感染させて撹拌し，遠心分離すると沈殿から標識が検出される。

❼ DNA 中の窒素が ^{15}N のみからなる DNA をもつ大腸菌を，窒素源として ^{14}N のみからなる培地で培養した。2 回分裂した後に DNA を抽出し，密度勾配遠心すると，DNA 中の窒素が ^{14}N のみを含む DNA は全体の何%含まれるか，次から一つ選べ。
① 0 %　② 25%　③ 50%　④ 100%

❽ 正誤 細胞内での DNA の複製は，開裂部位に向かって伸長するリーディング鎖と，開裂部位から遠ざかりながら不連続に合成されるラギング鎖が同時につくられる。

❾ 正誤 真核生物がもつ線状の DNA の末端には，複製を繰り返すたびに失われて短くなるテロメアがある。

---

❶ ④
シャルガフ，ウィルキンス，フランクリンの実験結果をもとに考案した。
①・③は遺伝子の本体の解明，②は半保存的複製の証明に関わった研究者。

❷ ②，④，⑥
①・③は RNA に含まれる。
⑤はアミノ酸の一種。

❸ ×
体細胞→配偶子。or 体細胞はゲノムを２つもつ。
１ゲノムの遺伝子数は約２万，塩基対数は約30億。

❹ ③
2 本鎖 DNA の塩基の割合は $A=T$，$G=C$（シャルガフの法則）。

❺ ×
形質転換の効率は低く，少数の S 型菌と多数の R 型菌のコロニーが生じる。

❻ ○
標識された DNA は大腸菌内に挿入される。

❼ ③
メセルソンとスタールの実験。^{15}N と ^{14}N からなる DNA：^{14}N のみからなる DNA ＝1：1で生じる。

❽ ○
ラギング鎖の合成時に生じる断片を岡崎フラグメント（岡崎断片）という。

❾ ○
原核生物の DNA は環状でテロメアをもたない。

第3章 遺伝情報の発現と発生

ア DNA は互いに逆向きの 2 本のヌクレオチド鎖が相補的に結合した二重らせん構造をもつ。 イ DNA は細胞分裂に先駆けて，多くの場合に複製開始点から両方向に複製される。図1は DNA の複製開始点付近の構造を模式的に示したものである。

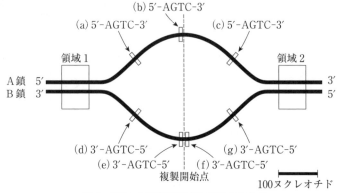

図1 DNA の複製開始点と開裂のようす

問1 下線部アについて，DNA の構造の説明として最も適当なものを，次から一つ選べ。

① 1 本のヌクレオチド鎖に含まれる A の割合と T の割合は等しい。

② ヌクレオチドどうしが糖と塩基間で交互に多数つながったヌクレオチド鎖である。

③ 隣り合う 2 本のヌクレオチド鎖は塩基間に生じる水素結合で結ばれる。

④ ATP(アデノシン三リン酸)は，DNA の構成にも用いられる。

問2 下線部イについて，図1を説明した次の文のうち最も適当なものを，次から一つ選べ。

① DNA の複製に際し，岡崎フラグメントは A 鎖のみで合成される。

② A 鎖はリーディング鎖のみを，B 鎖はラギング鎖のみを合成する。

③ 領域1においてラギング鎖が合成されるのは B 鎖である。

④ 領域2においてリーディング鎖が合成されるのは A 鎖である。

問3 図1について，細胞内で DNA が複製される過程では，まず，鋳型 DNA の塩基配列に相補的な配列をもつ RNA プライマーと呼ばれる短いヌクレオチド鎖が合成される。5′-GACU-3′ の配列をもつ RNA プライマーが合成される可能性があるのは，図1の DNA のどの位置か，その領域を過不足なく含むものを，次から一つ選べ。

① a，b   ② a，g   ③ b，c   ④ c，d   ⑤ d，e

⑥ f，g   ⑦ a，b，c   ⑧ b，e，f   ⑨ d，e，f，g

問4 図1に示した二本鎖の DNA は600ヌクレオチド対からなり，2 本鎖に含まれる塩基の割合は A が28%，C が22% であった。A 鎖全体を100% としたときに A 鎖に含まれる T の割合が24% であったとすると，B 鎖に含まれる T の塩基数はいくつになるか。最も適当なものを，次から一つ選べ。

① 72   ② 84   ③ 114   ④ 159   ⑤ 168   ⑥ 192   ⑦ 288

〈東北大〉

25 T₂ファージの実験

放射性のリン(^{32}P)，または放射性の硫黄(^{35}S)で標識した T₂ファージと大腸菌を用いたハーシーとチェイスの実験の一部を以下に示す。なお，実験で用いた遠心分離の条件では細菌は沈殿するが，ファージ，核酸，タンパク質は上澄み(上清)にとどまる。ただし，ファージ，核酸，タンパク質をあらかじめ酸処理すると，これらも沈殿する。

T₂ファージを高濃度食塩水に懸濁しておいて急に水で希釈すると，浸透圧の急激な変化によって，ファージ粒子から DNA が出てくる。DNA が出た後のファージ粒子はタンパク質のみからなり，ゴーストと呼ばれる。この急激な浸透圧変化処理あるいは非処理の ^{32}P 標識ファージおよび ^{35}S 標識ファージそれぞれに，次の i ～iv の操作を行った。表1にそれぞれの遠心分離による画分の放射性同位元素の割合を示した。

操作 i　酸処理して遠心分離した。

操作 ii　DNA 分解酵素で処理した後，酸処理して遠心分離した。

操作 iii　大腸菌に感染させてから遠心分離した。

操作 iv　抗体を含む抗ファージ血清と反応させて遠心分離した。

表1

操作	各画分での放射性同位元素の割合[%]	非処理		浸透圧変化処理	
		^{32}P	^{35}S	^{32}P	^{35}S
i	上清(酸可溶性画分)	−	−	1	−
ii	上清(酸可溶性画分)	1	1	80	1
iii	沈殿(細菌画分)	85	90	2	90
iv	沈殿(抗ファージ血清沈殿画分)	90	99	5	97

問1　^{32}P で標識された物質は何か。最も適当なものを，次から一つ選べ。

① タンパク質　② 脂質　③ 糖質　④ DNA　⑤ RNA

問2　表1の操作 ii で上清に含まれ，ほとんど沈殿しなかったものは何か。最も適当なものを，次から一つ選べ。

① ファージ粒子(感染前と同じ成分をもつもの)
② ファージ粒子のゴースト
③ ファージ粒子から出てきた DNA
④ ファージ粒子のゴーストが分解されて生じたアミノ酸
⑤ ファージ粒子から出てきた DNA が分解されて生じたヌクレオチド

問3　操作 i ～iv の考察として**誤っている**ものを，次から二つ選べ。

① ファージ粒子のゴーストは，DNA 分解酵素から DNA を守る外殻である。
② ファージ粒子のゴーストだけでは，大腸菌に吸着できない。
③ ファージ粒子のゴーストは，抗ファージ血清に含まれる抗体と結合できる。
④ ファージ粒子から出てきた DNA だけでは，大腸菌に吸着できない。
⑤ ファージ粒子から出てきた DNA は，抗ファージ血清中の抗体と結合できる。
⑥ T₂ファージのほとんどは，急激な浸透圧変化によりファージ粒子のゴーストと DNA に分かれる。

〈東京医大〉

❶ **正誤** 遺伝情報が DNA → RNA → タンパク質の順に一方向に伝達されることを，セントラルドグマという。

❷ 5′ − ATCGGA − 3′ の DNA 鎖が鋳型鎖となったとき合成される mRNA を，次から一つ選べ。
① 5′ − AUCGGA − 3′　　② 5′ − AGGCUA − 3′
③ 5′ − UCCGAU − 3′　　④ 5′ − UAGCCU − 3′

❸ **正誤** 真核細胞と原核細胞(細菌)では遺伝子を転写する細胞内の部位は同じであるが，翻訳する部位は異なる。

❹ スプライシングの説明として適当なものを，次からすべて選べ。
① すべての生物の細胞でみられる。
② 翻訳前に mRNA 前駆体にイントロンを挿入する。
③ 一部のエキソンも選択的に除かれる場合がある。
④ 転写後に核内で進行する。

❺ 翻訳をする際に用いられる物質を，次からすべて選べ。
① アミノ酸　　② DNA ポリメラーゼ　　③ rRNA
④ mRNA　　⑤ RNA ポリメラーゼ　　⑥ tRNA

❻ あるタンパク質を指定する mRNA の翻訳開始付近の配列を次に示した。
5′ − ACCGAUGUUUAAA − 3′

翻訳時に 2 番目に付加されるアミノ酸とそのアミノ酸を指定するコドンの組合せを，次から一つ選べ。なお，mRNA の遺伝暗号表は別冊解答の p.2 を参照せよ。
① GAU：アスパラギン酸　　② AAA：リシン
③ UGU：システイン　　④ GUU：バリン
⑤ UUU：フェニルアラニン　　⑥ UUA：ロイシン
⑦ AUG：メチオニン(開始)　　⑧ UUG：ロイシン

❼ **正誤** 遺伝情報の変化を突然変異といい，1 塩基の置換に比べて，1 塩基の挿入・欠失では形質に大きな変化を生じやすい。

---

❶ ○
クリックが提唱。

❷ ③
5′ と 3′ の方向に注意。

❸ ×
同じである⟺異なるが逆。
真核細胞：転写→核内，翻訳→細胞質で行う。
原核細胞(細菌)：両方同時に細胞質で行う。

❹ ③, ④
①細菌などの原核細胞ではみられない。
②挿入→除去。
③は選択的スプライシングの内容。

❺ ①, ③, ④, ⑥
②は複製に，⑤は転写に用いられる。

❻ ⑤
翻訳は mRNA の 5′ 側の開始コドンから始まる。AUG の次のコドン(UUU：フェニルアラニン)が正解。

❼ ○
挿入・欠失はコドンの読み枠がずれる(フレームシフト)ため，影響が出やすい。

26 遺伝子の発現

　図1は電子顕微鏡で，ある細胞の遺伝子発現のようすを観察した模式図である。図1では(a)遺伝情報が読み取られてタンパク質が合成されているが，合成された細いポリペプチド鎖は写真に現れていないため，図1でも省略してある。また，図2は，リボソームに結合する直前のmRNAを図1とは別の細胞から取り出し，その鋳型となったDNAと相補的に結合させたときの電子顕微鏡像を模式的に表したものである。

図1　ある細胞の遺伝子発現のようす

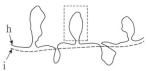

図2　mRNAとDNAの結合

問1　図1および図2に用いた細胞の種類として最も適当なものを，次から一つ選べ。

① 図1，図2とも原核細胞　　　　② 図1は原核細胞，図2は真核細胞

③ 図1は真核細胞，図2は原核細胞　④ 図1，図2とも真核細胞

問2　図1の遺伝子発現の過程の説明として最も適当なものを，次から一つ選べ。

① 遺伝子の転写はeのRNAポリメラーゼによって，aからbの方向に進行する。

② 図のcの鎖はRNA，そこから伸びたdの鎖はDNAを示している。

③ 図のfとg，hはDNAポリメラーゼであり，f付近のdの鎖に開始コドンがある。

④ 図のfとg，hはリボソームであり，hは最も長いポリペプチドと結合している。

問3　図2のDNAとRNAの結合に関する説明として最も適当なものを，次から一つ選べ。

① hの鎖はDNAを，iの鎖はRNAを示している。

② hの鎖に示された点線で囲まれた部分は転写されない領域である。

③ hの鎖とiの鎖が相補的に結合した部分はイントロンと呼ばれる領域である。

④ hの鎖とiの鎖で結合できない部分があるのは遺伝子再構成の結果，タンパク質に翻訳されない部分がDNAで切り落とされた結果である。

問4　下線部(a)に関連して，次の文章中の　ア　・　イ　に入る数値として最も適当なものを，下からそれぞれ一つずつ選べ。ただし，同じものを繰り返し選んでもよい。

　DNAの塩基配列は，RNAに転写され，塩基三つの並びが一つのアミノ酸を指定する。例えば，トリプトファンとセリンというアミノ酸は，右の表1の塩基三つの並びによって指定される。各塩基の出現率が等しいとき，任意の塩基三つの並びがトリプトファンを指定する確率は　ア　分の1であり，

表1

塩基三つの並び		アミノ酸
UGG		トリプトファン
UCA	UCG	セリン
UCC	UCU	
AGC	AGU	

セリンを指定する確率はトリプトファンを指定する確率の　イ　倍と推定される。

① 4　② 6　③ 8　④ 16　⑤ 20　⑥ 32　⑦ 64

〈慈恵会医大，愛知医大，共通テスト試行調査〉

27 アミノ酸配列の決定

　インスリンはA鎖(アミノ酸21個)と，B鎖(アミノ酸30個)の2本のポリペプチド鎖で構成される。A鎖とB鎖の結合はシステイン残基どうしのS-S結合によってなされ，A鎖の7番目とB鎖の7番目，A鎖の20番目とB鎖の19番目でそれぞれ結合している。ヒトとウシのA鎖のアミノ酸配列を比べると，ヒトでは8番目がトレオニン，10番目がイソロイシンであるのに対し，ウシでは8番目がアラニン，10番目がバリンである。この違いがウシインスリンをヒトに注射した際のアレルギー反応の原因となる。そこで，A鎖をつくる正常なmRNA(A)と3種類の変異型mRNA(B)〜(D)を用意し(表1)，それぞれからポリペプチド(変異型mRNAからつくられるものをインスリンⅠ〜Ⅲとする)を合成し，以下の実験に用いた。mRNAの遺伝暗号表は別冊解答のp.2を参照せよ。

表1　実験で用いたインスリンA鎖をコードするmRNA

(A)　GGCAUUGUGGAACAAUGCUGUACCAGCAUCUGCUCCCUCUACCAGCUGGAGAACUACUGCAAC

(B)　GGCAUUGUGGAACAAUGCUCUACCAGCAUCUGCUCCCUCUACCAGCUGGAGAACUACUCUAAC

(C)　GGCAUUGUGGAACAAUGCUGUGCCAGCGUCUGCUCCCUCUACCAGCUGGAGAACUACUGCAAC

(D)　GGCAUUGUGGAACAAUGCUGUACCAGCAUCUGCUCCCUCUACCAGUAGGAGAACUACUGCAAC

注)すべてのmRNAは，左が5′末端であり，示した塩基配列はすべてアミノ酸配列に変換される。

実験1　4種類のmRNAから得たA鎖を正常なB鎖と混合すると，インスリンⅠのA鎖のみがB鎖と結合しなかった。インスリンⅠのA鎖のアミノ酸配列を調べると，7番目と20番目のアミノ酸がセリンになっていた。

実験2　インスリンⅡとⅢの機能を調べると，インスリンⅡでは機能が失われ，インスリンⅢの機能は正常であった。

実験3　インスリンⅢのA鎖のアミノ酸配列を調べると，ウシ型と同じ配列だった。

実験4　インスリンの分子量を測定するとインスリンⅡは他のインスリンに比べて分子量が小さかった。

問1　表1に示したmRNA(A)を合成したDNAの鋳型鎖の配列を5′末端から順に5塩基示すとどのようになるか。最も適当なものを，次から一つ選べ。

① GGCAT　　② CCGTA　　③ TACGG　　④ ATGCC
⑤ GCAAC　　⑥ CGTTG　　⑦ CAACG　　⑧ GTTGC

問2　インスリンⅠ〜ⅢのA鎖はmRNA(B)〜(D)のいずれかの情報をもとに合成される。mRNA(B)と(C)にあてはまるものを，次からそれぞれ一つずつ選べ。

① インスリンⅠ　　　② インスリンⅡ　　　③ インスリンⅢ

問3　インスリンⅡのA鎖を構成するアミノ酸数として最も適当なものを，次から一つ選べ。

① 5　　② 6　　③ 7　　④ 10　　⑤ 15　　⑥ 16　　⑦ 17　　⑧ 20

〈慶大〉

❶ **正誤** 真核生物では，発生段階や，細胞が存在する体内の場所ごとに特定の遺伝子が発現して，特有のはたらきや構造をもった細胞に分化する。

❷ 水晶体とすい臓のランゲルハンス島 B 細胞でのみ発現する遺伝子として適当なものを，次からそれぞれ一つずつ選べ。
① アミラーゼ　② ミオシン　③ クリスタリン
④ インスリン　⑤ ペプシン　⑥ ヘモグロビン

❸ ショウジョウバエの唾腺に含まれる唾腺染色体の特徴の説明として**誤っているもの**を，次から一つ選べ。
① 通常の体細胞の染色体に比べて150倍ほど大きい。
② 発生段階に応じて染色体の特定部位が大きく膨らむ。
③ パフでは翻訳が盛んに行われている。
④ ピロニンで染色するとパフは薄い赤色に染まる。

❹ 大腸菌の培地に，グルコースを与えずにラクトースのみを与えたときのラクトースオペロンの説明として適当なものを，次から二つ選べ。
① リプレッサーにラクトースの代謝産物が結合する。
② リプレッサーがオペレーターに結合する。
③ RNA ポリメラーゼが調節遺伝子に結合する。
④ ラクトース分解酵素などの遺伝子が転写される。

❺ **正誤** 大腸菌の培地にトリプトファンを与えると，リプレッサーはトリプトファンと結合して不活性化する。

❻ 真核生物の遺伝子の発現調節に関する説明として適当なものを，次から二つ選べ。
① 遺伝子が転写される際はヒストンによって DNA が凝縮する。
② RNA ポリメラーゼは基本転写因子とともにプロモーターへ結合する。
③ 転写調節因子が転写調節領域に結合して転写量を調節する。
④ 複数の遺伝子が一つのmRNA内に同時に転写される。

---

❶ ○
これを選択的発現という。一方，生命活動に必須の遺伝子(ハウスキーピング遺伝子)はどの細胞でも発現する。

❷ 水晶体─③
B 細胞─④
①は唾腺，すい臓の外分泌腺，②は筋肉，⑤の前駆体は胃，⑥は未熟な赤血球で発現。

❸ ③
翻訳→転写。
②転写が盛んなパフではDNA がほどけているので膨らんで見える。
④ピロニンは RNA を赤く染色する。

❹ ①，④
②は培地にラクトースがない場合の説明。
③調節遺伝子→プロモーター。

❺ ×
不活性化→活性化(その後，オペレーターに結合し，転写を阻害する)。

❻ ②，③
①転写時はヒストンが外れて DNA がほどける。
④原核細胞の特徴。

ア真核生物では，遺伝子の多くは細胞の種類や発生段階，外界からの刺激に応じて発現の有無が調節される。これを選択的遺伝子発現という。そこで，体内の組織，器官の細胞がどのように遺伝子発現を制御しているかを調べるために，次の実験を行った。

実験 ある遺伝子を，プロモーターは DNA に残したまま，GFP（緑色蛍光タンパク質）遺伝子に組換えた。これを遺伝子4とする。さらに，選択的遺伝子発現を制御する領域A，B，Cのいずれかを，プロモーター領域の上流に図1のように連結し，3つの人工遺伝子（遺伝子1〜3）を合成した。GFP の発現量が増すと，細胞はより緑色の蛍光を発するようになり，蛍光の強さを測定することで GFP の量を調べられる。この遺伝子1〜4を別々に神経細胞または肝細胞に導入して培養し，一定時間後に細胞を破砕して蛍光の強さを測定した（図2）。

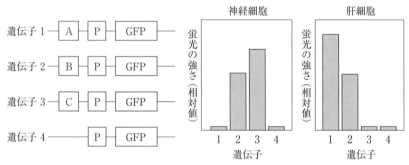

図1 人工遺伝子の模式図　　　　図2 蛍光の強さの測定結果

問1 下線部アに関連して，真核生物の遺伝子発現の説明として**誤っているもの**を，次から一つ選べ。

① 遺伝子が発現する際は DNA からヒストンが解離して DNA が部分的にほどける。
② RNA ポリメラーゼは基本転写因子とともにプロモーターに結合する。
③ 選択的な遺伝子発現を行う遺伝子を一般にハウスキーピング遺伝子という。
④ 糖質コルチコイドの受容体などは，転写調節因子として転写調節領域に結合する。

問2 実験結果より，遺伝子1〜3内の領域A〜Cは，細胞内に含まれる因子とともに GFP 遺伝子の発現をどのように調節しているか。適当なものを，次から二つ選べ。

① 領域AはGFPの発現を，神経細胞では抑制し，肝細胞では促進する。
② 領域BはGFPの発現を，神経細胞，肝細胞でともに促進する。
③ 領域CはGFPの発現を，神経細胞では促進し，肝細胞では抑制する。
④ 領域A〜Cが一つもないと，GFP 遺伝子は神経細胞，肝細胞の両方で全く発現することができない。
⑤ 領域Aに結合する細胞内の因子は，神経細胞にのみ含まれる。
⑥ 領域Bに結合する細胞内の因子は，神経細胞と肝細胞の両方に含まれる。
⑦ 領域Aに結合する細胞内の因子は，領域Cにも結合することができる。
⑧ 領域Cに結合する細胞内の因子は，神経細胞と肝細胞で逆の作用を示す。

〈金沢大〉

29 ラクトースオペロン

図1は大腸菌のラクトースオペロンの模式図である。ア遺伝子Aは調節遺伝子であり，遺伝子BとCの発現を制御するタンパク質Aを常に発現する。ひとつながりの伝令RNAとして転写される遺伝子BとCはそれぞ

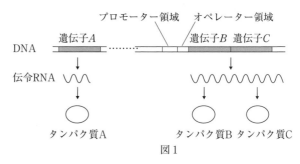

図1

れ，ラクトース分解酵素（タンパク質B）と，細胞膜上でラクトースの取り込みを促す輸送体（タンパク質C）を発現する。そこで，大腸菌の遺伝子A，B，Cのいずれかが突然変異により機能しなくなった3株の変異型大腸菌（X株，Y株，Z株）を用いて，ラクトースオペロンのはたらきを，以下の実験で調べた。

実験 化合物ⅠとⅡの片方または両方を加えた寒天培地を用意した。化合物Ⅰはタンパク質Cによって大腸菌へ取り込まれ，タンパク質Bに分解されて青色を呈する。そのため青色の菌体ではタンパク質Bが発現している。化合物Ⅱは立体構造がラクトースに似ており，自然に大腸菌内に取り込まれるが，タンパク質Bには分解されない。野生型とX，Y，Z株の大腸菌をそれぞれ化合物Ⅰのみ添加した寒天培地，または化合物ⅠとⅡの両方を添加した寒天培地で培養し，それぞれでコロニーの色を確認した（表1）。なお，菌体内の化合物Ⅰの蓄積量はX株ではZ株に比べ100分の1程度であった。

表　1

	培地に添加した化合物	
	Ⅰ	ⅠとⅡ
野生型	白	青
X　株	白	白
Y　株	青	青
Z　株	白	白

問1 下線部アについて，タンパク質Aは培地中にラクトースがある場合，遺伝子B，Cの転写をどのように制御しているか。最も適当なものを，次から一つ選べ。

① プロモーターに結合して遺伝子BとCの転写を抑制する。

② 基本転写因子として機能し，プロモーターへのRNAポリメラーゼの結合を促す。

③ ラクトースの代謝産物と結合し，オペレーターから解離する。

④ ラクトースの代謝産物から解離し，遺伝子BとCの転写を促進する。

問2 表1に示された野生型大腸菌の実験結果について，化合物Ⅱが結合し，その作用を阻害すると考えられるものを，次から一つ選べ。

① オペレーター　　② プロモーター　　③ ラクトースの代謝産物

④ タンパク質A　　⑤ タンパク質B　　⑥ 化合物Ⅰ

問3 実験結果より，X株，Y株で変異した遺伝子の組合せを，次から一つ選べ。

	X株	Y株		X株	Y株		X株	Y株
①	A	B	②	A	C	③	B	A
④	B	C	⑤	C	A	⑥	C	B

❶ウニの細胞で核相が複相($2n$)の細胞を，次からすべて選べ。
① 始原生殖細胞　② 卵原細胞　③ 一次卵母細胞
④ 二次卵母細胞　⑤ 第二極体　⑥ 成熟した卵

❷減数分裂第一分裂の時期にある細胞を，次から一つ選べ。
① 始原生殖細胞　② 精子　③ 一次精母細胞
④ 二次精母細胞　⑤ 精細胞　⑥ 精原細胞

❸ヒトの精子の中片部にある構造を，次から二つ選べ。
① 精核　② 繊毛　③ 中心体
④ ミトコンドリア　⑤ 先体　⑥ 収縮胞

❹ 正誤 ヒトでは排卵された一次卵母細胞が子宮内で受精する。

❺ 正誤 一般に動物では雄1個体がつくる精子数は，雌1個体がつくる卵数の4倍である。

❻ 正誤 卵に近づくと，精子の頭部でアクチンフィラメントの束ができ，先端に先体突起が形成される。この反応を先体反応という。

❼ 正誤 ウニの卵や精子を採取する際には，卵巣や精巣の周囲の筋収縮を促進するために生理食塩水を注射する。

❽無性生殖のうち出芽で増殖する生物を，次から一つ選べ。
① ミドリムシ　② ジャガイモ　③ ヒドラ
④ ゾウリムシ　⑤ ミズクラゲ　⑥ ウニ

❾ 正誤 減数分裂で生じた胞子の合体を接合といい，接合によってできる細胞を配偶子という。

❿ 正誤 有性生殖は無性生殖と比べ，理想的な環境下での増殖速度が大きい。また，両親の遺伝情報を受け継ぐので遺伝的に多様な子を生じ，環境変化に適応しやすい。

---

❶ ①，②，③
④・⑤・⑥・第一極体はいずれも単相(n)。

❷ ③
①・⑥は減数分裂前，④は第二分裂，②・⑤は減数分裂終了後の細胞。

❸ ③，④
①・⑤精子の頭部にある。
②・⑥ヒトの精子にはみられない。

❹ ×
ヒトでは二次卵母細胞が輸卵管で精子と受精する。

❺ ×
一般に精子の形成数の方が比較できないほど多い。

❻ ○
先体反応では精子頭部から卵膜を溶かす酵素も放出される。

❼ ×
塩化カリウム溶液または塩化アセチルコリン溶液を注射する。

❽ ③
①・④・⑤は分裂，②は栄養生殖，⑥は有性生殖。

❾ ×
胞子→配偶子，配偶子→接合子。

❿ ×
増殖速度は小さい。

30 精子の誘引と先体反応

ア ウニの未受精卵には，内側から順に卵細胞，卵黄膜，ゼリー層という層状構造がある（図１）。精子がゼリー層に達すると，イ精子の先端から先体突起が伸長する。これを，先体反応という。そこで，ウニの未受精卵と精子を用いて，以下の実験を行った。

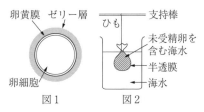

図１　図２

実験１　海水を含むペトリ皿に精子懸濁液(一定数の精子を含む海水)を加えると，精子はゆっくり運動した。さらに一定数の未受精卵を加えると，精子は激しく運動した。

実験２　未受精卵のかわりに，ゼリー層のみを除去した未受精卵を用い，その他の条件は実験１と同じにすると，精子はゆっくりと運動した。

実験３　未受精卵のかわりに，未受精卵から取り出したゼリー層を用い，その他の条件は実験１と同じにすると，精子は激しく運動した。

実験４　図２のように，未受精卵を含む海水の入った半透膜の袋を海水中に入れた。このときの容器中の未受精卵１個あたりの海水量は，実験１と同じである。一定時間後，袋の外側の海水に，海水1mLあたりの精子の数が実験１と同じになるように，精子懸濁液を加えると，精子は激しく運動した。

実験１～４で先体反応がみられたのは実験１，３のみであった。これらの結果から，精子に運動性の上昇を引き起こす物質Ｘと，精子に先体反応を引き起こす物質Ｙの存在を仮定し，これらの物質が精子に十分作用すると物質の効果が現れると考えた。

問１　下線部アに関連して，100個の一次卵母細胞が同時に減数分裂を開始してすべて正常に卵になった場合生じる卵の個数はいくつか。最も適当なものを次から一つ選べ。
①　25個　　②　50個　　③　100個　　④　200個　　⑤　400個　　⑥　800個

問２　下線部イに関連して，先体突起の伸長に関わる細胞骨格として最も適当なものを，次から一つ選べ。
①　微小管　　　　　②　アクチンフィラメント　　　③　中間径フィラメント
④　コラーゲン　　　⑤　ミオシンフィラメント　　　⑥　主要組織適合抗原

問３　物質Ｘと物質Ｙが存在する未受精卵の存在部位として最も適当なものを，次からそれぞれ一つずつ選べ。
①　卵細胞のみに存在　　　②　卵黄膜のみに存在　　　③　ゼリー層のみに存在
④　卵細胞と卵黄膜の両方に存在　　　⑤　卵細胞とゼリー層の両方に存在
⑥　卵黄膜とゼリー層の両方に存在　　　⑦　すべての領域に存在

問４　半透膜に対する物質Ｘと物質Ｙの透過性について，実験結果から導かれる結論として最も適当なものを，次からそれぞれ一つずつ選べ。
①　半透膜を通過することができる。　　②　半透膜を通過することができない。
③　半透膜を通過できるか，実験結果からはわからない。　　〈センター試験・本試〉

31 多精拒否の機構

ウニでは，複数のア精子が卵に受精(多精)するのを防ぐしくみ(多精拒否機構)を２通

り備えている。1つは受精後約1分で形成される受精膜である。しかし，多くの精子が卵に集中すると，受精膜形成のみでは多精を防ぐことができない。そこで，やや不完全だが，最初の精子の進入後にすばやく発動するもう1つの機構がある。以下にその機構を調べる実験を示した。

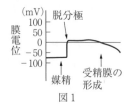

図1

実験1 未受精卵に微小電極を差し込み，膜電位を測定すると−70mVであった。ここに精子を加える（媒精）と，精子が卵に1つ進入した直後に膜電位が逆転（脱分極）して＋10mVになった（図1）。この実験を繰り返すと，一部の卵では最初の精子進入後の脱分極が不完全で0mVを超えず，やや遅れてから2回目の脱分極が起こり，ようやく＋10mVに達するものがあった（図2）。このような卵はいくつかの精子が進入して多精になっていた。

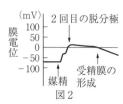

図2

実験2 膜電位測定の電極以外に卵に新たに電極を差し込み，膜電位が＋10mVになるように電流を流した。10秒後に精子を加え，その2分後に膜電位が−10mV以下になるように電流を下げた（図3）。その結果，媒精から3分後以降に受精膜が形成された。

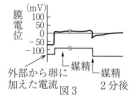

図3

実験3 実験2とは逆に，精子が卵に進入した直後に電流を約10秒間だけ流し膜電位を−10mV以下にした（図4）。

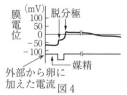

図4

問1 下線部アに関連して，ヒトの精子進入直後の受精卵の細胞あたりのDNA量として最も適当なものを，次から一つ選べ。ただし，体細胞分裂直後の体細胞のDNA量を2とし，核外DNAは考慮しないものとする。

① 0.5　② 1　③ 1.5　④ 2　⑤ 3　⑥ 4　⑦ 6　⑧ 8

問2 実験1について，受精時に生じる膜電位の上昇は神経細胞の活動電位の発生と同様の機構で起こる。図2で脱分極が2回生じた原因として可能性のあるものを一つ選べ。

① 細胞膜に存在するNa^+チャネルの数が正常な卵より少なかった。
② 細胞膜に存在するK^+チャネルの数が正常な卵よりも少なかった。
③ 細胞膜が内部にくびれるエキソサイトーシスの発生頻度が少なかった。
④ 細胞内から分泌されるアセチルコリンの分泌量が少なかった。

問3 実験1〜3より推測できる多精拒否機構のしくみとして**誤っているもの**を，次から一つ選べ。

① 卵の膜電位を−10mV以下に維持しても，2つ目以降の精子進入を防止できない。
② 卵の膜電位を＋10mVに維持すると，精子は卵に進入しにくくなる。
③ 卵の膜電位を一度でも＋10mVにすると，その後は膜電位の大きさに関係なく精子は卵に進入できなくなる。
④ 図2と図4の卵ではともに2つ目以降の精子が卵に進入した可能性がある。
⑤ 図1〜4の膜電位の上昇には精子の進入を伴わないものも含まれる。〈関西学院大〉

32 マウスの卵成熟と受精

　哺乳類であるマウスでは，交尾によって雌の体内に送り込まれた精子が卵管まで進入し，卵巣から放出された卵と受精する。(a)受精前の成熟したマウス卵は，右の図1のようになっている。受精が成立するためには，精子は卵丘細胞層および透明帯を通過し，卵細胞膜に結合する必要がある。卵細胞膜に結合後，精子は卵細胞内へ進入して精核を形成し，卵核と融合することで受精が完成する。

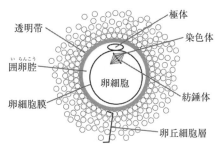

図1　成熟したマウス卵の模式図

　マウスの配偶子ではたらき，受精の成立に関与すると考えられるタンパク質として，タンパク質Xとタンパク質Yが見つかった。これらのタンパク質のはたらきを調べるために，それぞれのタンパク質をコードする遺伝子Xまたは遺伝子Yの機能を欠損させたノックアウトマウスを作成し，次の実験1・実験2を行った。なお，遺伝子Xの機能を欠損した変異遺伝子をx，遺伝子Yの機能を欠損した変異遺伝子をyとする。

実験1　様々な遺伝子型のマウスを交配したところ，次の表1のように，子が生まれた組合せと生まれなかった組合せとがあった。どの遺伝子型のマウスも正常に卵および精子を形成しており，配偶子の形態や精子の運動性は正常であった。

表1

		雌マウス		
		XXYY	xxYY	XXyy
雄マウス	XXYY	生まれた	生まれなかった	生まれた
	xxYY	生まれた	生まれなかった	生まれた
	XXyy	生まれなかった	生まれなかった	生まれなかった

実験2　表1のマウスについて，精子と卵を取り出し，培養液内で卵に精子を加え（体外授精），卵を観察した。その結果，子が生まれた組合せでは，次の図2のように正常に卵核および精核が形成された。一方，子が生まれなかった組合せでは，いずれの場合も次の図3のように，精子は囲卵腔に進入しているものの，卵細胞膜との結合が見られなかった。

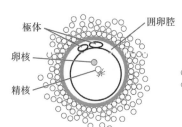

図2　子が生まれた組合せで体外授精した卵

図3　子が生まれなかった組合せで体外授精した卵

問1　下線部(a)の卵では，減数分裂がどの時期まで進行していると考えられるか。図1を参考にして，最も適当なものを次から一つ選べ。

① 第一分裂前期　　② 第一分裂中期　　③ 第一分裂後期　　④ 第一分裂終期

⑤ 第二分裂前期　　⑥ 第二分裂中期　　⑦ 第二分裂後期　　⑧ 第二分裂終期

⑨ 減数分裂は完了している

問2　実験1・実験2の結果より，遺伝子Xと遺伝子Yは，それぞれどこでどのようなはたらきをすると考えられるか。最も適当なものを，次からそれぞれ一つずつ選べ。

① 精子ではたらき，精子の卵丘細胞層および透明帯の通過に必要である。

② 精子ではたらき，精子と卵細胞膜との結合に必要である。

③ 精子ではたらき，精子の卵細胞への進入を阻害する。

④ 精子ではたらき，精核の形成を阻害する。

⑤ 卵ではたらき，精子の卵丘細胞層および透明帯の通過に必要である。

⑥ 卵ではたらき，精子と卵細胞膜との結合に必要である。

⑦ 卵ではたらき，精子の卵細胞への進入を阻害する。

⑧ 卵ではたらき，精核と卵核の融合を阻害する。

〈共通テスト試行調査〉

❶ [正誤] 卵に精子が進入した部分を動物極，その反対側を植物極という。また，赤道面と平行に卵が分割されることを経割という。

❷ [正誤] 発生の初期にみられる卵割は，間期がないため分裂速度が大きく，分裂後に生じた割球は成長を伴わない。また，卵割のタイミングが同調的である。

❸ ウニの卵割の特徴として**誤っている**ものを二つ選べ。
① 第一卵割は経割である　② 第三卵割は緯割である
③ 16細胞期の動物半球には中割球が8個ある
④ 胞胚期に一次間充織細胞(中胚葉)が生じる
⑤ 原腸を形成する細胞を内胚葉といい，将来消化管になる
⑥ 原腸胚でふ化する　⑦ 原口は口になる

❹ [正誤] カエルの卵は動物極に卵黄が片寄って分布する端黄卵のため，第一，第二卵割は経割で同じ大きさの割球を生じるが，第三卵割は赤道面からやや動物極側に片寄った位置で緯割が起こる。

❺ カエルの卵割の特徴として**誤っている**ものを次から二つ選べ。
① 表層回転により精子進入地点に灰色三日月環が生じる。
② 桑実胚の卵割腔は動物極側に片寄って形成される。
③ 原腸胚では原口背唇よりやや植物極側に原口が生じる。
④ 原口とつながる胚内部の空間を原腸という。
⑤ 背側に生じた神経板は内部に陥入し，やがて脊索になる。
⑥ 尾芽胚では胚が頭尾軸方向に長く伸び，尾が形成される。
⑦ 幼生から成体への変態では，肺の形成と尾の退化が起こる。

❻ 脊椎動物において次のA～Hの胚葉の各領域から形成される組織・器官を，下の①～⑮からそれぞれすべて選べ。
A. 表皮　　B. 脊索　　C. 神経管　　D. 神経堤(冠)細胞
E. 体節　　F. 腎節　　G. 側板　　H. 内胚葉
① 肺　　② 肝臓　　③ 真皮　　④ 皮膚の表皮
⑤ 交感神経　⑥ すい臓　⑦ 腎臓　　⑧ 脊髄
⑨ 骨格筋　⑩ 心臓　　⑪ 脳　　⑫ 骨格
⑬ 内臓筋　⑭ 消化管内壁　⑮ 退化・消失

---

❶ ×
精子が進入した→極体が放出された。
経割→緯割。

❷ ×
S期はあるので短い間期がある。

❸ ⑥, ⑦
⑥ふ化は胞胚期。
⑦原口は肛門になる。
③16細胞期の植物半球は大割球4個と小割球4個からなる。

❹ ×
動物極に卵黄→植物極に卵黄(なお，ウニ卵は卵黄が少ない等黄卵)。

❺ ①, ⑤
①精子進入地点の反対側に生じる。
⑤脊索→神経管(原口背唇部が脊索になる)。
⑦成体への変態では後肢の形成も起こる。尾の退化はプログラム細胞死(アポトーシス)による。

❻ A—④　B—⑮
C—⑧, ⑪　D—⑤
E—③, ⑨, ⑫　F—⑦
G—⑩, ⑬
H—①, ②, ⑥, ⑭

❼イモリの眼の形成の説明として**誤っているもの**を，一つ選べ。
　① 水晶体が表皮を誘導して角膜がつくられる。
　② 眼杯が表皮を誘導して水晶体がつくられる。
　③ 角膜は発生が進むと網膜に分化する。

❽ 正誤 カエルの外胚葉細胞にある BMP 受容体に BMP が結合すると，神経に分化する。形成体が分泌するノーダルやコーディンが BMP に結合すると表皮が分化する。

❾フォークトが行った実験・業績を，次から一つ選べ。
　① 原基分布図の作成　　　② 形成体の発見
　③ 交換移植によるイモリの発生運命の決定時期の確定

❿ 正誤 核が崩壊して断片化し，次いで細胞全体が断片化する細胞死はアポトーシスと呼ばれる。

⓫山中伸弥によって確立された多能性をもつ細胞を一つ選べ。
　① ES 細胞　② iPS 細胞　③ 組織幹細胞　④ 胚盤胞

⓬ 正誤 ショウジョウバエは受精すると卵内にビコイド mRNA やナノス mRNA などの母性因子が合成され，これらがつくるタンパク質の胚内での濃度勾配が頭尾（前後）軸の決定に関わる。

⓭ショウジョウバエの形態形成に関わる遺伝子①～④を，胚発生の進行に従って発現する順に並べよ。
　① 母性効果遺伝子　② セグメント・ポラリティ遺伝子
　③ ペア・ルール遺伝子　④ ギャップ遺伝子

⓮ 正誤 生物の体の一部が別の部分に置き換わるような突然変異をホメオティック突然変異といい，その原因となる遺伝子をホメオティック遺伝子という。

⓯ショウジョウバエの 8 つのホメオティック遺伝子にある，180 塩基対からなる相同性の高い塩基配列の名称を，次から一つ選べ。
　① ホメオボックス　② ホメオドメイン　③ Hox 遺伝子群

❼ ③
③角膜→眼杯。
①の水晶体，②の眼杯は形成体としてはたらく。

❽ ×
神経⟺表皮が逆，ノーダル→ノギン。BMP が受容体に結合すると表皮に，結合しないと神経に分化する。

❾ ①
②・③はシュペーマンによる実験と業績。

❿ ○
発生段階で予め死ぬ運命が決まっている細胞死をプログラム細胞死という。

⓫ ②
正式名称は，①胚性幹細胞，②人工多能性幹細胞。④は哺乳類の胞胚。

⓬ ×
母性因子は受精前に卵内で合成され終わっている。

⓭ ①→④→③→②
①母性効果遺伝子からつくられる物質を母性因子という。
②～④をまとめて分節遺伝子という。

⓮ ○
頭部に脚が形成される変異や，4 枚の翅を形成する変異が代表的。

⓯ ①
②ホメオボックスが指定するタンパク質の領域。
③ショウジョウバエのホメオティック遺伝子と相同な遺伝子の総称。

[33] 卵割の同調性

カエルの卵は受精後，およそ30分に1回の割合で卵割を行うが，胞胚期を過ぎると1個の胚を構成する割球は同調分裂しなくなる。実験1と実験2を行い，この過程を観察した。

実験1 7回目の卵割開始から360分間にわたって，3〜10分ごとに各々5個の胚をアルコールで固定した。これらの胚から動物極の部分を切り取り，100個の割球を観察して，分裂期の染色体をもつ割球の割合を求め，図1中のアの結果を得た。同様に，赤道の部分および植物極の部分についても観察して，それぞれ図1中のイとウの結果を得た。

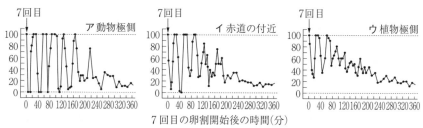

図1 分裂期の染色体をもつ割球の割合(%)

問1 実験1における，実験開始後の分裂に関する記述として最も適当なものを，次から一つ選べ。

① 40分までは，分裂を停止する割球の割合は植物極側の方が赤道の付近より大きい。
② 60分までは，すべての割球がほぼ同時に分裂する。
③ 80分経過すると，植物極側で分裂を停止する割球が現れる。
④ 100分までは，すべての割球がほぼ同時に分裂する。

問2 図1から，動物極側，赤道の付近および植物極側のそれぞれで，何回目の卵割まで同調していたと考えられるか。その値の組合せとして最も適当なものを，次から一つ選べ。

	動物極側	赤道の付近	植物極側
①	11	9	7
②	12	9	7
③	12	10	9
④	13	11	9

実験2 7回目の卵割が始まってから，胚の動物極の部分を切り取り，この部分の割球を1個ずつに解離してから，以後の分裂のようすを調べた。各割球は正常胚と同じ時間経過で分裂を続けた。実験開始180分後に，分裂直後の割球の半径と，その割球が次の分裂を終えるまでに要した時間を測定した結果，それらの関係は折れ線となった(図2)。図中の矢印は半径が35μmの割球を示す。

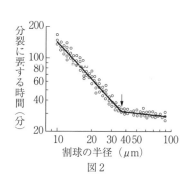

図2

問3 実験2の結果から，半径が35 μm より大きい割球はおよそ30分の時間を要する分裂（短時間の分裂：S）をし，半径が35 μm より小さい割球はそれより長い時間を要する分裂（長時間の分裂：L）をすることがわかる。図2で示された卵割の次の分裂で，同じ測定を行った場合に得られる結果の推論として最も適当なものを，次から一つ選べ。

① Lの割球数とSの割球数の比の値（Lの割球数 / Sの割球数）は増加する。

② Lの割球数とSの割球数の比の値（Lの割球数 / Sの割球数）は変わらない。

③ Lの割球数とSの割球数の比の値（Lの割球数 / Sの割球数）は減少する。

④ 短時間の分裂をする割球は存在しない。

⑤ 長時間の分裂をする割球は存在しない。　　　　　　　〈センター試験・本試〉

34　原腸形成のしくみ

ウニの原腸は，植物極側で細胞がおちこむ段階（段階1），植物極側の細胞集団が胞胚腔の中へポケットのように陥入する段階（段階2），原腸の先端に中胚葉細胞が出現する段階（段階3），一層の細胞からつくられている原腸が細長く伸びて，原口の反対側の外胚葉に接するようになるまでの段階（段階4），という4段階を経て形成される。段階4の間に，原腸が伸びるしくみを調べるために，ある種のウニの原腸についての観察・実験を行った。

観察・実験

A．段階2および段階4で，原腸を伸びる方向に直角に輪切りにし，断面の細胞の厚さ（図1）を測定した。測定された厚さの平均値を図2に示してある。

B．段階2および段階4で，原腸を輪切りにし，断面の細胞を数えた。その数の平均を図3に示した。なお，段階4で細胞数を数えるまでの間，死ぬ細胞はみられなかった。

C．段階2および段階4で，図1のように原腸をつくっている細胞の高さと幅を測定したところ，その高さと幅の比率の平均値はいずれの段階でも1.1であった。

D．段階4の間，細胞分裂を止める薬品を続けて作用させても原腸は伸びた。

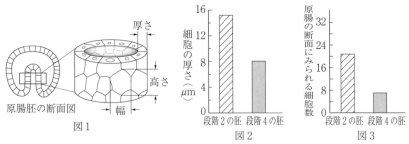

原腸胚の断面図
図1

図2

図3

問1 次の記述ア〜ウは段階4における原腸の伸長に関する仮説である。それぞれの**仮説に合わない観察・実験**を，下の①〜④からそれぞれ一つずつ選べ。ただし，原腸形成の間，個々の細胞の体積は変わらないものとする。

記述ア．細胞分裂による細胞数の増加により原腸が伸長する。

記述イ．個々の細胞が縦長に伸びることにより原腸が伸長する。

記述ウ．観察・実験Cと図2によれば，個々の細胞は薄くなり，その分だけ高さも幅も増加する。その高さと幅の増加により段階4の過程を合理的に説明できる。

① A ② B ③ C ④ D

問2 原腸の伸長に細胞がどのようにかかわるかをさらに詳しく調べるために，どのような実験を前の観察・実験A～Dに加えればよいか。必要と考えられる実験として最も適当なものを，次から一つ選べ。

① 各段階で，原腸の細胞を分離して，個々の細胞の運動性を調べる。

② 原腸の細胞分裂の頻度を時間を追って調べる。

③ 細胞活動の状況を調べるため，原腸の各段階における細胞の呼吸量を測る。

④ 原腸内での個々の細胞の位置の変化を時間を追って調べる。

⑤ 原腸の細胞部分の体積を計算する。 〈センター試験・追試〉

35 形成体と誘導

細胞性粘菌の一種であるキイロタマホコリカビは，図1のように分裂して増殖する。栄養が少なくなるとアメーバ状の細胞が集まり，マウンドと呼ばれる集合体を形成する。この時期にできた ア 突起の細胞群からは，ある信号物質が放出される。やがて突起が上方に伸びると横倒しになって，ィ 突起部分を前部とする前部・後部の区別のある移動体となる。移動体はその後，前部が上方を向き，伸びて柄となり，後部はその柄の先端で胞子に分化して子実体を形成する。

図1 キイロタマホコリカビの生育と分化（前部や柄の細胞群を白抜きで示す）

問1 下線部アに関連して，カエルの外胚葉の分化にもある種の信号物質が関わる。初期原腸胚の外胚葉の細胞からは物質Bが分泌されており，これが外胚葉の細胞の細胞膜受容体Bに結合すると外胚葉は表皮に分化する。形成体である原口背唇の細胞からは物質Nが分泌されており，接した外胚葉の物質Bと結合すると物質Bと受容体Bの結合が妨げられ外胚葉は神経に分化する。初期原腸胚から切り出した外胚葉を用いて以下の実験をした場合に導かれる結果として最も適当なものを，次から一つ選べ。

① 外胚葉を単独で培養すると，神経に分化する。

② 組織によく拡散する物質N阻害剤を加えて外胚葉を培養すると，神経に分化する。

③ 組織によく拡散する物質B阻害剤を加えて外胚葉を培養すると，表皮に分化する。

④ バラバラに単離した外胚葉の細胞をよく洗浄してから培養すると神経に分化する。

問2 下線部イの移動体の前部や後部には突起形成能力と突起形成抑制能力（突起をつくらせない能力）があり，その相対的な強さに違いがある。その相対的な強さを調べるため，色素で標識した移動体から前部細胞群と後部細胞群を切り取り，他の移動体の前部や後部へ移植する実験を行い，その結果を得た（例：図2）。切り出した細胞群

と移植した部位，突起形成の有無は表1に示してある。前部と後部について推定される突起形成能力と突起形成抑制能力の組合せとして最も適当なものを，次からそれぞれ一つずつ選べ。ただし，同じものを選んでもよい。

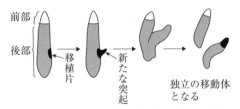

図2　移植実験の例（ほかの移動体の前部細胞群を後部に移植した実験に相当する）

表1　移植実験の概要とその結果

	切り出した領域（標識済）	他個体へ移植した部位	突起形成の有無
実験1	前部	後部	○
実験2	前部	前部	×
実験3	後部	後部	×
実験4	後部	前部	×

突起形成能力　突起形成抑制能力
① 　強　い　　　　　強　い
② 　強　い　　　　　弱　い
③ 　弱　い　　　　　強　い
④ 　弱　い　　　　　弱　い

〈センター試験・本試〉

36 眼の形成

マウスの眼の形成過程では，脳の一部から突出して形成された細胞の中央がくぼんで眼杯となる。眼杯は，それが接している表皮の水晶体への分化を誘導する。マウスにおける眼の形成のしくみを調べるため，次の実験1～3を行った。

実験1 野生型マウスの胚（以降，胚Wと呼ぶ）から，眼杯と，将来水晶体が形成される外胚葉の領域（以降，予定水晶体領域と呼ぶ）を切り出し，眼杯と予定水晶体領域とを合わせて培養したところ，表1の結果が得られた。

実験2 突然変異体マウスXでは，水晶体が形成されない。突然変異体マウスXの胚（以降，胚Xと呼ぶ）と胚Wから，眼杯と予定水晶体領域とを切り出した。胚Xあるいは胚Wの予定水晶体領域とを合わせて培養したところ，表1の結果が得られた。

表　1

	培養の組合せ		予定水晶体領域の培養後の状態
	眼　杯	予定水晶体領域	
実験1の結果	胚　W	胚　W	水晶体に分化した
実験2の結果	胚　X	胚　X	水晶体に分化しなかった
	胚　W	胚　X	水晶体に分化した
	胚　X	胚　W	水晶体に分化しなかった

実験3 胚Wから作った未分化な細胞である胚性幹細胞（ES細胞）を塊状にして，特殊な条件下で培養すると，ES細胞がすべて神経性の外胚葉性細胞に分化した。この細胞塊をさらに培養し続けると，細胞塊の表面に眼胞が形成され，眼杯になった後に網膜に分化したが，水晶体は形成されなかった。

問1 実験1，実験2から導かれる考察として最も適当なものを，次から一つ選べ。

① 胚Xの眼杯は，水晶体への分化に必要な誘導物質を分泌していない。

② 胚Xの予定水晶体領域は，水晶体への分化に必要な誘導物質を分泌していない。

③ 胚Wの眼杯は，水晶体への分化に必要な誘導物質を分泌していない。

④ 胚Wの予定水晶体領域は，水晶体への分化に必要な誘導物質を受容できない。

問2 実験1〜3の結果から導かれる考察として最も適当なものを，次から一つ選べ。

① 胚Wから作ったES細胞から形成された眼胞は，胚Wの予定水晶体領域と合わせて培養しても，水晶体への分化を誘導する物質を産生できない。

② 胚Wから作ったES細胞から形成された眼胞は，予定水晶体領域と合わせて培養しなくても，眼杯になれる能力がある。

③ 胚Wから作ったES細胞から形成された眼胞を，胚Xの眼胞と交換移植しても，胚Xに水晶体の分化は誘導されない。

④ 胚Wから作ったES細胞から形成された網膜は，眼胞をくぼませ，眼杯の形成を誘導するための形成体として，必要不可欠である。

〈センター試験・本試〉

37 母性効果遺伝子

A. ショウジョウバエの卵には形態的に区別できる前端(前極)と後端(後極)による前後軸があり，胚が発生すると頭部，胸部，腹部の違いが生じる(図1)。胚の前後軸の形成にはたらく卵の前極や後極に局在する細胞質成分について調べるため，以下の**実験1〜4**を行った。

図1

実験1 細いピペットを用いて，卵割期の正常な卵の前極から細胞質を抜き取ると，発生する胚には頭部と胸部が形成されなかった。また，前極の細胞質を抜き取り，そこに別の正常な卵の後極から抜き取った細胞質を注入すると，そこに腹部の構造が形成されたため，胚には2つの腹部が鏡像対称的に形成された。

実験2 bcd⁻は常染色体上にある潜性遺伝子で，bcd⁻をホモにもつ雌(bcd⁻/bcd⁻)が，野生型の雄(bcd⁺/bcd⁺)と交尾して産んだヘテロの受精卵(bcd⁺/bcd⁻)は，発生の途中ですべて死んでしまう。この胚を観察すると，腹部は正常であったが頭部と胸部は形成されなかった。

実験3 bcd⁻をヘテロにもつ雄(bcd⁺/bcd⁻)と雌(bcd⁺/bcd⁻)どうしを交配すると，そのうち約25％はbcd⁻をホモにもつ受精卵(bcd⁻/bcd⁻)となるが，それらの胚は正常に発生した。

実験4 実験2のbcd⁻をホモにもつ雌(bcd⁻/bcd⁻)が産んだヘテロの受精卵(bcd⁺/bcd⁻)の前後軸の中央部に，別の正常な卵の前極から抜き取った細胞質を注入すると，その部分に頭部と胸部の構造が鏡像対称的に形成された(図2)。

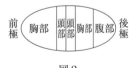

図2

問1 実験2のbcd⁻をホモにもつ雌が産んだ受精卵(bcd⁺/bcd⁻)の前極に，別の正常な卵の前極から抜き取った細胞質を注入した。生じた胚として最も適当なものを，次の①〜⑥から一つ選べ。

① 前極側に胸部が形成される

② 前極側に頭部と胸部が鏡像対称的に形成される

③　前極側に腹部が形成される　　　　　④　前極側に頭部と胸部が形成される

⑤　前極側に大きな頭部が形成される　　　⑥　発生が停止する

問2　**実験2**と**実験3**の結果などから，野生型の遺伝子 bcd⁺ の mRNA は，いつどこ
で合成されると考えられるか，最も適当なものを次から一つ選べ。

①　卵割期に卵の前極で合成される　　　②　卵割期に卵の全体で合成される

③　胞胚期に卵の前極で合成される　　　④　卵割期に卵の後極で合成される

⑤　雄親の精巣の中で合成される　　　　⑥　雌親の卵巣の中で合成される

問3　**実験4**の結果などから，卵割期の卵の前極の細胞質には，どのようなはたらきが
あると考えられるか，最も適当なものを次から一つ選べ。

①　頭部と胸部の形成を抑制する　　　②　頭部と胸部の形成を促進する

③　腹部の形成を促進する　　　　　　④　頭部の形成を促進し胸部の形成を抑制する

B．胚の前後軸の形成にはたらく遺伝子Pの mRNA は，卵割期の卵の前極に局在して
いる。また，合成されたタンパク質Pは卵の中で不均一な分布を示す。図3で，実線
のグラフは正常な卵のタンパク質Pの濃度分布を前後軸に沿って示し，図4はそのと
き生じる正常な胚の頭部，胸部，腹部の構造形成のパター
ンを模式的に示している。また，タンパク質Pの濃度を
人為的に過剰にした場合は，図3の点線のグラフで示す
濃度分布となり，このとき生じる胚のパターンは図5の
ようになった。さらに遺伝子Pをホモで欠失した雌親か
ら生まれた卵では，遺伝子Pの mRNA やタンパク質は
検出されず，発生した胚からは腹部だけが分化した。

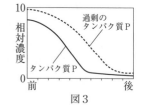

図3

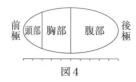

図4

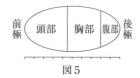

図5

問4　遺伝子Pの mRNA と合成されたタンパク質Pについて，どのようなことが考え
られるか，適当なものを次から二つ選べ。

①　タンパク質Pは，前側で分解される

②　遺伝子Pの mRNA は，濃度の違いによる勾配を形成する

③　タンパク質Pは，後側で合成される

④　遺伝子Pの mRNA は，拡散しながら少しずつ分解される

⑤　タンパク質Pは，前極で合成されたあと拡散する

⑥　タンパク質Pは，濃度の違いによる勾配を形成する

〈愛知医大〉

38 形態形成のしくみ

　昆虫の発生過程では，体節が形成された後，ホメオティック（ホックス）遺伝子群からつくられる調節タンパク質の働きによって，各体節は(a)胚の前後軸に沿った特有の形態を形成していく。このとき，次の図1のように，(b)胸部の3番目の体節（第3体節）で発現するホメオティック（ホックス）遺伝子Xの働きを失ったショウジョウバエの変異体では，翅をつくらない第3体節が，翅をつくる第2体節と同様の形態になる。その結果，ハエであるのに，あたかも(c)チョウのように2対の翅をもつ個体になる。

図1

野生型のハエ　　　　　　変異体のハエ　　　　　　野生型のチョウ

問1 下線部(a)に関連して，ショウジョウバエの卵の前端に蓄えられたビコイド mRNA は受精後に翻訳され，合成されたビコイドタンパク質は，卵内で濃度勾配をつくる。このとき，ビコイドタンパク質の濃度勾配による前後軸の形成に不可欠な卵や胚の性質として最も適当なものを，次から一つ選べ。

① 卵黄が中央に集まっている。　　② 卵割が卵の表面だけで起こる。

③ 受精後しばらくの間は細胞質分裂が起こらない。

④ 前後に細長い形をしている。

⑤ 別の調節タンパク質の mRNA が後端に偏って蓄えられている。

問2 下線部(b)から考えられる，ショウジョウバエの遺伝子Xの胸部での働きに関する合理的な推論として最も適当なものを，次から一つ選べ。

① 発現している体節の一つ前方の体節に働きかけて，発現している体節と同じものになることを，促進する。

② 発現している体節の一つ前方の体節に働きかけて，発現している体節と同じものになることを，抑制する。

③ 発現している体節で働き，一つ前方の体節と同じものになることを，促進する。

④ 発現している体節で働き，一つ前方の体節と同じものになることを，抑制する。

問3 下線部(c)に関連して，チョウが2対の翅をもっている理由を説明する次の仮説ⓐ～ⓒのうち，ショウジョウバエでの遺伝子Xの働き方とは矛盾しない仮説はどれか。それらを過不足なく含むものを，下の①～⑦から一つ選べ。

ⓐ チョウには遺伝子Xがない。

ⓑ チョウの遺伝子Xは，胸部の第3体節では発現しない。

ⓒ チョウの遺伝子Xは胸部の第3体節で発現するが，遺伝子Xからつくられる調節タンパク質が調節する遺伝子群の種類が，ショウジョウバエの場合と異なっている。

① ⓐ　　　　② ⓑ　　　　③ ⓒ　　　　④ ⓐ，ⓑ

⑤ ⓐ，ⓒ　　⑥ ⓑ，ⓒ　　⑦ ⓐ，ⓑ，ⓒ　　　〈共通テスト試行調査〉

❶遺伝子組換えでDNAを連結する酵素を次から一つ選べ。
① DNA リガーゼ　　② DNA ヘリカーゼ
③ 逆転写酵素　　　④ 制限酵素

❷ 正誤 認識配列が6塩基対の制限酵素がDNAを切断する場合，認識配列は平均6^4塩基対ごとに一つ出現する。

❸植物細胞に遺伝子導入する際に使うベクターを，次から一つ選べ。
① プラスミド　② T_2ファージ　③ アグロバクテリウム

❹ 正誤 特定の遺伝子を欠損させて，その遺伝子が機能しなくなったマウスをノックアウトマウスという。

❺ 正誤 PCR(ポリメラーゼ連鎖反応)法でDNAを増幅すると，20サイクル後にはDNAは20^2倍に増幅される。

❻PCR法で，DNAを含む溶液を95℃に加熱する理由を，次から一つ選べ。
① DNAを1本鎖に解離する　② プライマーを結合させる
③ DNAを伸長させる　　　④ 用いる酵素を失活させる

❼次のA〜Fのバイオテクノロジーに関わる用語の説明として適当なものを，①〜⑥から一つずつ選べ。
A．電気泳動法　　B．GFP　　C．サンガー法
D．ゲノム編集　　E．反復配列
F．DNAマイクロアレイ
① 緑色に発光するタンパク質でマーカーとして用いる。
② 目的の遺伝子を任意に改変する技術。
③ 特殊なヌクレオチドを用いてDNAの塩基配列を決定する。
④ 特定領域の塩基配列が繰り返され，個人識別に用いられる。
⑤ 寒天を用いて，DNAなどを分子量順に分ける。
⑥ 転写されたmRNAの量から遺伝子の発現パターンを調べる。

❶ ①
②はDNAの二重らせんをほどく，③はmRNAから相補的なDNAを合成，④はDNAを切断する酵素。

❷ ×
$6^4 \to 4^6$

❸ ③
③は土壌細菌の一種。
①は大腸菌への導入に用いる。
②は大腸菌に感染するウイルスの一種。

❹ ○
外来遺伝子を導入したマウスはトランスジェニックマウスという。

❺ ×
$20^2 \to 2^{20}$

❻ ①
PCR法の手順は95℃(①)
→50〜60℃(②)→72℃(③)
の順。
④ PCR法では95℃でも失活しない耐熱性の酵素を用いる。

❼ A—⑤　B—①　C—③
D—②　E—④　F—⑥
A：DNAを電気泳動すると正極に引き寄せられる。
B：オワンクラゲがもつ蛍光色素。
D：目的の遺伝子を改変する技術をノックイン，遺伝子のはたらきを失わせる技術をノックアウトという。

39 ノックアウトマウスの作製

ある特定の遺伝子を欠損したマウスをノックアウトマウスという。そこで，遺伝子Xを破壊したマウスをつくるために，実験1〜4を行った。

実験1 遺伝子Xの中央付近の塩基配列を一部切り出し，遺伝子YのDNAを挿入して組換え遺伝子rXを得た。遺伝子rXは遺伝子Xの機能を失うが，遺伝子Yの機能はもつ。

実験2 マウスの胚性幹細胞に遺伝子rXを取り込ませ，薬剤yを含む培養液で培養した。薬剤yには細胞毒性があり，遺伝子Yをもたない細胞は死滅する。ア薬剤yを含む培養液で一定期間培養すると，多数の細胞が集まったコロニーが複数みられた。コロニー内の細胞の遺伝子Xを調べると，常染色体の一方が図1のように遺伝子rXに置換されていた。

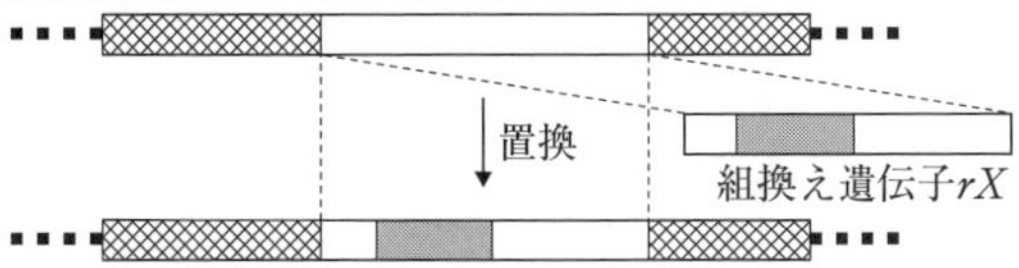

正常な遺伝子Xをもつ染色体

↓置換

組換え遺伝子rX

組換え遺伝子rXをもつ染色体
図1

実験3 実験2で得た遺伝子rXをもつ胚性幹細胞を，図2のように正常なマウス初期胚に注入して，代理母の子宮に移植した。初期胚に注入された胚性幹細胞は正常に増殖して，イ初期胚由来の細胞と胚性幹細胞由来の細胞の両方を含むキメラマウスが誕生した。

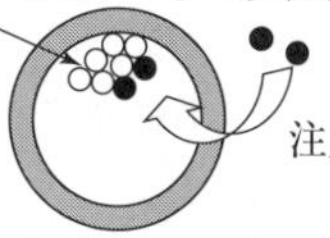

初期胚内の細胞　組換え遺伝子rXをもつ胚性幹細胞

注入

マウスの初期胚
図2

実験4 実験3で得たキメラマウスから，ウ生殖細胞の一部が胚性幹細胞由来であるマウスを選び交配させたところ，組換え遺伝子rXをホモにもつマウスが生まれた。

問1 下線部アを行った理由として最も適当なものを，次から一つ選べ。
① 組換え遺伝子rXを大量に細胞質へ取り込んだ細胞を選択するため。
② 組換え遺伝子rXが染色体に取り込まれた細胞を選択するため。
③ 遺伝子Xが染色体に保持された細胞を選択するため。
④ 遺伝子Xを2つとも失った細胞を選択するため。

問2 下線部イに関して，白毛の純系マウスの胚性幹細胞と黒毛の純系マウスの初期胚を用いてキメラマウスを作成した。生じた個体の毛色として最も適当なものを，次から一つ選べ。
① すべての個体が黒毛　　　② すべての個体が白毛
③ 黒毛個体と白毛個体が同数生じる　　　④ 個体ごとに黒毛と白毛の比率が異なる

問3 下線部ウに関連して，生殖細胞のすべてが胚性幹細胞由来である雌雄のマウスを交配させた。その子孫の第1世代において組換え遺伝子rXをホモにもった個体が占める割合（%）として最も適当なものを，次から一つ選べ。ただし，生まれた個体は全個体が生存したものとする。
① 0%　② 25%　③ 33%　④ 50%　⑤ 75%　⑥ 100%

制限酵素A，B，Cを用いて遺伝子 X をプラスミドに導入する実験を行った。各制限酵素の認識配列はいずれも6塩基対で，矢印が示す線でDNAを切断する（図1）。一方，遺伝子 X の近くには，複数の制限酵素の認識部位が存在する（図2）。用いたプラスミドには，抗生物質アンピシリンとカナマイシンを無毒化する amp^R 遺伝子，kan^R 遺伝子があり，kan^R 遺伝子の中央には，制限酵素Aの認識部位が存在する。

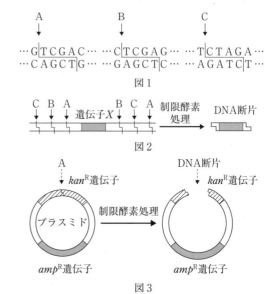

図1

図2

図3

実験1　遺伝子 X を含むDNAを_ア制限酵素A，B，Cのうちの1種類，または2種類を含む液で処理し，遺伝子 X を含むDNA断片を得た。さらにプラスミドを制限酵素Aで切断した。

実験2　実験1の遺伝子 X を含むDNA断片と切断したプラスミドを混合し，DNAリガーゼを作用させて，組換えプラスミドを得て（図3），これを大腸菌に取り込ませた。

実験3　_イ実験2で得られた大腸菌を寒天培地上で培養し，コロニーの形成を調べた。

問1　下線部アについて，様々な制限酵素液を用いて切断した遺伝子 X を含むDNA断片を実験1で得たプラスミドにつなぎ合わせた。このとき，遺伝子 X の組換えプラスミドが得られない制限酵素液はどれか，最も適当なものを次から一つ選べ。

① Aのみを含む液　　② Bのみを含む液　　③ Cのみを含む液
④ AとBを含む液　　⑤ BとCを含む液

問2　下線部イについて，生じた組換えプラスミドを取り込んだ大腸菌がコロニーを形成できる寒天培地として適当なものを，次から二つ選べ。

① アンピシリンのみを含む寒天培地　　② カナマイシンのみを含む寒天培地
③ 両方の抗生物質を含む寒天培地　　④ 抗生物質を一切含まない寒天培地

問3　実験3において，組換えプラスミドを取り込んだ大腸菌のコロニーを特定する場合，そのコロニーを選ぶ方法として最も適当なものを，次から一つ選べ。

① アンピシリンを含む寒天培地で生育するコロニーを，カナマイシンを含む培地に植え付けると，コロニーが形成されないもの。
② カナマイシンを含む培地で生育するコロニーを，アンピシリンを含む培地に植え付けると，コロニーが形成されないもの。
③ 両方の抗生物質を含む培地でコロニーが形成されるもの。
④ 両方の抗生物質を含まない培地でのみコロニーが形成されるもの。

41 PCR法

DNAの塩基配列を決定するサンガー法では，チューブ内に解析したい鋳型となる一本鎖DNA，プライマー，DNAポリメラーゼ，DNAの構成成分である4種類のデオキシリボヌクレオチド，蛍光色素で標識した_ア4種類のジデオキシリボヌクレオチド（ddATP, ddGTP, ddCTP, ddTTP）のいずれか1種類を少量加えてよく混合し，PCR法で反応させる。この反応では，DNAの伸長反応が進む途中で，ジデオキシリボヌクレオチドが取り込まれるとDNA鎖の伸長が停止し，反応を繰り返すことで長さの異なる一本鎖DNAが作られる。合成された一本鎖DNAを電気泳動することで，図1に示すパターンが得られた。

混合液に加えたもの

図1

問1 図1の結果から解析した一本鎖DNAの塩基配列を推定できる。合成反応が開始してすぐに解読された5塩基を示す配列として，最も適当なものを次から一つ選べ。

① 5′-ACCGA-3′   ② 5′-AGCCA-3′   ③ 5′-CTGTC-3′
④ 5′-TGGCT-3′   ⑤ 5′-TCGGT-3′   ⑥ 5′-GACAG-3′

問2 下線部アについて，反応液中に加えるジデオキシリボヌクレオチドの量を増加させるとどのような結果が得られると予想されるか。最も適当なものを次から一つ選べ。

① 複製されたDNAが短いものばかりになる
② 複製されたDNAが長いものばかりになる   ③ DNAが全く複製されなくなる
④ 複製されるDNAの本数が極端に多くなる

問3 増幅したい領域（目的の領域）を挟むように2種類のプライマーを用意し，1分子のDNAをPCR法でnサイクル増幅させた。目的の領域のみをもつDNAは何分子得られるか，最も適当なものを次から一つ選べ。

① $2n$ ② 2^n ③ $2n-2$
④ 2^n-2 ⑤ 2^n-2n ⑥ 2^n-2n-2

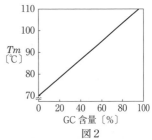

図2

問4 DNAを含む溶液の温度を上げていくと，DNAの二重らせん構造がほどけて1本鎖になる。この現象をDNAの融解といい，融解が50％進行したときの温度をDNAの融解温度（Tm）という。図2に様々な生物がもつDNAのGC含量〔％〕とTm〔℃〕との関係を示した。この結果から推測される記述として最も適当なものを，次から一つ選べ。

① DNAのプロモーター領域はGC含量〔％〕が高いと考えられる。
② 好熱菌がもつDNAはGC含量〔％〕が高いと考えられる。
③ AT含量〔％〕が高いDNAではGC含量〔％〕が高いDNAに比べてPCRでDNAを1本鎖にする際の解離温度を高く設定しなければならない。
④ GC含量〔％〕が高いDNAではAT含量〔％〕が高いDNAに比べて突然変異を起こしやすい。

〈岡山県大〉

17 神経系と内分泌系による調節 基

❶交感神経の作用として適当なものを，次から四つ選べ。

① 瞳孔の拡大　　② 心臓拍動の促進　　③ 血圧の低下

④ 気管支の収縮　⑤ 立毛筋の弛緩　　⑥ 排尿の促進

⑦ 消化管の収縮　⑧ 皮膚の血管の収縮　⑨ 発汗の促進

❷ 正誤 交感神経は中脳，延髄，脊髄から発し，組織の直前で神経節を形成し，副交感神経は脊髄から発し，中枢を出てすぐに神経節を形成する。

❸次のA～Jの内分泌腺から分泌されるホルモンを，下の①～⑩から一つずつ選べ。

A.間脳視床下部　　B.脳下垂体前葉　　C.脳下垂体後葉

D.甲状腺　　　　　E.副甲状腺　　　　F.副腎髄質

G.副腎皮質　　　　H.すい臓ランゲルハンス島A細胞

Ｉ.すい臓ランゲルハンス島B細胞　　J.十二指腸

① セクレチン　　　② バソプレシン　　③ グルカゴン

④ アドレナリン　　⑤ インスリン　　　⑥ 放出ホルモン

⑦ 成長ホルモン　　⑧ チロキシン　　　⑨ パラトルモン

⑩ 糖質コルチコイド

❹糖質コルチコイドと鉱質コルチコイドのはたらきを，次から一つずつ選べ。

① タンパク質合成促進　　　② 集合管の水の再吸収促進

③ グリコーゲンの分解促進　④ タンパク質からの糖合成

⑤ 血中 Ca^{2+} 濃度増加　　⑥ 腎臓での Na^+ 再吸収促進

⑦ 心臓拍動の促進　　　　　⑧ グルコースの吸収・分解促進

❺ 正誤 自己免疫疾患などでインスリンを分泌する細胞が破壊される病態をⅠ型糖尿病という。

❻ 正誤 体温が低下すると，肝臓や筋肉の代謝の促進，心臓の拍動が促進され，皮膚の血管と立毛筋が収縮する。

❼ 正誤 脳幹などを含む脳全体の機能が停止して回復不能な状態を植物状態という。

---

❶ ①, ②, ⑧, ⑨
③・④・⑥・⑦副交感神経の作用。
⑤弛緩→収縮（副交感神経は分布しない）。

❷ ×
交感神経⟺副交感神経が逆。

❸ A—⑥　B—⑦　C—②
D—⑧　E—⑨　F—④
G—⑩　H—③　I—⑤
J—①
その他, A →抑制ホルモン，B →副腎皮質刺激ホルモン・甲状腺刺激ホルモン，G →鉱質コルチコイドも分泌する。

❹ 糖質—④　鉱質—⑥
①成長ホルモン，②バソプレシン，③アドレナリン・グルカゴンなど，⑤パラトルモン，⑦アドレナリン，⑧インスリンの作用。

❺ ○
インスリンの分泌量の低下や標的細胞に異常が生じるⅡ型糖尿病もある。

❻ ○
皮膚では放熱を抑制。

❼ ×
植物状態ではなく脳死。大脳の機能のみが停止した状態が植物状態。

42　ホルモンのフィードバック 基

　内分泌器官の一つである副腎は，内分泌系と自律神経系の支配を受けている。視床下部から分泌された放出ホルモンによって脳下垂体からの刺激ホルモンの分泌が促進されると，刺激ホルモンの刺激によって皮質から糖質コルチコイドの分泌が促される。糖質コルチコイドは，視床下部と脳下垂体で感知され，ホルモン分泌量が適正になるように調節される。これを_アフィードバック制御という。また，グルコースは私たちの体を構成する細胞の重要なエネルギー源であるので，私たちの体には_イ血糖量（血液中のグルコース濃度）を一定に保つ血糖調節のしくみが備わっている。

問1　下線部アについて，ホルモンの分泌に異常（分泌過剰または分泌低下）があると疑われているA〜Fさんの6人の糖質コルチコイド，刺激ホルモン，放出ホルモンの分泌量（相対値）を●で示した。図1より推察できることとして適当なもの

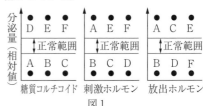

図1

を，次から二つ選べ。ただし，A〜Fさんの異常はいずれも1つのみとする。

① 糖質コルチコイドの分泌低下が原因であるのはAさんである。
② 糖質コルチコイドの分泌過剰が原因であるのはBさんである。
③ 刺激ホルモンの分泌低下が原因であるのはCさんである。
④ 刺激ホルモンの分泌過剰が原因であるのはDさんである。
⑤ 放出ホルモンの分泌低下が原因であるのはEさんである。
⑥ 放出ホルモンの分泌過剰が原因であるのはFさんである。

問2　下線部イについて，糖尿病は血糖調節がうまくいかなくなり，尿中にグルコースが排出される病気である。糖尿病の診断と治療方針を決めるため，空腹時に75gのグルコースを飲み，その前後で血糖量や血液中のインスリン濃度などを調べる検査がある。これを糖負荷試験という。図2は，3人の被験者（X，Y，Z）の糖負荷試験の結果を示したものである。図2から，Ⅰ型糖尿病の疑いがあると診断された被験者Ⅰ，および，インスリンを注射しても糖尿病の症状を軽減しにくいと診断された被験者Ⅱとして最も適当なものを，次からそれぞれ一つずつ選べ。

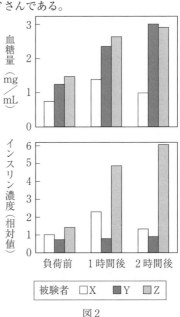

図2

① X　　　② Y　　　③ Z
④ X　Y　⑤ X　Z　⑥ Y　Z
⑦ X　Y　Z

〈センター試験・本試〉

❶体の表面ではたらく物理的・化学的防御の説明として適当なものを，次から二つ選べ。
① 涙に含まれるリゾチームは細菌の細胞膜を破壊する。
② 気管内部は粘膜に覆われ，繊毛の運動で異物を排除する。
③ 皮膚の表面は扁平な生細胞が密に重なった角質からなる。
④ 弱酸性の尿や，強酸性の胃液は細菌の増殖を防ぐ。

❷自然免疫に関わる細胞で食作用をもつ細胞を，すべて選べ。
① 樹状細胞　② 好中球　③ マクロファージ
④ NK細胞　⑤ T細胞　⑥ B細胞

❸適応免疫の説明として誤っているものを，二つ選べ。
① 抗原提示を受けたヘルパーT細胞が活性化して，ヒスタミンを血中に放出する。
② B細胞から生じた形質細胞は抗体を放出する。
③ 活性化したキラーT細胞は感染細胞やがん細胞を直接攻撃し，細胞死を誘導する。
④ 皮膚移植の拒絶反応は主に体液性免疫が，花粉の侵入時のアレルギー反応は主に細胞性免疫が関わる。
⑤ 二次応答の原理を用いた医療法に予防接種がある。

❹免疫に関わる次のA〜Gの用語の説明として適当なものを，下の①〜⑦から一つずつ選べ。
A. MHC分子　B. TLR　C. TCR　D. BCR
E. HIV　F. AIDS　G. 血清療法
① 自然免疫における細菌やウイルスを認識する受容体。
② ヘルパーT細胞に感染するRNAをもったウイルス。
③ 個人により構造が異なり，臓器移植の障壁になる。
④ B細胞表面にある抗体に似た構造で，抗原を認識する。
⑤ 発症すると日和見感染症を起こしやすくなる病状。
⑥ T細胞の表面にあり，抗原提示した細胞の抗原断片と結合してその情報を受け取る。
⑦ 動物につくらせた抗体を含む血清を注射する治療法。

❺ 正誤 　抗体はH鎖とL鎖のポリペプチド鎖が2本ずつ結合した免疫グロブリンと呼ばれるタンパク質で，可変部の構造はB細胞が分化する過程で遺伝子再編成によって決定される。

---

❶ ②，④
① 細胞膜→細胞壁。リゾチームは汗にも含まれる。
③ 生細胞→死細胞。

❷ ①，②，③
④・⑤食作用なし。
① 抗原を取り込んだ後，リンパ節に移動する。
⑤・⑥自然免疫ではなく，適応免疫に関わる。

❸ ①，④
① ヒスタミン→サイトカイン（インターロイキン）。ヒスタミンは，アレルゲンとIgE（抗体）が結合した肥満細胞が分泌する炎症物質。
④ 体液性免疫⟺細胞性免疫が逆。

❹ A—③　B—①　C—⑥
D—④　E—②　F—⑤
G—⑦
正式名称は，
A—主要組織適合抗原
B—トル様受容体
C—T細胞受容体
D—B細胞受容体
E—ヒト免疫不全ウイルス
F—後天性免疫不全症候群

❺ ○
抗原が侵入すると，多様なB細胞のクローンから一定の抗体をつくるものが選択される（クローン選択説）。T細胞分化時に，TCRでも遺伝子再編成がみられる。

43 免疫のしくみ 基

図1に，(a)ヒトの抗体産生のしくみを模式的に示した。抗原が体内に入ると，食作用をもつ細胞 x が抗原を取り込んで，その多くがリンパ節へ移動し，抗原情報を細胞 y に伝える。それを受けて，細胞 y は細胞 z を活性化し，形質細胞へと分化させる。また，(b)活性化した一部のリンパ球は体内に残り，同じ抗原が再び体内に侵入したときに備える。このような免疫応答は健康を保つために不可欠な反応であるが，時として過剰な応答が起こる場合や，逆に必要な応答が起こらない場合がある。免疫機能の異常に関連した疾患の例として，(c)アレルギーや後天性免疫不全症候群（エイズ）がある。

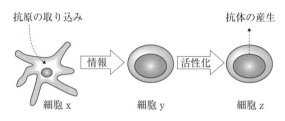

図1 抗原侵入から抗体産生までの流れ

問1 図1に示した細胞 x の名称として最も適当なものを，次から一つ選べ。

① 肥満細胞 　② 樹状細胞 　③ NK 細胞 　④ ヘルパー T 細胞

問2 図1に示した細胞 x，y および z に関する次の記述ア～エのうち，正しい記述を過不足なく含むものを，下の①～⑨から一つ選べ。

ア．細胞 x，y および z は，いずれもリンパ球である。

イ．細胞 x は抗原を TLR（トル様受容体）と結合させて細胞内に取り込む。

ウ．細胞 y は自然免疫に関わるが，適応免疫には関わらない。

エ．細胞 z は胸腺で分化・成熟し，免疫グロブリンを産生するようになる。

① ア 　② イ 　③ ウ 　④ エ 　⑤ ア，ウ
⑥ ア，エ 　⑦ イ，ウ 　⑧ イ，エ 　⑨ ウ，エ

問3 下線部(a)に関連して，抗体は通常，H 鎖と L 鎖と呼ばれるポリペプチド鎖が対になって2組結合し，全体として Y 字型の分子構造を形成する。今，ある抗体（分子量15万）0.30mg を，これと特異的に結合する抗原（分子量30万）と反応させたとする。その際，抗体は理想的には最大何 mg の抗原と結合することができるか。最も適当な数値を次から一つ選べ。ただし，抗原分子の構造で抗体に認識される場所は1か所のみであり，また，抗原分子どうしは結合しないものとする。

① 0.08 　② 0.15 　③ 0.30 　④ 0.60 　⑤ 1.20 　⑥ 2.40

問4 下線部(b)について，ハブに咬まれた直後に血清を注射した患者に，40日後にもう一度血清を注射したと仮定する。このとき，ハブ毒素に対してこの患者が産生する抗体の量の変化を示すグラフとして最も適当なものを，次ページの①～⑥から一つ選べ。

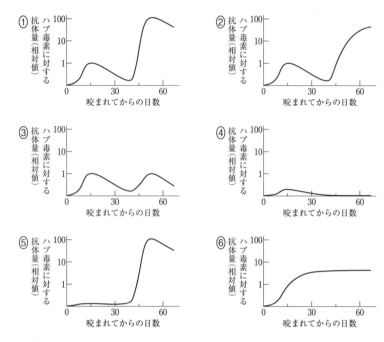

問5 下線部(c)に関する記述として**誤っているもの**を，次から二つ選べ。

① アレルギーの例として，花粉症がある。

② ハチ毒などが原因で起こる急性のショックは，アレルギーの一種である。

③ 栄養素を豊富に含む食物でも，アレルギーを引き起こす場合がある。

④ エイズ発症の原因となる HIV は，B 細胞に感染して免疫機能を低下させる。

⑤ エイズの患者は，日和見感染を起こしやすくなる。

⑥ アレルギーと HIV 感染の有効な予防法として，無毒化した抗原を注射するワクチンが広く用いられている。

〈センター試験・本試，共通テスト試行調査〉

19 体液とその成分の調節 基

❶ 正誤 体液には，血管内を流れる血液，組織の細胞を取り巻く細胞液，リンパ管内を流れるリンパ液がある。

❷ ヒトの血液の有形成分のうち，1 mm³中の細胞数が最多のものと，核をもつもの，大きさが最小のものを，次からそれぞれ一つずつ選べ。
① 赤血球　　② 白血球　　③ 血小板　　④ 血しょう

❸ 正誤 成人の血液の有形成分は肝臓中の造血幹細胞からつくられ，寿命に近づくと脾臓や骨髄で破壊される。

❹ 正誤 心臓の自動性を生み出す洞房結節(ペースメーカー)は，心臓の左心室にある。

❺ 正誤 傷口に集まった血小板や血しょう中の Ca^{2+} などのはたらきでつくられたトロンビンが，血球を絡め取って血ぺいとなる。

❻ 肝臓の機能として誤っているものを，次から二つ選べ。
① 血糖濃度の調節　　② タンパク質の合成・分解
③ 尿素の分解　　　　④ 毒素とアルコールの解毒
⑤ 熱の産生と体温の維持　⑥ 消化酵素を含む胆汁の生成

❼ ネフロン(腎単位)に含まれるものを，次からすべて選べ。
① 細尿管(腎細管)　② 集合管　　③ 輸尿管
④ ボーマンのう　　⑤ 糸球体　　⑥ ぼうこう

❽ 腎臓のろ過と再吸収などに関連する説明として適当なものを，次から一つ選べ。
① グルコースはろ過されず，尿中には含まれない。
② タンパク質はろ過されるが，すべて再吸収される。
③ 血圧により糸球体からボーマンのうにこしだされた液体を原尿という。
④ 濃縮率が高い物質ほど，再吸収率は高い。
⑤ 血しょう中の濃度が0.03%，尿中の濃度が2% の物質の濃縮率は，1.17である。

❶ ✕
細胞液(液胞内の液体のこと)→組織液(間質液)。

❷ 最多−① 核あり−②
最小−③
④血しょうは液体成分。

❸ ✕
肝臓⟺骨髄が逆。赤血球は肝臓でも破壊される。

❹ ✕
左心室→右心房。洞房結節には自律神経が接続する。

❺ ✕
トロンビン→フィブリン。トロンビンはフィブリノーゲンをフィブリンに変える酵素。

❻ ③，⑥
③分解→合成。
⑥胆汁に消化酵素は含まれない。
その他，肝臓は赤血球の破壊も行う。

❼ ①，④，⑤
③・⑥は腎臓内にない。
腎単位をネフロンともいう。

❽ ③
①・②はグルコースとタンパク質が逆。
④濃縮率が高いと再吸収率は低い。
⑤濃縮率 $=\dfrac{尿中の濃度}{血しょう中の濃度}$
なので，$\dfrac{2}{0.03}≒66.7(倍)$。

脊椎動物は，ア酸素や栄養分を図1に示した循環系で全身の組織に運ぶ。そのため，図2に示したポンプとして機能する心臓は，一定の周期で収縮と弛緩を繰り返している。心臓には，図2のように心房と心室の間に房室弁，心室と動脈の間に動脈弁があり血液の逆流を防いでいる。イ心臓の拍動に伴う左心室内圧と左心室容積は図3のm→n→o→pの順で変化する。

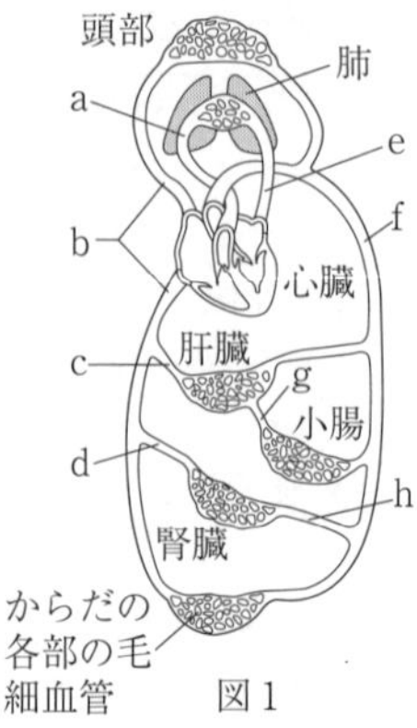

図1

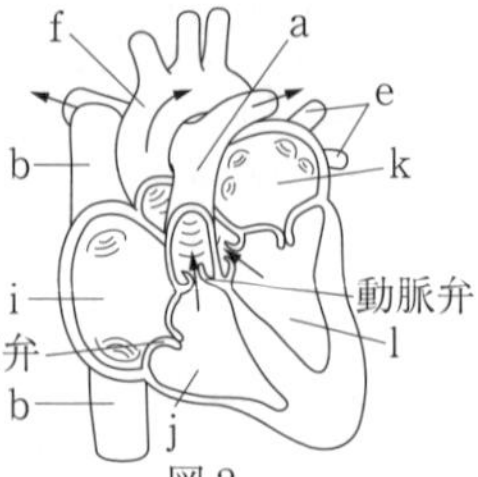

図2

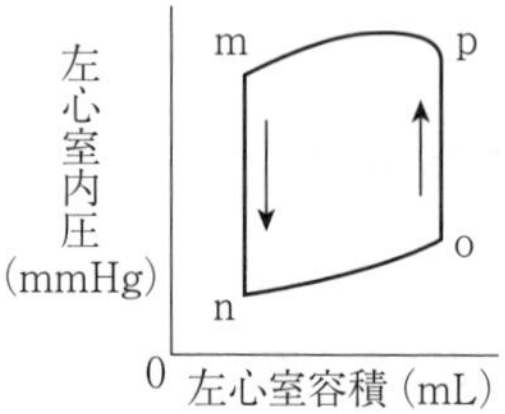

図3

問1 下線部アについて，図1のa～hの血管の説明として最も適当なものを，次から一つ選べ。

① aとbには静脈血が，eとfには動脈血が流れる。

② 肝臓に血液が流入する血管はcとgである。

③ 体内の血管で尿素濃度が最も高い血液が流れるのはhであり，逆に最も低い血液が流れるのはdである。

④ 食後は，グルコース濃度が高く酸素を多く含む血液がgを流れる。

問2 図2について，洞房結節がある部位として最も適当なものを，次から一つ選べ。

① i　　② j　　③ k　　④ l

問3 下線部イについて，図3の説明として適当なものを，次から二つ選べ。

① m→n→o→pを一巡すると左心室は2回収縮する。

② nからoの間は，左心房内圧が左心室内圧より高く，房室弁が開放している。

③ pからmの間は，大動脈内圧が左心室内圧より低く，動脈弁が開放している。

④ mからnの間は房室弁が開放し，oからpの間では動脈弁が開放する。

問4 図4はヘモグロビンの酸素解離曲線であり，図中のア，イは，ヒトの肺と組織のいずれかと同じ二酸化炭素分圧で測定したものである。肺の酸素分圧が100mmHg，組織の酸素分圧が30mmHgであるとき，肺から運ばれた酸素のうち，何％が組織に渡されたか。最も適当なものを，次から一つ選べ。

図4

① 30　② 35　③ 37　④ 60

⑤ 68　⑥ 90　⑦ 95

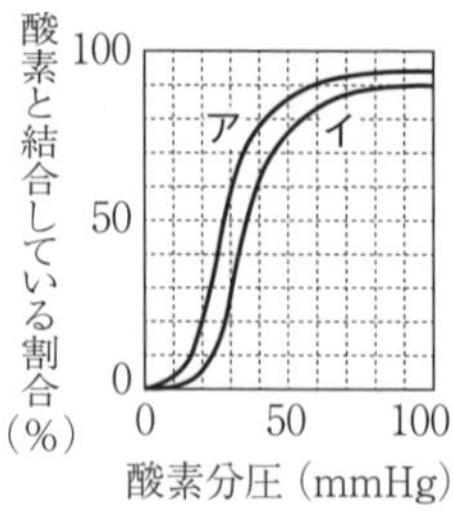

〈京都府医大，東海大，産業医大，いわき明星大〉

45 腎臓と肝臓の構造と機能 基

A．ヒトの腎臓とよく似て
いるブタの腎臓の外形を
観察したところ，図1の
ように，中央部付近に
ア3本の管(管a〜c)が
みられた。管aと管bの
内部には血液が付着して
いたが，管cには付着し
ていなかった。また，管

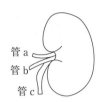

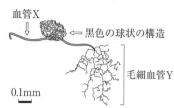

図1　腎臓の外形　図2　腎臓の切片の観察像
(墨汁で黒くなったところを描き出した
スケッチ)

aの切断面の壁の厚さは管bより厚かった。次に，墨汁を管aから注入して腎臓を縦
に切り開いたところ，表層に近い部分(皮質)に，黒色の点が多数見られた。この黒色
の点を含む部分の切片をつくり，顕微鏡で観察すると図2のように黒色の球状構造が
見られた。この観察から，黒色の点は　イ　であると判断した。

問1　下線部アに関連して，管a，cの名称の組合せとして最も適当なものを一つ選べ。

	管a	管c		管a	管c		管a	管c
①	腎動脈	細尿管	②	腎動脈	集合管	③	腎動脈	輸尿管
④	腎静脈	細尿管	⑤	腎静脈	集合管	⑥	腎静脈	輸尿管

問2　上の文章中の　イ　に入る語として最も適当なものを，次から一つ選べ。

① 腎う　　　② 腎節　　　③ 副腎　　　④ ボーマンのう

⑤ 糸球体　　⑥ 腎単位(ネフロン)

B．次の図3はヒトの腹部の横断面を，図4はヒトの肝臓の一部分を拡大したものを，
それぞれ模式的に表したものである。

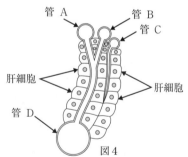

図3

図4

問3　図3のウ〜クのうち肝臓を示すものはどれか。最も適当なものを次から一つ選べ。

① ウ　　　② エ　　　③ オ　　　④ カ　　　⑤ キ　　　⑥ ク

問4　図4についての記述として適当なものを，次から二つ選べ。なお，図4の管Bに
は酸素を多く含む血液が流れている。

① 血液は，管Aから管Dの方向に流れている。　② 管Bは，肝静脈である。

③ 血液は，管Dから管Bの方向に流れている。　④ 管Dは，肝門脈である。

⑤ 管Cから流れてきた液体は，肝細胞の隙間に拡散する。

⑥ 管Aには，消化管からの血液が流れている。〈センター試験・本試，共通テスト試行調査〉

第4章　ヒトのからだの調節

20 刺激の受容

❶ 正誤 鼻腔の嗅上皮や，舌の味覚芽にある細胞のかぎ刺激は，いずれも化学物質である。

❷ 近くの物を見るときに眼で生じる変化を，次から二つ選べ。
① 水晶体が厚くなる　　② チン小帯が緊張する
③ 瞳孔径が縮小する　　④ 毛様体が収縮する

❸ 次の①〜⑥を光の通過順に並べたとき，3番目に通過する構造を次から一つ選べ。ただし，選択肢には関係のないものが二つ含まれる。
① 強膜　　② 角膜　　③ ガラス体
④ 水晶体　⑤ 網膜　　⑥ 結膜

❹ 桿体細胞に含まれる感光物質を，次から一つ選べ。
① ロドプシン　　　② フィトクロム
③ フォトトロピン　④ クリプトクロム

❺ 正誤 明所で色の区別に関与する錐体細胞は黄斑に多く分布し，暗所で明暗の区別に関与する桿体細胞は盲斑に多く分布する。

❻ 正誤 明所から暗所へ移動すると最初はよく見えないが，やがてものが見えるようになる。これを，暗順応といい，錐体細胞，桿体細胞の順に光閾値が上昇する。

❼ 正誤 耳の半規管は体の回転を，前庭は体の傾きを，うずまき管は外部の音の高低や強弱を受容する。

❽ ヒトの内耳にある構造を，次からすべて選べ。
① 耳小骨　　　② 鼓膜　　　③ エウスタキオ管
④ うずまき管　⑤ 前庭　　　⑥ 半規管

❾ 正誤 皮膚にある筋紡錘は筋肉の収縮を刺激として受容し，運動や姿勢保持に重要な役割をもつ受容器である。

❶ ×
かぎ刺激でなく適刺激。

❷ ①, ④
②チン小帯は弛緩。
③遠近調節で瞳孔径は変化しない。

❸ ③
②→④→③→⑤の順。
①強膜は眼球の最外層。
⑥結膜はまぶたの裏側と眼球の前方を覆う薄い膜。

❹ ①
②は花芽形成・光発芽。
③は光屈性・気孔開口。
④は胚軸の伸長制御・花芽形成に関与。

❺ ×
桿体細胞は黄斑と盲斑以外に分布する。

❻ ×
光閾値は低下する（または，感度が上昇する）。

❼ ○

❽ ④, ⑤, ⑥
①・③は中耳に，②は外耳と中耳の境界にある。
①は音の増幅，③は中耳の気圧の調節を行う。

❾ ×
皮膚→筋肉，収縮→伸長。
皮膚には痛点などの感覚点がある。

46 眼のつくりとはたらき

ァ眼は光を受容する感覚器官である。図1は眼の構造，図2は網膜を拡大した模式図である。ィ大部分の脊椎動物は特定波長の光に対して高い感受性をもつ複数種の錐体細胞をもち，色覚はこの細胞のはたらきで生じる。

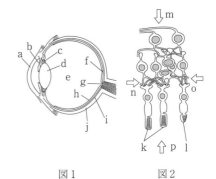

図1　　　図2

問1 下線部アと，図1，2に関連する記述として適当なものを，次から二つ選べ。

① 光はa，d，eの順に眼を通過し，kやlの視細胞があるp側からhの網膜に入る。

② bの虹彩にある2種類の筋肉は自律神経のはたらきで収縮が調節されている。

③ cの毛様筋の収縮は中脳で支配され，収縮するとdの水晶体の厚さは薄くなる。

④ fの黄斑にはlの錐体細胞が多く，gの盲斑には視細胞は存在しない。

⑤ 網膜の外側には血管を多く含むiの脈絡膜と，眼を保護するjの結膜がある。

問2 図3はヒトの眼と視神経の関係である。両眼の鼻側の網膜から出た視神経は眼球後方で交差し，耳側の網膜から伸びた視神経と合流して大脳に達する。AまたはBの位置で視神経を切断すると，左右の眼の見え方（視野）はどうなるか。最も適当なものを次からそれぞれ一つずつ選べ。ただし，選択肢の白は正常な視野，黒は視野が欠損した部位を表す。

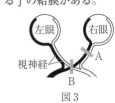

図3

問3 下線部イについて，表1は様々な脊椎動物の錐体細胞に含まれる光受容分子の吸収極大波長を示したものである。すべての生物で各錐体細胞が受容できる光の波長の範囲の大きさは同じであると仮定する。表1から推測できることとして誤っているものを，次の①〜④から一つ選べ。

表1　脊椎動物の錐体細胞に含まれる光受容分子の吸収極大波長

動物種	光受容分子の吸収極大波長[nm]			
キンギョ（硬骨魚類）	360	453	533	620
キタヒョウガエル（両生類）	432	502	575	
クサガメ（は虫類）	460	540	620	
ニワトリ（鳥類）	415	455	508	571
イヌ（哺乳類）	429	555		
ネコ（哺乳類）	450	555		
ヒト（哺乳類）	425	535	565	

$nm：10^{-9}m$

① キンギョやニワトリはヒトが識別しにくい波長の光も別色として識別しやすい。

② 両生類からは虫類へ進化する過程で，光受容分子の遺伝子はより長い波長の光を吸収できるように変異した可能性がある。

③ キンギョは光を受容できる波長の範囲が広いが，360nm未満と620nm以上の波

長の光は受容できない。

④　イヌやネコはヒトがもつ赤錐体細胞か緑錐体細胞のいずれかをもたず，緑色と赤色を識別しにくい。

〈慈恵会医大，札幌医大〉

47 音の受容

ヒトが聞き分けられる音の周波数は一定の範囲でほぼ決まっている。音刺激は空気の振動として，耳で受容されるため，ア聴覚経路の一部が障害を受けると音の聞こえが悪くなる現象（難聴）が起こりうる。イまた，高齢になると生理的な難聴が起こる。音源の位置は，目を閉じてもある程度は感知でき，水平方向の音源の位置についてはウ左右の耳に音が伝わるわずかな時間差や音の強さの差を利用して感知することが知られている。

問1　下線部アに関連して，聴力検査のグラフを図1に示す。耳にレシーバーを当てて聞く気導音（実線）と，耳の後ろの骨に当てた装置から骨を伝わって内耳で感じる骨導音（点線）とを，周波数の低いものから高いものまで音量を変えて検査した結果をプロットしたのが図1である。音の大きさは dB（デシベル）で表現され，グラフの縦軸に音が聞こえたときの dB 値をプロットしてある。0〜30dB まではほぼ正常とみなさ

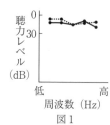

図1

れ，それより大きな音でないと聞こえない場合が聴力の低下（難聴）とみなされる。内耳だけが原因の難聴と考えられるものとして最も適当なグラフを，次から一つ選べ。

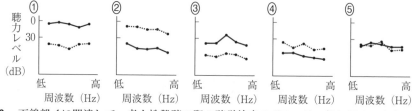

問2　下線部イに関連して，老人性難聴の際の聴覚検査のグラフは一般に図2のようになる。このとき聴覚を伝える経路に生じた変化として考えられる最も適当なものを，次から一つ選べ。

①　鼓膜の弾性が低下した。

②　耳小骨の動きが悪くなった。

③　うずまき管基部の聴細胞の数が減った。

④　うずまき管先端部の聴細胞の機能が低下した。

⑤　聴神経繊維の数が減った。

⑥　大脳聴覚中枢の細胞の感受性が鈍くなった。

図2

問3　下線部ウに関連して，音源が正面から右方向30度の位置にあるとする。両耳間を20cm，音速を330m/秒とすると，左右の耳に音が伝わる時間差は何ミリ秒か。最も適当なものを，次から一つ選べ。ただし，音源は十分遠い場所にあり，音は平行な波として両耳に届くものとする。

①　0.03　②　0.06　③　0.17　④　0.30　⑤　0.43　⑥　0.61

〈東邦大〉

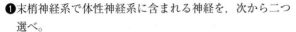

❶末梢神経系で体性神経系に含まれる神経を，次から二つ選べ。
　① 脳　　② 脊髄　　③ 運動神経　　④ 交感神経
　⑤ 感覚神経　　⑥ 介在神経　　⑦ 副交感神経

❷ 正誤 左右に分かれた大脳半球は脳幹を通して連絡する。

❸中脳を中枢とする反射の例を，次から二つ選べ。
　① 瞳孔反射　　② 唾液分泌　　③ しつがい腱反射
　④ せき，くしゃみ　　⑤ 屈筋反射　　⑥ 姿勢保持反射

❹大脳のはたらきとして適当なものを，次から二つ選べ。
　① 消化液の分泌　　② 思考・記憶　　③ 筋肉運動の調節
　④ 睡眠　　⑤ 呼吸運動　　⑥ 血糖濃度の調節
　⑦ 心臓の拍動　　⑧ 体温調節　　⑨ 言語理解と発声

❺ 正誤 脊髄の外層(皮質)は神経繊維(軸索)が集まった白質であり，内層(髄質)はニューロンの細胞体が密に存在する灰白質である。

❻筋肉が収縮したときに短縮するものを，次から二つ選べ。
　① 暗帯　　② ミオシンフィラメント　　③ サルコメア
　④ Z膜　　⑤ アクチンフィラメント　　⑥ 明帯

❼サルコメア内でATP分解活性をもつ構造と，筋収縮時にCa²⁺が結合する構造を，それぞれ一つずつ選べ。
　① 筋小胞体　　② トロポニン　　③ トロポミオシン
　④ アクチン　　⑤ ミオシン頭部　　⑥ クレアチンリン酸

❽活動電位を生じるイオンの移動を，次から一つ選べ。
　① Na⁺の流入　　② Na⁺の流出　　③ K⁺の流入
　④ K⁺の流出　　⑤ Cl⁻の流入　　⑥ Cl⁻の流出

❾ 正誤 抑制性シナプスでは，アセチルコリンがシナプス間隙に放出され，これを受容したシナプス後細胞内にCl⁻が流入して膜電位が低下する。

---

❶ ③，⑤
①・②・⑥は中枢神経系，④・⑦は末梢神経系の自律神経系である。⑤は脊髄の背根を，③は腹根を通る。

❷ ×
脳幹(間脳・中脳・延髄・橋をまとめたもの)→脳梁が正しい。

❸ ①，⑥
②・④は延髄，③・⑤は脊髄が中枢。

❹ ②，⑨
①・⑤・⑦は延髄，③は小脳，④・⑥・⑧は間脳が中枢。

❺ ○
大脳では外層が灰白質，内層が白質である。

❻ ③，⑥
他はどれも長さは変化しない。

❼ ATP分解—⑤
Ca²⁺が結合—②
筋収縮は，①がCa²⁺を放出→②に結合→③が構造変化→⑤が④に結合しATPを分解→筋収縮　の順。

❽ ①
④は静止電位の発生に，⑤は抑制性シナプス後電位の発生に関与。

❾ ×
アセチルコリン→GABA(γ-アミノ酪酸)など。

第5章 生物の環境応答

48 神経の興奮の伝導速度

カエルのふくらはぎの筋肉を接続する座骨神経とともに取り出し、実験を行った。図1は実験装置の配置図で、図中のA、B、Cは刺激電極の位置を示し、B－C間は2cm離れている。また、オシロスコープに接続するaとbは細胞外に電極を接触させており、b点の電極を基準にしてa点の電極に現れる活動電位を計測し、筋肉の収縮はキモグラフという装置で記録した。図2のA′、B′、C′はそれぞれ、図1のAで筋肉に、BとCで神経に、電気刺激を与えたときに筋肉に起こった単収縮を示す。いずれの場合も、電気刺激を与えたときを0ミリ秒とした。なお、図3は、図1のCを刺激した際に記録された活動電位である。

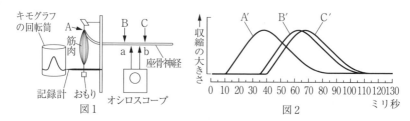

図1

図2

問1 図1と図2より、座骨神経の伝導速度(m/秒)として最も適当なものを、次から一つ選べ。

① 0.4 ② 0.5 ③ 2 ④ 4 ⑤ 5 ⑥ 6 ⑦ 20 ⑧ 40

問2 図1のCから筋肉までの座骨神経の長さ(cm)として最も適当なものを、次から一つ選べ。ただし、伝達に要する時間はごく短く考慮しないものとする。

① 2 ② 4 ③ 6 ④ 8 ⑤ 12 ⑥ 20 ⑦ 30 ⑧ 40

問3 図1のBに電気刺激を与えた場合、オシロスコープで記録される波形として最も適当なものを、次から一つ選べ。

① 図3と同じ波形 ② 図3の上下逆向きの波形
③ 図3の上向き波形のみ ④ 図3の下向き波形のみ

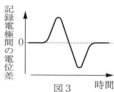

図3

問4 図1のCで与える電気刺激を徐々に強めていくと、図4のような活動電位の変化がオシロスコープで記録された。この理由の説明として最も適当なものを、次から一つ選べ。

① 座骨神経は閾値の異なる複数の神経繊維からなるため。
② 座骨神経は伝導速度の異なる複数の神経繊維からなるため。
③ 座骨神経は1本の神経繊維からなり、全か無かの法則に従うため。
④ 座骨神経が接続する骨格筋は複数の筋繊維からなるため。
⑤ 座骨神経から放出される神経伝達物質は、骨格筋の細胞膜に受容されると塩化物イオンの放出を促すため。

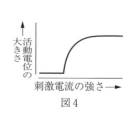

図4

〔49〕 神経の閾値と筋収縮

　ミツバチの口(吻)の先に，ある濃度以上のスクロース溶液を接触させると，吻の味覚受容器から伸びる感覚神経に活動電位が生じ，脳へと伝えられる。活動電位を引き起こす最低のスクロース濃度を感覚神経の閾値[%]とする。また，ある濃度のスクロース溶液を吻の先に接触させたとき，ミツバチは下図のように折りたたんでいた吻を伸ばしてスクロース溶液を吸おうとする。このとき吻の内部の筋肉が，脊椎動物の骨格筋のように運動神経から刺激を受けて収縮すると，吻が伸び出る。これを吻伸展行動と呼び，この行動を引き起こす最低のスクロース濃度を吻伸展行動の閾値[%]とする。スクロース溶液で引き起こされる感覚神経の興奮と吻伸展行動を調べるため，以下の実験1・実験2を行った。

吻

実験1　ミツバチ3個体(Ⅰ～Ⅲ)を使って，異なる濃度のスクロース溶液を吻に接触させたときに，味覚受容器から甘味情報を伝える感覚神経の軸索に沿って伝わる活動電位の発生の頻度を測定した(表1)。また，これらのミツバチは0.01％と0.1％のスクロース溶液によって吻伸展行動を示さず，1％と10％のスクロース溶液によって吻伸展行動を示した。

表1　0.1秒あたりの活動電位の発生回数

個体	スクロース濃度			
	0.01%	0.1%	1%	10%
Ⅰ	0	4	10	15
Ⅱ	0	2	7	12
Ⅲ	0	1	6	10

実験2　吻に接触させるスクロース濃度を変えて，吻伸展行動を引き起こす筋肉の動きを詳しく調べた。その結果，0.1％のスクロース溶液を吻の先に接触させたときは，瞬間的な弱い筋肉の収縮が散発的にみられ吻がわずかに動くことがあっても，その動きが吻伸展行動につながることはなかった。1％のスクロース溶液を吻の先に接触させたときは，筋肉は持続的な収縮を示し，吻伸展行動がみられた。

問1　実験1の結果から，感覚神経の閾値と吻伸展行動の閾値に相当するスクロース濃度について，Ⅰ～Ⅲのどの個体にもあてはまる関係として最も適当なものを一つ選べ。

① 0.01% ＜ 吻伸展行動の閾値 ＜ 感覚神経の閾値 ≦ 1%
② 0.01% ＜ 感覚神経の閾値 ＜ 吻伸展行動の閾値 ≦ 1%
③ 0.01% ＝ 吻伸展行動の閾値 ＜ 感覚神経の閾値 ≦ 1%
④ 0.01% ＝ 感覚神経の閾値 ＜ 吻伸展行動の閾値 ≦ 1%
⑤ 0.01% ＜ 吻伸展行動の閾値 ＝ 感覚神経の閾値 ≦ 1%

問2　実験2の結果を説明する記述として最も適当なものを，次から一つ選べ。

① 1％のスクロース溶液を接触させたときは，0.1％のときよりも，筋肉の強縮の持続時間が長くなり，吻伸展行動がみられるようになる。
② 1％のスクロース溶液を接触させたときは，0.1％のときよりも，筋肉の単収縮の間隔が長くなり，吻伸展行動がみられるようになる。
③ 0.1％のスクロース溶液を接触させたときは筋肉は強縮を起こし，1％のスクロース溶液を接触させたときは単収縮を起こしている。
④ 0.1％のスクロース溶液を接触させたときは筋肉は単収縮を起こし，1％のスクロース溶液を接触させたときは強縮を起こしている。

〈センター試験・本試〉

第5章 | 生物の環境応答

50 筋肉のしくみと筋収縮のエネルギー

A. ある高校では，缶詰のツナを利用し，骨格筋の観察実験を行った。少量のツナを洗剤液の中で細かくほぐした後，よく水洗いしながら更に細かくほぐした。これを染色液に浸してしばらくおいた後，よく水洗いしてスライドガラスに載せ，カバーガラスをかけて顕微鏡で観察した。接眼レンズを通して見えた像をスマートフォンで撮影したものが次の図1であり，図1の一部を拡大したものが図2である。

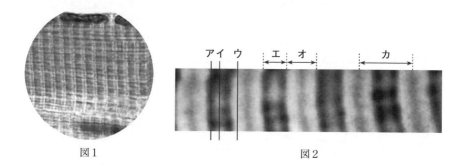

図1 　　　　　　　　　　　　　　　図2

問1 　図2中の直線ア〜ウに相当する位置での切断面のようすを模式的に示したものが，次の図3のa〜cのいずれかである。切断した位置（ア〜ウ）と断面図（a〜c）との組合せとして最も適当なものを，下の①〜⑥から一つ選べ。

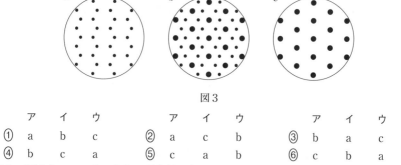

図3

	ア	イ	ウ		ア	イ	ウ		ア	イ	ウ
①	a	b	c	②	a	c	b	③	b	a	c
④	b	c	a	⑤	c	a	b	⑥	c	b	a

問2 　図2中のエ〜カのうち，骨格筋が収縮したときに，その長さが変わる部分はどれか。それらを過不足なく含むものを，次から一つ選べ。

① エ　　　　② オ　　　　③ カ　　　　④ エ，オ
⑤ エ，カ　　⑥ オ，カ　　⑦ エ，オ，カ

B. 筋収縮のエネルギーはすべてATPにより供給される。次ページの図4は，1500m走において，消費するエネルギーに対するATP供給法の割合の，時間経過に伴う変化を示したグラフである。通常，スタートダッシュ時には，まず筋肉中に存在するクレアチンリン酸という物質が，クレアチンとリン酸に分解され，そのときに合成されるATPがエネルギーとして利用される。その後，図4中のキやクで示すATP供給法により得たエネルギーが利用されるようになる。

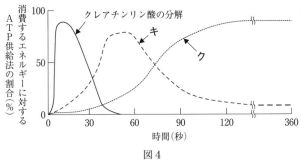

図4

問3 1500m走を行った高校生のアユムは，スタートダッシュを試みたが，すぐに疲れてしまい，その後はほぼ一定のペースで走って，6分ちょうどでゴールインした。次の記述①〜⑥は，図4中のキとクについて，アユムが走りながら考えたことである。これらのうち，下線を引いた部分に**誤りを含むもの**を一つ選べ。

① （スタートから10秒後）そろそろ二番目のATP供給法キも動き始めているころだ。<u>キには酸素が必要ないはずだ</u>。

② （スタートから30秒後）息が苦しくなってきた。<u>キはミトコンドリアで行われているはずだ</u>。

③ （スタートから45秒後）足も重たくなってきた。そろそろ足の筋細胞には<u>キによって乳酸ができる</u>はずだ。

④ （スタートから90秒後）そろそろ三番目のATP供給法クが中心となっている頃だ。<u>クは酸化的リン酸化によりATPをつくる</u>はずだ。

⑤ （スタートから120秒後）だいぶ走るペースがつかめてきた。<u>クではキよりも同じ量の呼吸基質から多くのATPをつくれる</u>はずだ。

⑥ （スタートから360秒後）やっとゴール地点だ。<u>クではATPとともに水ができる</u>はずだ。

〈共通テスト試行調査〉

22 | 動物の行動

❶ **正誤** 動物の行動には，経験や学習がなくても生じる生得的行動と，生後の経験で行動が変化する学習（習得的行動）がある。一般に，脊椎動物は学習のみを行う。

❷ **正誤** 生得的行動は一定の順序で起こることが多い。この一連の行動を固定的動作パターン（定型的運動パターン）といい，その行動を引き起こす刺激を適刺激という。

❸ 繁殖期のイトヨの雄が，攻撃行動を引き起こすきっかけとなる刺激を，次から一つ選べ。
① 雄の赤い腹部　　② 雌の赤い腹部
③ 雌の腹部の膨らみ　④ 雄が躍るジグザグダンス

❹ 次の中から，フェロモンの名称と具体的な生物名の組合せとして適当なものを，次から一つ選べ。
① 警報フェロモン：ゴキブリ　② 集合フェロモン：アリ
③ 性フェロモン：カイコガ　④ 道しるべフェロモン：ハチ

❺ 次にあげた動物の行動様式とその具体例の説明として**誤っているもの**を，次からすべて選べ。
① 定位：フクロウは暗所でも左右の耳に届く音の時間差や，強度の違いを認識して獲物の位置を特定する。
② 正の光走性：昆虫は夜間に電灯などの光に多く集まる。
③ 鋭敏化：アメフラシの水管を繰り返し刺激すると，しだいに反応が弱まり，反応しにくくなる。
④ 刷込み：ガンは孵化後間もなく見た動くものを記憶し，その後をついて歩くようになる。
⑤ 古典的条件づけ：レバーを押すと餌が出る装置が入った箱にネズミを入れると，次第に自らレバーを押すようになる。
⑥ 慣れ：終着点に餌がある迷路にネズミを入れると，試行回数が増えるごとに誤りの数が徐々に低下する。
⑦ 知能行動：チンパンジーは手の届かない果物を得るために，棒や木の枝で道具を作り，巧みに扱う。

❻ **正誤** ミツバチが餌場をなかまに伝えるために踊る8の字ダンスは，餌場が遠いほど回転速度が大きくなる。

---

❶ ×
イトヨ（魚類）の攻撃・求愛行動，鳥類の定位行動などは生得的行動。

❷ ×
適刺激→かぎ刺激（信号刺激）。

❸ ①
固定的動作パターンの例。腹部は雄のみ赤くなる。③は雌に対する雄の求愛行動の，④は雄に対する雌の求愛行動のかぎ刺激。

❹ ③
①ハチ，②ゴキブリ，④アリなどが具体例。

❺ ③，⑤，⑥
①音源定位という。
②走性には他にも化学走性，音波走性などがある。
③慣れの説明。鋭敏化とは，別の部位を刺激すると本来の反応性がより高まること。
④インプリンティングともいう。
⑤連合学習のうち，試行錯誤のオペラント条件づけの説明。古典的条件づけはパブロフのイヌの実験が有名。
⑥試行錯誤の説明。
⑦洞察学習とも呼ばれる。

❻ ×
大きくなる→小さくなる。餌場が巣箱にごく近い場合は円形ダンスを踊る。

51 体内時計と太陽コンパス

　魚類や_アミツバチは外部から得られる情報を，方向を知る手掛かりとして用いている。

　図1のような水槽を用意し，中央の容器から1匹のブルーギル（以下，魚とする）を放し，同時に電気刺激を与え

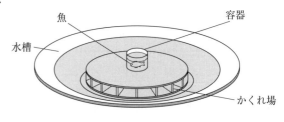

図1

ると，魚はかくれ場に逃避するという行動を示す。かくれ場は円周にそって16個置かれている。360度どの方向からも16個のうちのいずれかのかくれ場に入ることができるが，入り口は容器内の魚からは見えない。まず，7時30分と16時30分に野外の太陽の下で北向きの入り口1個を開けておき，残りの入り口をふさいだ状態で逃避行動を起こさせ，かくれ場に魚を逃げ込ませることを繰り返す訓練を行った。この訓練のあとで，すべての入り口を開けた状態で，太陽が出ている日の7時30分（図2A）と16時30分（図2B），および，太陽の出ていない曇りの日の7時30分（図2C）に同様に逃避行動を起こさせる実験を行った。さらに，屋内で人工灯を任意の方向から当てた場合についても，同様の実験を7時30分と16時30分に行った（図2D）。これらの実験は各々の条件で数日にわたり複数回行われた。それぞれの図の黒丸（●）は，実験ごとに魚が逃げ込んだかくれ場を示し，その数は頻度を示している。なお，図2Dの黒丸（●）は7時30分，色丸（●）は16時30分の実験結果を示す。また，これらの観察はすべて北半球で行われた。

A〔晴れ，7時30分〕　　　B〔晴れ，16時30分〕　　　C〔曇り，7時30分〕　　　D〔屋内，7時30分（●）・16時30分（●）〕

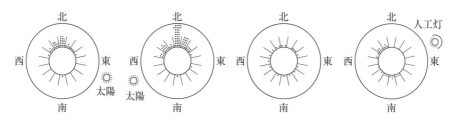

図2

問1　本文の実験と図2の結果から推測できることとして適当なものを，次から二つ選べ。

① 魚は方向を記憶する能力をもつ。
② 曇りの日はすべての学習が成立しない。
③ 朝と夕とで逃避するかくれ場を変える。
④ 魚は体内時計と太陽の位置によって方向を定めることができる。
⑤ 魚は地磁気を受容して方角を定めることができる。
⑥ 魚は周囲の景色を記憶して方向を定めている。

問2 10時30分に野外の太陽の下で訓練を行った魚を使い，後日，10時30分に屋内で人工灯を当てて逃避行動を起こさせる実験を行ったところ，魚が逃げ込んだ頻度が最も高かったのは，図3中の矢印Zで示すかくれ場であった。この実験では，人工灯はどの方向から当てたと考えられるか。最も適当なものを，次から一つ選べ。

① 北　　② 北東　　③ 東　　④ 南東
⑤ 南　　⑥ 南西　　⑦ 西　　⑧ 北西

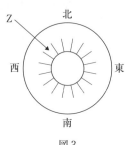

図3

問3 下線部アについて，餌場から巣に戻った働きバチ（以下ハチという）は，なかまに餌場の方向と距離を伝えるために8の字ダンスを踊る。巣箱内の垂直面でダンスを踊る場合，ダンスで尻振りしながら直進する方向と鉛直上向き方向とのなす角度は，巣からみた餌場の方向と太陽の方向のなす角度に等しくなっている。餌場が西にあり太陽が南東にあるとき，餌場から戻ったハチの8の字ダンスの直進方向として最も適当なものを，次から一つ選べ。

① 鉛直上向きから右へ90度の向き　　② 鉛直上向きから左へ45度の向き
③ 鉛直上向きから右へ15度の向き　　④ 鉛直下向きから左へ90度の向き
⑤ 鉛直下向きから右へ45度の向き　　⑥ 鉛直下向きから左へ15度の向き

〈文教大，神戸学院大〉

---

52 ヒキガエルの定位反応

ヒキガエルは，図1のように，視野の範囲内で動いたミミズなどの物体を獲物と判断したときに，物体に対して正面になるように向きなおる行動（定位反応）を起こす。動く物体に対するヒキガエルの行動を調べるため，次の実験1・実験2を行った。

実験1 図2のように，透明なガラスの円筒の中にヒキガエルを入れた。ヒキガエルが明確に識別できる色の模型（縦2.5mm×横2.5mm）を円筒の中心から7cmの距離に置き，毎秒30°の角度で1分間回転させ，動かした模型に対するヒキガエルの定位反応の回数を測定した。次に図3のa〜cのように，横方向，縦方向，またはその両方向に2倍ずつ大きくした模型を用いて定位反応の回数を測定した。その結果を，最大回数を1.0としたときの割合（相対値）として図4に示した。

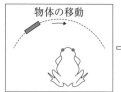

図1　定位反応

図2

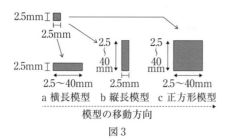

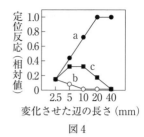

a 横長模型　b 縦長模型　c 正方形模型

模型の移動方向

図3

図4

実験2　図5のように，縦2.5mm×横20mmの横長模型の上方に，縦2.5mm×横2.5mmの正方形の模型を配置した。模型間の距離（距離D）を2.5〜80mmの範囲で変化させて，**実験1**と同様の実験を行ったところ，図6に示すような結果になった。

問1　移動する模型に対する定位反応について，**実験1**の結果から導かれる考察として最も適当なものを，次から一つ選べ。

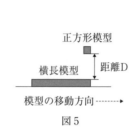

図5

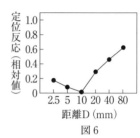

図6

① 長方形の模型では，正方形の模型よりも，定位反応が起こりやすい。

② 模型の面積が大きくなるほど，定位反応が起こりやすい。

③ 模型の面積が同じ場合，定位反応に大きな違いはない。

④ 模型の移動方向の辺が長くなるほど，定位反応が起こりやすい。

⑤ 模型の移動方向の辺の長さが同じ場合，移動方向に対して垂直な辺が短いほうが，定位反応が起こりやすい。

⑥ 模型の形が同じであれば，どのような置き方をしても，定位反応に大きな違いはない。

問2　**実験1**と**2**について，実験結果から，横長模型と正方形模型を組合せたときのヒキガエルの定位反応と，物体が獲物として判断されやすくなる効果（獲物効果）を説明した考察として**誤っているもの**を，次から一つ選べ。

① 距離Dが10mm以下のときは，**実験2**の模型は**実験1**の横長模型と同様に認識されている。

② 距離Dが10mmより大きくなると，定位反応の回数が増加し，横長模型に対する獲物効果が生じた。

③ **実験1**と比較して，**実験2**で獲物効果が低いのは，同時に見せた模型が影響しているからである。

④ **実験2**で同時に見せた模型は，横長模型に対する応答を制御するはたらきがある。

〈センター試験・追試〉

❶植物の器官が刺激の方向とは無関係に，ある一定の方向に屈曲する反応を何というか，次から一つ選べ。
① 走性　　② 屈性　　③ 傾性　　④ 変性

❷ 正誤 植物の茎は正の光屈性と負の重力屈性を示す。

❸ 正誤 チューリップの花の開閉は膨圧運動により，オジギソウの就眠運動は成長運動による。

❹ 正誤 根冠の細胞は，重力感知にはたらく。

❺ 正誤 幼葉鞘に光を当てると，幼葉鞘の先端にあるフィトクロムに感知され，オーキシンが光の照射側に移動することで，幼葉鞘を屈曲させる。

❻オーキシンが先端から基部側へ運ばれることを何というか，次から一つ選べ。
① 極性移動　　② 能動輸送　　③ 受動輸送

❼次のA～Eの植物ホルモンのはたらきや説明として適当なものを，下の①～⑤から一つずつ選べ。
A. オーキシン　　B. ジベレリン　　C. フロリゲン
D. アブシシン酸　　E. エチレン
① 不定根の形成を促進したり，側芽の成長を抑制する。
② 適切な日長条件下で，未熟な芽を花芽に誘導する。
③ 種なしブドウの作成，茎の伸長成長や種子発芽を促進する。
④ 種子発芽の抑制，エチレンの合成誘導をする。
⑤ 落葉・落果を促進し，果実の成熟を促進する。

❽気孔開口に関わる光受容体を，次から一つ選べ。
① クリプトクロム　　② フォトトロピン
③ ロドプシン　　④ クロロフィル

❾ 正誤 細胞壁のセルロース繊維をジベレリンは横方向に，エチレンは縦方向に揃え，それぞれ茎を伸長成長・肥大成長させる。

---

❶ ③
②は刺激の方向に対し一定の角度をもって屈曲すること。

❷ ○
根は負の光屈性と正の重力屈性を示す。

❸ ×
膨圧運動と成長運動が逆。

❹ ○
アミロプラストの偏りで，重力方向を感じる。

❺ ×
フィトクロム→フォトトロピン。照射側→照射されていない側。

❻ ①
オーキシン排出輸送体(PINタンパク質)による輸送。

❼ A―① 　B―③ 　C―②
D―④ 　E―⑤

他に，A―離層形成抑制，E―茎の肥大成長促進などにも関与。
オーキシンについては，インドール酢酸(天然)，2,4－D(人工)も覚えるとよい。

❽ ②
②光屈性にも関与。
①茎の伸長抑制に関与。
③桿体細胞がもつ光受容体。
④光合成色素。

❾ ○
オーキシンはセルロースどうしをつなぐ糖を分解して水の吸収を促し，細胞を成長させる。

53 **植物ホルモンによる茎の伸長作用**

　植物ホルモンのアズキの茎に対する作用を調べるために，次の実験を行った。

実験　アズキの芽ばえから長さ10mm の茎切片を切り取り，植物ホルモンを含まない培養液，ジベレリンを含む培養液，オーキシンを含む培養液，オーキシンとジベレリンの両方を含む培養液に12本ずつ浮かべた（図1）。それぞれの培養液で12時間培養した後，各茎切片の長さと重さを測定して平均し，培養前後で増加した割合［%］を求めた（図2）。また，茎切片の長さの増加した割合に対する重さの増加した割合の比を図3に示した。なお，植物ホルモンは成長に適した濃度で使用し，実験期間中に茎切片の細胞数は変化しないものとする。

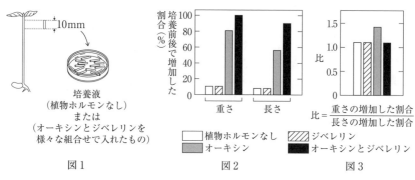

図1　　　　　　　　図2　　　　　　　　図3

問1　図2に関する記述として最も適当なものを，次から一つ選べ。

① オーキシンは茎切片の伸長を促進せず，ジベレリンは伸長を促進する。

② オーキシンだけでは茎切片の伸長が促進されず，オーキシンとジベレリンがある場合にのみ伸長が促進される。

③ オーキシンだけで茎切片の伸長が促進され，ジベレリンによってさらに伸長が促進されることはない。

④ オーキシンだけで茎切片の伸長が促進され，ジベレリンによってさらに伸長が促進される。

問2　実験の結果から，アズキの茎に対するオーキシンとジベレリンの作用として最も適当なものを，次から一つ選べ。ただし，茎切片の重さの増加は主に細胞が吸水したためで，それに伴う茎切片の長さと重さの変化は茎切片全体に均一に起こるものとする。

① 茎切片の単位長さあたりの重さは，オーキシンとジベレリンを含む培養液とオーキシンを含む培養液の場合で変わらない。

② 茎切片の単位長さあたりの重さは，オーキシンとジベレリンを含む培養液の方が，オーキシンを含む培養液の場合よりも増加する。

③ 茎切片の太さは，オーキシンとジベレリンを含む培養液とオーキシンを含む培養液の場合で変わらない。

④ 茎切片の太さは，オーキシンとジベレリンを含む培養液の方が，オーキシンを含む培養液の場合よりも細い。

〈センター試験・本試〉

第５章　生物の環境応答

23 ｜ 植物の生活と植物ホルモン　　**93**

　オオムギの種子にはデンプンを多量に含む胚乳があり，発芽条件が整うと胚からジベレリンが分泌される。それが胚乳の外側にある糊粉層（ことふんそう）に作用し，アミラーゼの合成が促進される。オオムギの種子を図1のように切断し，胚つき半種子と胚なし半種子を得た。これらの半種子とデンプンを含む薄い寒天層をひいてある寒天培地を用いて以下の実験を行った。

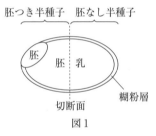
図1

実験1　寒天培地ⅠとⅢには胚つき半種子を，寒天培地ⅡとⅢには胚なし半種子をいずれも切断面を下にして並べた（図2）。これらの寒天培地を2日間培養した後，半種子を除き，ヨウ素溶液を寒天培地に加えると，図2の黒く示した部分で青い呈色が見られた。

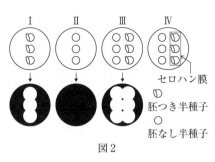
図2

実験2　寒天培地Ⅳの一部にセロハン膜を敷き，その上に胚つき半種子を，胚なし種子は直接寒天上に切断面を下にして置いた。この寒天培地Ⅳを2日間培養した後，寒天上の半種子とセロハン膜を取り除き，ヨウ素溶液を加えたところ，胚なし半種子を置いた付近のみで青い呈色が見られず，それ以外で呈色が見られた。

問1　実験1について，寒天培地ⅠとⅢの条件で，呈色が見られない範囲がなくなるようにしたい。寒天に加える植物ホルモンとして最も適当なものを，次から一つ選べ。

① オーキシン　　② エチレン　　③ ジベレリン

④ アブシシン酸　⑤ フロリゲン　⑥ クリプトクロム

問2　実験1について，寒天培地Ⅰ〜Ⅲの実験結果からわかることとして**誤っているも**のを，次から一つ選べ。

① アミラーゼは合成された後に寒天内に分泌される。

② ジベレリンは合成された後に寒天内に分泌される。

③ 寒天培地ⅠとⅢの半種子はすべてジベレリンを合成している。

④ 寒天培地ⅠとⅢの半種子はすべてアミラーゼを合成している。

問3　実験2の結果から考察できることとして最も適当なものを，次から一つ選べ。

① ジベレリンはセロハン膜を通過できる。

② アミラーゼはセロハン膜を通過できる。

③ アミラーゼの方がジベレリンより寒天内を拡散しやすい。

④ アミラーゼは胚なし半種子でのみ合成される。

⑤ ジベレリンは胚つき半種子と胚なし半種子の両方で合成される。

⑥ 胚つき半種子に加え，胚なし半種子の下にセロハン膜を敷いても結果は変わらない。

〈玉川大〉

55 花の開閉

チューリップの開閉は，温度の影響で起こることが知られている。チューリップの花弁の内側と外側から同じ長さの表皮片を剥ぎ取って水に浮かべ，温度を変えて各表皮片の長さを測定したところ，図1に示す結果が得られた。

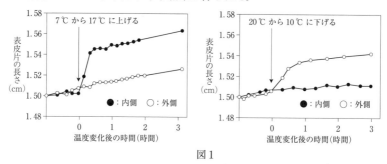

図1

問1 図1のグラフには，チューリップの花の開閉が記述ⓐ，ⓑのどちらのしくみによるかを考えるために必要な情報が含まれている。グラフのどのような特徴に注目することで，どちらのしくみであると判断できるか。しくみと注目点の組合せとして最も適当なものを，下の①〜⑥から一つ選べ。

ⓐ　光や重力で茎が曲がるときと同じようなしくみ

ⓑ　気孔の開閉と同じようなしくみ

	しくみ	注目点
①	ⓐ	内側と外側の表皮片を比べると，温度上昇後は「内側の長さ>外側の長さ」，低下後は「内側の長さ<外側の長さ」と，温度条件によって長さの大小が逆になっていること
②	ⓑ	
③	ⓐ	温度変化の影響が一時的で，温度を変えてしばらくすると内側と外側の表皮片の長さの差が一定となっていること
④	ⓑ	
⑤	ⓐ	変化しているのが表皮片の伸び具合であって，どの温度条件のどの表皮片も縮んではいないこと
⑥	ⓑ	

問2 植物は乾燥するとアブシシン酸（ABA）を合成する。ABA 濃度の上昇を感知した孔辺細胞は浸透圧を下げて気孔を閉じ，蒸散を抑制する。一方，ABA は光の強さや CO_2 濃度に対する気孔開閉の応答には関与しない。ある植物の変異株（株A〜C）は乾燥時に気孔を閉じない。株Aは ABA を根から吸収させると気孔が閉じ，暗条件でも気孔は閉じる。株Bは ABA を与えても暗条件でも気孔は開いたままである。株Cは ABA を与えても気孔は閉じないが，暗条件で気孔が閉じる。株A〜Cは ア ABA を合成する酵素，イ 孔辺細胞が ABA 濃度を感知するしくみ，ウ 孔辺細胞の浸透圧を下げるしくみ，のいずれに突然変異が生じたと考えられるか。最も適当なものをア〜ウからそれぞれ一つずつ選べ。

〈共通テスト試行調査，九大〉

❶生物の生理現象が，日長や暗期の長さの変化に反応して起こることを何というか，次から一つ選べ。
① 光周性　② 光傾性　③ 光走性　④ 日周性

❷ 正誤 長日植物は限界暗期よりも長い連続暗期の環境で花芽を形成し，夏から秋にかけて開花する。

❸A～Cの植物の具体例を，①～⑨から三つずつ選べ。
A. 長日植物　　　B. 短日植物　　　C. 中性植物
① ホウレンソウ　② アサガオ　　　③ トマト
④ トウモロコシ　⑤ コムギ　　　　⑥ オナモミ
⑦ エンドウ　　　⑧ アブラナ　　　⑨ ダイズ

❹イネとシロイヌナズナのフロリゲンを一つずつ選べ。
① FT　　② Hd3a　　③ GFP　　④ HLA

❺ 正誤 オナモミを短日処理すると，葉でフロリゲンが合成され，師管を通って茎頂に移動し花芽が合成される。

❻ 正誤 秋まきコムギは長日条件の他に，あらかじめ植物が春に一定期間高温にさらされる必要がある。これを春化という。

❼次に示した①～③を種子発芽の過程の進行順に並べよ。
① 胚乳でデンプンが分解される。
② 胚でジベレリンが合成される。
③ 糊粉層でアミラーゼが合成される。

❽光発芽種子の具体例を，次から一つ選べ。
① カボチャ　　② レタス　　③ キュウリ

❾ 正誤 光発芽種子に赤色光を照射するとフィトクロムがP_R型に変化し，発芽が促進される。

❿ 正誤 クリプトクロムが青色光を受容して孔辺細胞内のNa^+濃度が上昇すると，孔辺細胞が吸水し，気孔側の細胞壁が厚いため外側に湾曲して膨らんで気孔が開口する。

---

❶①
②は光の方向にかかわらず植物が屈曲すること。

❷×
長日植物→短日植物。
長日植物は限界暗期よりも短い暗期で花芽を形成し，春から夏にかけて開花する。

❸A－①，⑤，⑧
B－②，⑥，⑨
C－③，④，⑦
他に，Aはカーネーション・シロイヌナズナ・アヤメ，Bはキク・イネなどがある。

❹イネ－②
シロイヌナズナ－①
③は緑色蛍光色素，④はヒトのMHCである。

❺○
短日条件は葉のフィトクロム（感光物質）で感知される。

❻×
冬に一定期間低温にさらされる必要がある。

❼②→③→①
①の後，糖（グルコース）が胚で消費されて発芽時のエネルギー源になる。

❽②
他は暗発芽種子の例。

❾×
P_R型→P_{FR}型。フィトクロムは花芽形成にも関与。

❿×
クリプトクロム→フォトトロピン。Na^+→K^+。

56 花芽形成と開花時期の調節

植物は日長や気温の変化を季節の変動として感じとり，花を咲かせている。図1は，ある植物の種子を3月から10月にかけて時期をずらしてまき，温度を一定にした野外の温室で育て，子葉の展開から開花までの日数と日長の関係を調べた結果である。この植物は子葉の展開直後から日長を感じることができる。

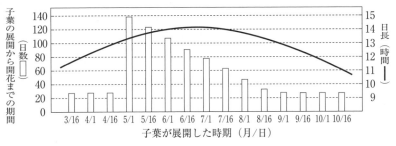

図1

問1　5月16日（ア），6月16日（イ），7月16日（ウ），9月16日（エ）に子葉が展開した個体が開花する時期として最も適当なものを，次から一つ選べ。

	ア	イ	ウ	エ
①	7月20日頃	8月20日頃	9月16日頃	10月16日頃
②	9月6日頃	9月17日頃	9月30日頃	10月6日頃
③	9月17日頃	9月17日頃	9月17日頃	10月13日頃
④	9月20日頃	10月21日頃	11月17日頃	12月16日頃
⑤	10月16日頃	10月16日頃	10月16日頃	11月17日頃

問2　図1より，日長と子葉の展開から開花までの日数の関係に関する説明として最も適当なものを，次から一つ選べ。
① 子葉の展開から開花までの日数と日長との間には関係はない。
② 子葉の展開から開花までには一定以上の日数が必要であり，開花までの日数は日長の影響を受ける。
③ 日長が長くなると，子葉の展開から開花までの日数は比例して減少する。
④ 日長が長くなると，子葉の展開から開花までの日数は比例して増加する。

問3　図1より，この植物の光周性に関する記述として最も適当なものを，次から一つ選べ。
① 短日植物であることはわかるが，花芽形成に必要な暗期の長さは推定できない。
② 長日植物であることはわかるが，花芽形成に必要な明期の長さは推定できない。
③ 季節にかかわらず開花するので，中性植物である。
④ 明期の長さが約13時間より長くなると花芽形成が起こる。
⑤ 暗期の長さが約13時間より短くなると花芽形成が起こる。
⑥ 暗期の長さが約11時間より長くなると花芽形成が起こる。　　〈センター試験・本試〉

57 花芽形成と接ぎ木実験

　キクの園芸品種である$_{ア}$Y株とW株は，適当な
日長条件で7日間栽培すると花芽形成する。下に
示した実験までは，明期16時間，暗期8時間の条
件で栽培したが，いずれの株も花芽形成しなかっ
た。また，図1のように，台木となる株に2つの
品種を接ぎ木した株（YW株）を作製した。

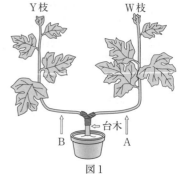

実験1　Y株とW株を明期14時間，暗期10時間の
　　　条件で7日間栽培すると，Y株とW株ともに花
　　　芽が形成された。

実験2　Y株とW株を明期14時間，暗期10時間の

図1

　　　条件で栽培し，暗期開始から30分後に10分間だけ光を照射した。この処置を7日間繰
　　　り返すと，Y株のみに花芽が形成された。

実験3　YW株を実験2と同じ条件で栽培すると，両方の枝に花芽が形成された。

実験4　YW株のY枝の葉をすべて取り除いて**実験2**と同じ条件で栽培すると，両方の
　　　枝で花芽が形成されなかった。一方，YW株のW枝の葉をすべて取り除いて**実験2**と
　　　同じ条件で栽培すると，両方の枝で花芽が形成された。

問1　下線部アについて，Y株とW株の限界暗期の説明として最も適当なものを，次か
　　　ら一つ選べ。

① Y株の方が長い。

② W株の方が長い。

③ 両方の限界暗期は同じ長さである。

問2　YW株を明期16時間，暗期8時間の条件で7日間以上栽培すると，花芽の形成は
　　　どのようになるか。最も適当なものを，次から一つ選べ。

① Y枝に花芽が形成されてから，W枝に花芽が形成される。

② W枝に花芽が形成されてから，Y枝に花芽が形成される。

③ どちらの枝にもほぼ同時に花芽が形成される。

④ どちらの枝にも花芽は形成されない。

問3　実験3，4について，YW株の花芽形成の時期の決定に直接関わるものとして最
　　　も適当なものを，次から一つ選べ。

① 台木の限界暗期　　　② Y株の限界暗期

③ W株の限界暗期　　　④ Y株とW株の両方の限界暗期の平均

問4　図1の矢印AとBの部分に環状除皮を行い，どちらの枝もY株の限界暗期の条件
　　　で栽培したとき，花芽の形成はどのようになるか。最も適当なものを，次から一つ選
　　　べ。

① Y枝に花芽が形成されるが，W枝には花芽は形成されない。

② W枝に花芽が形成されるが，Y枝には花芽は形成されない。

③ どちらの枝にも花芽が形成される。

④ どちらの枝にも花芽は形成されない。

58 花芽形成，繁殖戦略

　植物の成長や，外部環境の変化に対する応答には，光や温度が関係していることが知られている。ある高校の園芸部では，珍しい園芸植物Xの種子を入手し，学校の花壇で栽培することにした。植物Xについてインターネットで調べたところ，いくつかのサイトが見つかり，次の情報が得られた。

・種子は生存期間が比較的短く，2～3年で発芽能力を失う。

・日当たりのよいところを好み，日陰では育たない。

・自家受粉では結実しない。

　しかし，これら以外の点については，はっきりしなかった。そこで，花壇aと花壇bの一画に，それぞれ2回に分けて植物Xの種子をまいてみた。二つの花壇の環境はほぼ同じだが，花壇bの脇には屋外灯がある。各集団について，発芽後の経過を観察し，最初に花芽が見られた日を記録したところ，次の表1のようになった。また，この期間，この地域の日の出と日の入りの時刻は，下の図1に，気温の変化は図2に示す通りであった。

表1

種子をまいた日	花壇	最初に花芽が見られた日
2015年6月1日	a	2016年4月15日
2015年6月1日	b（脇に屋外灯*）	2016年3月10日
2015年10月15日	a	2016年4月15日
2015年10月15日	b（脇に屋外灯*）	2016年3月10日

*屋外灯は，年間を通して，日没から19時まで点灯していた。

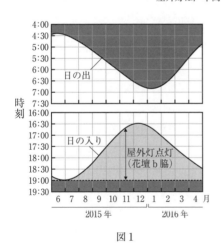

図1

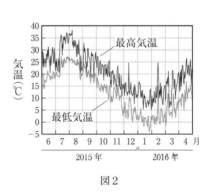

図2

問1　植物Xの花芽形成の光周性についての考察として最も適当なものを，次の①～⑤から一つ選べ。

① 短日植物であり，限界暗期は11時間より短い。

② 短日植物であり，限界暗期は11時間より長い。

③ 長日植物であり，限界暗期は11時間より短い。

④ 長日植物であり，限界暗期は11時間より長い。

⑤ 中性植物であり，限界暗期というものはない。

問2 植物Xの花芽形成と温度との関係についての考察として最も適当なものを，次から一つ選べ。

① 低温を一定期間以上経験していることが，花芽形成の前提となる。

② 低温を経験していないことが，花芽形成の前提となる。

③ 高温を一定期間以上経験していることが，花芽形成の前提となる。

④ 高温を経験していないことが，花芽形成の前提となる。

⑤ 過去に経験した温度は，花芽形成に関係しない。

問3 植物Xの原種について調べたところ，V科W属であることがわかった。この属の植物の分布域は，森林地帯という点で共通しているほかは，種によって大きく異なる。そこで，園芸部では，植物Xの性質から，原種がどのような場所に生育しているかを推測してみた。このときの議論を整理した次の文章中の ア ～ ウ に入る語句の組合せとして最も適当なものを，下の①～⑧から一つ選べ。

植物Xの花芽形成の性質から，原種が生育しているのは ア ではなさそうだ。それに，種子の生存期間が短くて，自家受精では結実しないということは，攪乱に乗じて繁殖するのに イ だ。さらに，日当たりが重要であることも考え合わせると，ウ の可能性が高いだろう。

	ア	イ	ウ
①	熱帯多雨林や雨緑樹林	有利	照葉樹林のギャップ
②	熱帯多雨林や雨緑樹林	有利	夏緑樹林の林床
③	熱帯多雨林や雨緑樹林	不利	照葉樹林のギャップ
④	熱帯多雨林や雨緑樹林	不利	夏緑樹林の林床
⑤	針葉樹林	有利	照葉樹林のギャップ
⑥	針葉樹林	有利	夏緑樹林の林床
⑦	針葉樹林	不利	照葉樹林のギャップ
⑧	針葉樹林	不利	夏緑樹林の林床

〈共通テスト試行調査〉

❶被子植物で減数分裂終了直後に生じる細胞をすべて選べ。
① 胚のう母細胞　　② 胚のう細胞　　③ 胚のう
④ 卵細胞　　　　　⑤ 助細胞　　　　⑥ 中央細胞

❷ある被子植物で遺伝子型 Aa の胚のう母細胞から胚のう
が生じたとする。反足細胞1つの遺伝子型が a であった
とき，同じ胚のうに含まれる2つの極核の遺伝子型を，
次から一つ選べ。
① A と A　　② a と a　　③ A と a　　④ AA と AA
⑤ Aa と Aa　⑥ aa と aa　⑦ AA と aa

❸ 正誤 被子植物では重複受精の結果，中央細胞と精細胞
の融合から $3n$ の核相をもつ胚乳が生じるが，裸子植物
は重複受精がみられないので，胚乳の核相は n である。

❹被子植物の胚の構造として**誤っているもの**を，次から二
つ選べ。
① 胚乳　　　② 胚軸　　　③ 子葉
④ 幼根　　　⑤ 幼芽　　　⑥ 胚柄

❺ 正誤 被子植物で，1つの胚のう母細胞からつくられる
卵細胞の数は4つである。

❻ 正誤 被子植物では受粉した花粉管は発芽し，胚のう内
の卵細胞から分泌された誘引物質に従って胚のうへ向
かって伸長する。

❼ 正誤 種子形成の過程で胚乳が形成されない種子を，無
胚乳種子という。

❽200個の精細胞をつくるには最低でも何個の花粉母細胞
が必要か。最も適当なものを，次から一つ選べ。
① 12.5　　② 25　　③ 50
④ 100　　⑤ 200　　⑥ 400

❾ 正誤 裸子植物では胚珠が子房に囲まれておらず，イ
チョウやソテツを除いて，花粉内に精子が形成される。

---

❶②
①は減数分裂前から開始
時，④～⑥は3回の核分裂
後の③に含まれる細胞。

❷②
この場合，減数分裂後の胚
のう細胞の遺伝子型が a な
ので，その後3回の核分裂
をして生じる胚のうに含ま
れる細胞はすべて a となる。

❸○
裸子植物では受精前に胚乳
がつくられる。

❹①, ⑥
種子内で胚が成長すると，
胚柄はやがて退化する。

❺×
1つの胚のう母細胞から，
卵細胞は1つ生じる。

❻×
助細胞から分泌された誘引
物質（ルアー）によって花粉
管は伸長する。

❼×
無胚乳種子では胚乳は形成
されるが，後に退化する。

❽②
1つの花粉母細胞は4つの
未熟花粉（1つの花粉四分
子）になり，それぞれ精細
胞を2つ形成する。

❾×
イチョウ，ソテツは精子を，
それ以外は精細胞を形成。

59 花粉管の伸長と ABC モデル

異なるスクロース濃度（0 %，10%，20%）の寒天培地上に，ある野生型の_ア被子植物の花から採取した花粉をまき，25℃で培養した。1 時間後に各培地で100個の花粉を顕微鏡で観察し，それらの花粉を図1の花粉A〜D（培地にまく前の花粉は花粉Aと同様）のように分類して数を数えた（表1）。なお，花粉の特徴は図1の下段に示した。また，花粉管伸長が野生型と異なる変異体Zと変異体Wについても，10%スクロース培地を用いて，同様の実験と測定を行い，表1の結果を得た。さらに，花粉管が伸びたものについては30分おきに時間を追って花粉管の長さも測定し，その平均値を図2に示した。

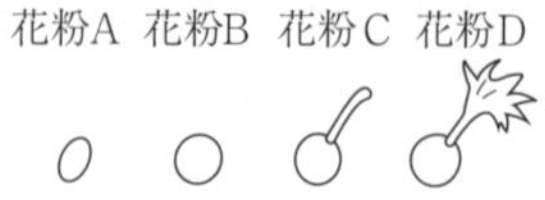

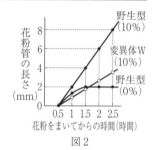

花粉A 花粉B 花粉C 花粉D

特徴：花粉A(小さいもの)
　　　花粉B(大きく膨らんだもの)
　　　花粉C(花粉管が伸長したもの)
　　　花粉D(大きく膨らみ破裂したもの)
図1

表1

	野生型			変異型Z	変異型W
スクロース濃度(%)	0 %	10%	20%	10%	10%
花粉A	0	1	18	2	1
花粉B	41	13	82	98	20
花粉C	8	77	0	0	73
花粉D	51	9	0	0	6

問1 下線部アに関連して，シロイヌナズナの花は外側から中心へ，がく（領域1），花弁（領域2），雄しべ（領域3），雌しべ（領域4）の順に配列し，花の形成に関与する遺伝子Aは領域1と2，遺伝子Bは領域2と3，遺伝子Cは領域3と4で発現する。遺伝子AとCは同じ領域で発現できない。ある遺伝子を欠損した変異体では領域2ががくに，領域3が雌しべに変化していた。欠損した遺伝子を，次から一つ選べ。

① 遺伝子A　　② 遺伝子B　　③ 遺伝子C

図2

問2 表1と図2の実験結果から考えられることとして適当なものを，次から二つ選べ。
① 野生型花粉ではスクロースが細胞内に多く流入するほど花粉が大きくなる。
② 花粉は吸水さえしてしまえば，破裂することなく花粉管を伸長できる。
③ スクロースは花粉管伸長に関与せず，寒天のみでも花粉管は正常に伸長する。
④ 花粉管が伸長し始める際は，花粉内に蓄えられた貯蔵物質を利用することができるが，それを使い果たした後は外部からの栄養分の補給がないと伸長できない。
⑤ 変異体Zの花粉は水を吸水することができないが，変異体Wの花粉は野生型花粉と同様に正常に吸水することができる。
⑥ 変異体Wの花粉は野生型花粉と比べて，水の吸収効率がやや低いか，花粉管伸長に必要なエネルギーをつくる代謝効率が低い可能性がある。

問3 花粉が自然界で柱頭についたときの反応は10%スクロース培地上の野生型花粉と等しいとする。この植物の柱頭から胚のうまでの長さを2.0cmとすると，花粉は柱頭についてから何時間で胚のうに達するか。最も適当なものを，次から一つ選べ。
① 1　　② 3.5　　③ 5.5　　④ 6.7　　⑤ 7.5　　⑥ 10　　〈日本女大〉

[60] 花粉管の誘引のしくみ

　生物には，異なる種との交雑を妨げる様々なしくみがある。例えば，被子植物においては，ある種の花粉が別の種の柱頭に付いても，花粉管が胚珠へと誘引されないことがある。(a)異種間での交雑を妨げるしくみを探るために，トレニア属の種A，B，Cとアゼナ属の種Dを使って，次の実験1〜3を行った。なお，トレニア属とアゼナ属は近縁で，どちらもアゼナ科に含まれる。

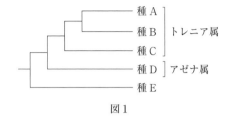

図1

実験1　種A〜Dとアゼナ科の別の属の種Eについて，特定の遺伝子の塩基配列の情報を用いて分子系統樹を作成したところ，右の図1の結果が得られた。

実験2　種A〜Dについて，発芽した花粉が付いた柱頭を切り取って培地上に置き，助細胞を除去した胚珠または除去していない胚珠のいずれかとともに，次の図2のように培養した。その後，伸長した花粉管のうち，胚珠に到達した花粉管の割合を調べたところ，次の図3の結果が得られた。

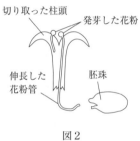

図2

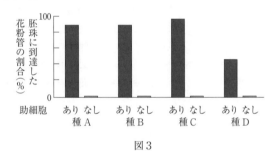

図3

実験3　種AまたはDの花粉を，同種または別種の柱頭に付けて発芽させた。発芽した花粉管を含む柱頭を切り取って培地上に置き，同種または別種の胚珠とともに，図2のように培養した。その後，伸長した花粉管のうち，胚珠に到達した花粉管の割合を調べたところ，右の図4の結果が得られた。

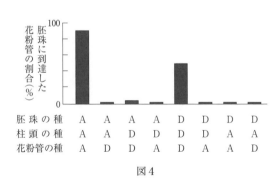

図4

問1　助細胞が花粉管を誘引する性質について，**実験1と2**の結果から導かれる考察として最も適当なものを，次の①〜⑥から一つ選べ。

①　トレニア属だけにみられる。

②　トレニア属の種A，B，Cとアゼナ属の種Dに共通してみられる。

第5章　生物の環境応答

③ 種子植物全体に共通してみられる。

④ 維管束植物全体に共通してみられる。

⑤ トレニア属とアゼナ属の共通の祖先が，種Eの祖先と分岐した後に，獲得した。

⑥ トレニア属の種A，B，Cでは，アゼナ属に近縁であるほど，誘引する能力が低い。

問2 実験3の結果から導かれる，種AとDの間にはたらく異種間での交雑を妨げるしくみに関する考察として最も適当なものを，次から一つ選べ。

① 種Aの柱頭で種Dの花粉を発芽させた場合と，種Dの柱頭で種Aの花粉を発芽させた場合とでは，異なるしくみがはたらく。

② 種Aに比べて，種Dでは他種の花粉を拒絶するしくみが発達している。

③ 胚珠と花粉管の相互作用は関与するが，柱頭と花粉管の相互作用は関与しない。

④ 柱頭と花粉管の相互作用は関与するが，胚珠と花粉管の相互作用は関与しない。

⑤ 胚珠と花粉管の相互作用，および柱頭と花粉管の相互作用の両方が関与する。

問3 下線部(a)に関して，トレニア属のF，Gが同じ場所に生育し，いずれも種子で繁殖しているとする。この場所で，これらの2種間の雑種個体が全く見られない場合に，そのしくみを調べる研究計画として**適当ではないもの**を，次から二つ選べ。

① 種F・Gのそれぞれについて，染色体数を顕微鏡下で調べる。

② 種F・Gのそれぞれについて，開花時期を調べる。

③ 種F・Gのそれぞれについて，おしべとめしべの本数を調べる。

④ 種F・Gのそれぞれについて，花粉を運ぶ動物の種類を調べる。

⑤ 種F・Gのそれぞれについて，1個体が形成する種子の数を調べる。

⑥ 種F・Gをかけ合わせて，種子の形成率を調べる。

⑦ 種F・Gをかけ合わせて種子が形成された場合，種子の発芽率を調べる。

〈共通テスト試行調査〉

第6章 生態と環境

26 植生の遷移 基

❶植生の外観上の様相を何というか，次から一つ選べ。
　① 極相　　② 相観　　③ 生活形　　④ バイオーム

❷ 正誤 よく発達した森林の植生は，林冠から順に高木層，亜高木層，低木層，草本層という階層構造に分けられる。階層構造は熱帯多雨林よりも針葉樹林でよく発達する。

❸ 正誤 土壌は地表面に近い方から枯葉，枯れ枝を含む落葉分解層，有機物の分解が進む腐植土層，無機物を多く含み岩石が混じる層からなる。熱帯では枯死体が多く，土壌がよく発達する。

❹陽生植物と比較したときの陰生植物の特徴として適当なものを，次からすべて選べ。
　① 光補償点が高い　　② 光飽和点が低い
　③ 森林の高木層を形成する個体は陰葉のみをつける
　④ 暗い林床でも芽生えが生育しやすい

❺陽樹の例として誤っているものを，次から一つ選べ。
　① ヤシャブシ　② アカマツ　③ クロマツ　④ アラカシ

❻ 正誤 山火事や伐採跡地などから始まる二次遷移は，土壌中に種子や根が残っているので一次遷移に比べ遷移の進行が速い。

❼ 正誤 遷移には陸上で始まる乾性遷移と湖沼で始まる湿性遷移がある。

❽次の①～④を，遷移の進行順に並べよ。
　① 陽樹林　　② 低木林　　③ 陰樹林　　④ 混交林

❾ 正誤 台風などで林冠を構成していた樹木が大規模に倒木すると，生じたギャップでは陽樹の芽生えが成長して林冠を構成する樹種が入れ替わる。これをギャップ更新という。

---

❶ ②
③生育する環境に適した植物の生活様式と形態のこと。

❷ ×
階層構造は温暖な熱帯多雨林で特に発達する。

❸ ×
熱帯は分解者が活発なため，土壌は発達しにくい。

❹ ②, ④
①高い→低い。
③林冠の葉は陽葉をつける。その他の特徴…呼吸速度が小さく，最大光合成速度も小さい。

❺ ④
①～③やダケカンバ，ハンノキ，シラカンバなどは陽樹の例。

❻ ○
他に，土壌は植物の生育に必要な水，無機物を含む。

❼ ○
両者を合わせて一次遷移という。

❽ ②→①→④→③
④は陽樹と陰樹が混じった森林。

❾ ○
生じるギャップが小さいと陰樹の芽生えが成長し，林冠は陰樹で埋められる。

61 遷移の過程と光合成曲線 基

　日本列島の暖温帯の丘陵帯にみられる森林Ⅰ～Ⅴは，噴出した年代が異なる5つの溶岩流の上に発達したものである。これらの森林は，溶岩流を起点とする遷移の過程とみなすことができる。各森林に，同じ大きさの方形枠（区）を設定し，その中に自生する2種類の樹木（A種とB種）の幹の直径とその本数を計測した。その結果を図1に示した。

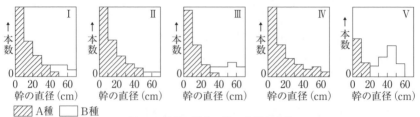

図1　2種類の樹木の幹の直径と本数

問1　図1について，A種とB種のうち陰樹と考えられるのはどちらか。また，冷温帯で極相種となりえる樹木は何か。最も適当な組合せを，次から一つ選べ。

	陰樹	極相種		陰樹	極相種		陰樹	極相種
①	A	ナラ	②	A	トドマツ	③	A	カシ
④	B	シラビソ	⑤	B	タブノキ	⑥	B	クリ

問2　森林Ⅰ～Ⅴについて，遷移の順序として最も適当なものを，次から一つ選べ。

① Ⅰ→Ⅱ→Ⅲ→Ⅴ→Ⅳ　　② Ⅱ→Ⅲ→Ⅳ→Ⅴ→Ⅰ　　③ Ⅴ→Ⅱ→Ⅳ→Ⅲ→Ⅰ

④ Ⅳ→Ⅰ→Ⅲ→Ⅱ→Ⅴ　　⑤ Ⅴ→Ⅲ→Ⅰ→Ⅱ→Ⅳ　　⑥ Ⅳ→Ⅱ→Ⅰ→Ⅲ→Ⅴ

問3　A種の樹木の種子からの芽生えに，室内でいろいろな強さの光を当てたときの二酸化炭素の吸収速度の変化を図2に示した。B種の芽生えを使って同じ条件のもとで二酸化炭素の吸収速度を測定した場合，図2の点aの位置と，強光下でのbの値（bの最大値）はどのようになるか。その組合せとして最も適当なものを，次から一つ選べ。

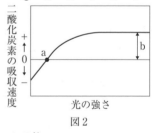

図2

	a点	bの値		a点	bの値
①	左へずれる	小さくなる	②	左へずれる	大きくなる
③	左へずれる	変わらない	④	変わらない	小さくなる
⑤	変わらない	大きくなる	⑥	変わらない	変わらない
⑦	右へずれる	小さくなる	⑧	右へずれる	大きくなる
⑨	右へずれる	変わらない			

62 遷移の調査 基

　種子植物の花粉は，細胞壁が丈夫であり，湖沼や湿地などに堆積する土砂の中で分解されずに残りやすい。堆積物中の花粉の種類と量を分析することで，当時のバイオームに関する情報を得ることができる。

問1 右の図1は，中部地方の標高1000m付近にある湿地の堆積物から産出した，常緑針葉樹であるコメツガ・オオシラビソと，夏緑樹（落葉広葉樹）であるブナ・ミズナラの花粉の量の相対的な変化を示している。約1万年前は地球が寒冷な時期から温暖な時期に変化する過渡期で，温暖化は最初の約1000年で進んだ。にもかかわらず，その後，図1のように，常緑針葉樹の花粉が検出できなくなるまでに約5000年，夏緑樹の花粉が出現するまでに約2000年かかり，両方の花粉がともに見られる期間は約3000年も続いた。このようなデータが得られた原因に関する下の推論ⓐ～ⓒのうち，**合理的でない推論**はどれか。それらを過不足なく含むものを，下の①～⑥から一つ選べ。ただし，この期間では，植物の性質に変化はなかったものとする。

図1

ⓐ 湿地付近のバイオームが変化したあとも，コメツガ・オオシラビソの花粉が標高の低い，暖かい場所から飛散してきたため

ⓑ コメツガ・オオシラビソとの競争が激しかったので，ブナ・ミズナラが湿地付近でなかなか優占できなかったため

ⓒ 種子の散布距離の制約により，バイオームがゆっくりと入れ替わったため

① ⓐ ② ⓑ ③ ⓒ ④ ⓐ，ⓑ ⑤ ⓐ，ⓒ ⑥ ⓑ，ⓒ

問2 次の図2は，同じ湿地の堆積物における約800年前から現在までの産出物の推移のなかで，特徴的なものを示している。この場所に堆積した微粒炭は，人間が行った火入れ（森林や草原を焼き払うこと）によって生じたと考えられている。花粉量の推移からわかるように，微粒炭の堆積した場所では，その後，草本からアカマツへと優占種が入れ替わった。しかしこれが典型的な二次遷移ならば，遷移が始まって数十年で，草原からアカマツの優先する陽樹林へと遷移が進行し，現在で

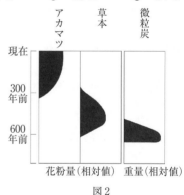
図2

は既に陰樹の優先する森林となっているはずである。このように，この場所での遷移の進行が二次遷移として遅いのはなぜか。その原因の合理的な推論として適当なものを，次から二つ選べ。

① 約100年間火入れを続けたことによって，土壌有機物の多くが失われたため

② 微粒炭のために，草本の成長が抑制されたため

③ 火入れのために日照がさえぎられて，草本の成長が抑制されたため

④ 微粒炭が大量に堆積した時期以降も，人間の活動によるかく乱が続いたため

〈共通テスト試行調査〉

❶荒原に成立するバイオームを，次から二つ選べ。
① ツンドラ　② ステップ　③ サバンナ　④ 砂漠

❷日本で成立するバイオームを，次から四つ選べ。
① 熱帯多雨林　② 亜熱帯多雨林　③ 照葉樹林
④ 硬葉樹林　⑤ 夏緑樹林　⑥ 針葉樹林
⑦ 雨緑樹林　⑧ サバンナ　⑨ ステップ

❸落葉する樹木が優占するバイオームを次から二つ選べ。
① 熱帯多雨林　② 照葉樹林　③ 硬葉樹林
④ 夏緑樹林　⑤ 針葉樹林　⑥ 雨緑樹林

❹照葉樹林の樹木の例として適する植物を次から二つ選べ。
① クスノキ　② ハイマツ　③ タブノキ
④ ブナ　⑤ チーク　⑥ コルクガシ

❺ 正誤 ツンドラには地下1～2mに永久凍土がみられ，ジャコウウシ，トナカイなどの大型哺乳類がみられる。

❻ 正誤 砂漠はバッタ類や穴を掘り生活する哺乳類が多い。

❼ 正誤 気温は標高が1000m高くなるごとに0.5～0.6℃低下する。

❽日本の中部高山帯（富士山）の垂直分布で，山地帯と高山帯の標高（海抜）として適当なものを次から一つずつ選べ。
① 0～700m　② 700～1700m
③ 1700m～2500m　④ 2500m以上

❾ 正誤 亜高山帯と高山帯の境界を森林限界といい，高山帯には高山草原（お花畑）が広がる。

❿ 正誤 照葉樹の葉は落葉樹の葉に比べてクチクラ層が発達しており，厚く丈夫である。

⓫ 正誤 細長い葉をつける針葉樹は風害，雪害に弱く，亜寒帯の安定した極相のみでみられる。

---

❶ ①，④
②ステップ（温帯）と③サバンナ（熱帯）は草原。

❷ ②，③，⑤，⑥
日本では，南から北へ②，③，⑤，⑥の順で成立する。

❸ ④，⑥
④は冬季に，⑥は乾季に落葉する。その他は常緑樹が優占する。⑤の一部（カラマツ）は落葉する。

❹ ①，③
②は高山植物，④は夏緑樹林，⑤は雨緑樹林，⑥は硬葉樹林の代表的植物。

❺ ○
ツンドラは北極圏などの寒帯に分布する。

❻ ×
砂漠でなくステップの特徴。

❼ ×
1000mでなく100m。

❽ 山地帯－②
高山帯－④
①は丘陵帯，③は亜高山帯。

❾ ○
高山植物の例は，ハイマツ，コマクサ，クロユリなど。

❿ ○
常緑樹の葉は一般に丈夫。

⓫ ×
風害，雪害に強い。アカマツ，クロマツなどは陽樹。カラマツは落葉針葉樹。

(a)地球上におけるバイオームの種類と分布は，年平均気温および年降水量と密接な関係がある。右図1は，年平均気温，年降水量，および生産者による単位面積あたりの年有機物生産量の関係を，バイオーム別に示したものである。

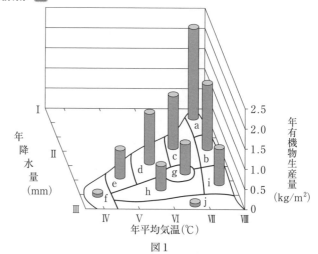

図1

日本では南北で気温差があり，バイオームも帯状に分布する。これを(b)水平分布という。また，日本は地域によって標高差があり，高山では標高に応じて，水平分布と同じようなバイオームの分布がみられる。これを(c)垂直分布という。

生産者によって生産された有機物には窒素が含まれており，窒素は生態系内で閉鎖的な循環を続けている。有機物が土壌に供給されると，窒素は主に土壌微生物のはたらきで無機物となる。(d)無機物となった窒素は生産者に吸収されて再び有機物となる。

問1 下線部(a)と図1に関する記述として適当なものを，次から二つ選べ。

① 年降水量が十分な日本にみられる森林のバイオームは，図1のaの一部，c，d，eである。

② 図1のhやiのバイオームは降水量が少ない草原であり，樹木は全く生育しない。

③ 図1のbやd，iのバイオームには特定の季節に雨季と乾季がみられる。

④ 図1のfのツンドラは低温，jの砂漠は極度の乾燥のため，生物が存在しない。

⑤ 図1のgの硬葉樹林は，夏に少雨，冬に多雨の地中海沿岸に成立する。

⑥ 図1のaのバイオームは階層構造が未発達で，着生植物やつる植物が多い。

問2 図1のⅠ～Ⅲには年降水量(mm)が，Ⅳ～Ⅷには年平均気温(℃)が入る。年降水量が2000mmを示したものと，年平均気温が0℃を示したものの組合せとして最も適当なものを，次から一つ選べ。

① Ⅰ・Ⅳ　　② Ⅰ・Ⅵ　　③ Ⅰ・Ⅷ　　④ Ⅱ・Ⅴ
⑤ Ⅱ・Ⅶ　　⑥ Ⅲ・Ⅳ　　⑦ Ⅲ・Ⅵ　　⑧ Ⅲ・Ⅷ

問3 図1についての記述として適当なものを，次の①～⑦から二つ選べ。

① 年平均気温がほぼ同じバイオームでは，年降水量が少ないほど有機物の生産量は大きくなる。

② 年平均気温がほぼ同じバイオームでは，年降水量が少ないほど有機物の生産量は小さくなる。

③　年平均気温がほぼ同じバイオームでは，年降水量と無関係に有機物の生産量は一定となる。

④　ツンドラよりサバンナの方が，有機物の生産量は小さい。

⑤　針葉樹林より砂漠の方が，有機物の生産量は大きい。

⑥　硬葉樹林より照葉樹林の方が，有機物の生産量は小さい。

⑦　硬葉樹林より雨緑樹林の方が，有機物の生産量は大きい。

問4　下線部(b)に関連して，日本の沿岸地域にみられる水平分布に関する記述として**誤っているもの**を，次から一つ選べ。

①　北海道の北東部は寒帯であり，落葉針葉樹のエゾマツやトドマツが分布する。

②　北海道の南西部から東北地方はブナやミズナラが優占した夏緑樹林がみられる。

③　関東地方から西日本ではシイ類，カシ類が優占した常緑の広葉樹がみられる。

④　沖縄では，アコウ，ガジュマルなどの樹種や，一部でマングローブ林がみられる。

問5　下線部(c)に関連して，日本の高山帯にみられる植物の例として最も適当なものを，次から一つ選べ。

①　アカシア　　②　ハイマツ　　③　コルクガシ　　④　サボテン

問6　下線部(d)について，生産された有機物に含まれる窒素の重量比が0.7％だったとき，熱帯・亜熱帯多雨林で生産者の吸収する窒素量は，年間で1平方メートルあたり何グラム（g）になるか。図1から推定される数値として最も適当なものを，次から一つ選べ。

①　1　　　②　6　　　③　9　　　④　15　　　⑤　22

〈中央大，共通テスト試行調査〉

64 暖かさの指数（WI）　基

　アキコとカオリは，山登りの計画を立てている最中に，その山の気温とバイオームの関係に興味をもって，スマートフォンを用いて調べることにした。

アキコ：山道の道端にたくさんの植物が生えているけど，植物が生育するにはある一定以上の温度が必要なんだよね。この前，高校で習った暖かさの指数（WI）を覚えてる？

カオリ：うん。月の平均気温が5℃以上の月に注目して，各月から5℃を差し引いて，それを年間にわたって合計した（加算した）値だったよね。

アキコ：じゃあ，今度，私たちが登るZ山について調べてみようか？

カオリ：うん。まず，暖かさの指数と気候帯の関係を調べたらこんな感じになってるよ（表1）。あと，Z山の地点Xの月別平均気温も一緒に調べてみたら，こんな感じだったよ（表2）。

アキコ：そうすると，この2つの情報から地点Xの暖かさの指数を計算すると　ア　になるね。暖かさの指数から判断すると，成立するバイオームは　イ　になるんだ！

カオリ：そうだね。ということは，地点Xでは　ウ　などの植物が見られるはずだね。

表1　暖かさの指数（WI）と気候帯の関係

WI	0～15	15～45	45～85	85～180	180～240	240以上
気候帯	寒帯	亜寒帯	冷温帯	暖温帯	亜熱帯	熱帯

表2　日本のある地点Xにおける月別平均気温

月	1月	2月	3月	4月	5月	6月	7月	8月	9月	10月	11月	12月
気温	− 5	− 3	− 1	6	12	16	20	21	17	10	4	− 2

問1　文章中の空欄　ア　に入る暖かさの指数として最も適当なものを，次から一つ選べ。

① 35　　② 46　　③ 67　　④ 95　　⑤ 102　　⑥ 106

問2　文章中の空欄　イ　に入る極相のバイオームとして最も適当なものを，次から一つ選べ。

① 雨緑樹林　　② 夏緑樹林　　③ 照葉樹林　　④ 硬葉樹林
⑤ 針葉樹林　　⑥ 亜熱帯多雨林　　⑦ ツンドラ　　⑧ 高山草原

問3　文章中の空欄　ウ　に入る代表的な植物として最も適当なものを，次から一つ選べ。

① ヘゴ　　　　② ビロウ　　　　③ トドマツ　　　④ トウヒ
⑤ タブノキ　　⑥ シラビソ　　　⑦ クスノキ　　　⑧ カエデ

問4　仮に将来，月平均気温が一律で5℃上昇した場合，地点Xの極相のバイオームはどのように変化するか。最も適当なものを，次から一つ選べ。

① 温度上昇前と変化はみられない
② 雨緑樹林になる
③ 夏緑樹林になる
④ 照葉樹林になる
⑤ 針葉樹林になる
⑥ 亜熱帯多雨林になる
⑦ 熱帯多雨林になる

〈順天堂大〉

❶ 正誤 ある地域で生活する同種個体の集まりをバイオーム（生物群系）という。

❷ 正誤 個体群が十分成長すると，食料の不足，排出物の増加などの影響で個体数は環境収容力で一定になる。

❸各世代の齢構成を個体数の分布とともに示した図の名称を，次から一つ選べ。
① 生命表
② 成長曲線
③ 年齢ピラミッド
④ 生態ピラミッド

❹植物の個体群全体の総重量は種子をまいたときの密度に関係なくほぼ一定になる。この法則の名称を一つ選べ。
① 最終収量一定の法則
② メンデルの法則
③ 全か無かの法則
④ シャルガフの法則

❺幼齢期の死亡率が低く，老齢期の死亡率が高い生存曲線を示す動物を，次からすべて選べ。
① トカゲ
② ヒト
③ マイワシ
④ シジュウカラ
⑤ ヒドラ
⑥ ハチ

❻ 正誤 アユは個体群密度が極度に高まると縄張りを形成し，群れアユよりも優位に成長，繁殖する。

❼群れを形成すると優位になる点を，次からすべて選べ。
① 捕食者からの防衛，警戒
② 摂食の効率化
③ 伝染病蔓延の回避
④ 異性個体との交配，育児

❽ 正誤 動物の群れでは，子が親以外の個体から世話を受ける場合があり，これを共同繁殖という。

❾ 正誤 ミツバチ，シロアリは生殖と労働に特化したはたらきをもつ個体が個体群に存在し，社会を形成する。

❿幼虫時に高密度状態で育ったワタリバッタの特徴を，次から一つ選べ。
① 後あしが長い。
② 前翅の長さが短い。
③ 頭部の背中側が膨らむ。
④ 大きい卵を少数産む。

❶ ×
バイオーム（生物群系）でなく個体群。

❷ ○
他に空間が不足するという影響もある。

❸ ③
④各栄養段階の個体数や生物量（重量）などを積み重ねたもの。

❹ ①
②分離の法則・独立の法則・優性の法則からなる遺伝の三法則。

❺ ②，⑥
①・④・⑤は死亡率が一定の平均型，③は幼齢期の死亡率が高い早死型。

❻ ×
縄張りは密度が中程度で形成しやすい。高密度では侵入個体が多く解消しやすい。

❼ ①，②，④
伝染病は蔓延しやすくなる。

❽ ○
子育てに参加する親以外の個体をヘルパーという。

❾ ○
ミツバチ，シロアリなどを社会性昆虫という。

❿ ④
群生相では大きい卵を少数産む。他は孤独相の特徴。

個体群の特徴を知るための重要な尺度として，個体群の大きさや_ア個体群密度がある。そこで，ゾウリムシの一種を，餌を含む培養液0.5mL を入れた試験管に５個体加えて増殖させ，その後の個体数変化を記録した（図１）。個体数は，実験期間の初期には加速しながら増えたが，その後_イ増加がしだいにゆるやかになり，４日目に上限値に達した。

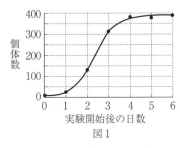

図1

問1　下線部アに関して，標識再捕法の説明として**誤っているもの**を次から一つ選べ。

① この方法は移動しにくい生物の個体数推定に特に有効である。

② 調査する期間内で出生数と死亡数は０であることが理想である。

③ 調査区域に侵入する個体がいないように閉鎖的な空間であることが望ましい。

④ 標識は調査期間内で脱落せず，標識個体の生存に影響を与えないものがよい。

問2　下線部アに関して，面積が5000m^{2}の池に生息するクサガメの個体群密度を推定するため，わなを仕掛けてクサガメを100個体捕獲し，甲羅に標識を付けて池に戻した。数日後クサガメを120個体捕獲したところ，その中で標識が付いた個体は４個体であった。この池に生息するクサガメの個体群密度（個体/m^2）として最も適当なものを，次から一つ選べ。ただし，調査の期間中にクサガメの個体数は変化しないものとする。

① 0.3　② 0.6　③ 1.0　④ 2.4　⑤ 9.6　⑥ 3000　⑦ 4800

問3　下線部イの変化は何によってもたらされたか。最も適当なものを次から一つ選べ。

① 相変異　② 密度効果　③ 遷移　④ 突然変異

問4　図１に関して，１日あたりの個体数の増加率（増加比）が最も高かったのは，実験開始後１～５日目の間で，どの期間か。最も適当なものを，次から一つ選べ。

① 1～2日　② 2～3日　③ 3～4日　④ 4～5日

問5　他の条件を変えずに餌を含む培養液の量だけを２倍（1mL）にして，同じ実験を行うと，結果は図１と比べどのように変化するか。最も適当なものを，次から一つ選べ。

① 初期増加率と上限値がともにほぼ２倍に上昇する。

② 初期増加率はほぼ２倍に上昇するが，上限値はあまり変わらない。

③ 初期増加率はあまり変わらないが，上限値がほぼ２倍に上昇する。

④ 初期増加率，上限値ともにあまり変わらない。

〈センター試験・本試〉

_ア個体の重量や体積が増加することを成長という。自然界では，生産された卵や子，または種子のすべてが，成長して生殖年齢に到達できるわけではない。新たに生産された個体が，成長するにつれて個体群の中でどれだけ生き残るかを示した表を，生命表という。また，生命表をグラフに表したものを生存曲線という。_イ生存曲線の形は種や個体群によって様々である。

問1 下線部アに関連して，同じ面積のいくつかの畑にダイズの種子を異なる密度でまいたとき，畑ごとの個体の成長と，個体群全体の重量に関する記述として最も適当なものを，次から一つ選べ。ただし，極端な高密度や低密度は考慮せず，密度以外の条件は一定とする。

① 個体群密度の高い畑ほど，個体は大きく成長するので，個体群全体の最終的な重量は大きくなる。

② 個体群密度の低い畑ほど，個体は大きく成長するので，その個体群全体の最終的な重量は大きくなる。

③ 個体群密度の低い畑ほど，個体は大きく成長するが，どの個体群密度の畑でも，個体群全体の最終的な重量はほぼ等しくなる。

④ 個体群密度の低い畑ほど，個体群の成長が抑制されるので，個体群全体の最終的な重量は小さくなる。

⑤ 個体の成長は個体群密度にかかわらずほぼ一定で，個体群密度の高い畑ほど，個体群全体の最終的な重量は大きくなる。

問2 下線部イに関連して，図1は様々な生存曲線を模式的にa型，b型およびc型の三つに大別したものである。それぞれの型の生存曲線に関する記述として正しいものを次から二つ選べ。

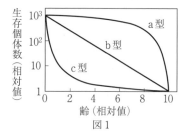

図1

① a型の生存曲線は，水生無脊椎動物や魚類に多くみられる。

② b型の生存曲線は，齢ごとの死亡個体数が一定である生物にみられる。

③ c型の生存曲線をもつ種は，一般に1回の産卵数・産子数が非常に多いものの，多くの個体は生殖年齢に達することができない。

④ 生存曲線がどの型になるかは，幼齢時の親の保護と関係が深く，一般に保護が発達している種はa型になり，保護がほとんどない種はc型になる。

問3 次の表1・表2は，新たに生産された1000個体を追跡して得られた，ある2種の生物，種Xと種Yの生命表である。

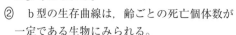

表1　種Xの生命表

年齢	0	1	2	3	4	5	6	7	8	9	10
生存個体数	1000	498	250	124	62	30	16	7	4	2	1

表2　種Yの生命表

年齢	0	1	2	3	4	5	6	7	8
生存個体数	1000	874	749	625	499	377	248	126	1

種Xと種Yの生存曲線は，それぞれ図1のどの型に近いと考えられるか。最も適当なものを，次からそれぞれ一つずつ選べ。

① a型　　② b型　　③ c型

〈センター試験・本試〉

67　個体群内の個体の分布

　ナオキさんとサクラさんは，干潮時に河川の下流部の岸辺近くに現れた干潟の生物調査を行った。干潟は砂でできており，その表面には(a)直径2〜3 mmの小さい穴が多数見られ，この穴には生物が生息していることがわかった。

問1　下線部(a)に関連して，干潟の砂の中にいる生物の密度や分布を調べるには，方形枠が用いられる。右の表1は，この干潟に3種類の大きさの方形枠を重

表1

5cm四方	1	0	2	0	3	1	1	0	0	2
10cm四方	5	3	1	4	8	2	5	4	3	0
20cm四方	16	18	17	12	14	15	13	15	18	19

ならないようランダムに10個ずつ置いたときに，その中にいたある生物の個体数を示したものである。表1から推察される，この生物の個体の分布を示す図として最も適当なものを次の①〜⑨から一つ選べ。

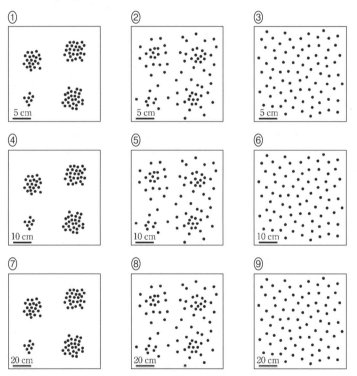

問2　下線部(a)に関して，ナオキさんとサクラさんがこれらの穴に生息している生物を採集して図鑑で調べたところ，ゴカイの一種であることがわかった。そこで，このゴカイの生息密度と成長の関係を調べるために，次の実験1を行ったところ，次ページの表2の結果が得られた。実験1の結果から導かれる考察として適当なものを，次ページの①〜⑥から二つ選べ。

実験1　体重が350〜500mg
　　　のゴカイ（小型個体）と700
　　　〜1000mgのゴカイ（大型
　　　個体）を多数用意し，同じ
　　　量の砂を入れた8個の同じ
　　　形・大きさの容器に，小型
　　　個体または大型個体をそれ
　　　ぞれ3匹，7匹，15匹，ま
　　　たは30匹入れた。各容器に
　　　それぞれ同じ量の餌を入れ
　　　て飼育し，14日後に再び各
　　　個体の体重を測定して，成
　　　長の目安として1日あたり
　　　の体重増加量を求めた。

表2

個体の大きさ	容器あたりの個体数	ゴカイの平均体重（mg/個体）		1日あたりの体重増加量（mg/個体）
		実験前	実験後	
小型個体	3	442	1506	76
	7	449	1300	61
	15	409	987	41
	30	435	813	27
大型個体	3	873	1727	61
	7	833	1639	58
	15	813	1303	35
	30	867	1025	11

① 　小型個体は生息密度が高いほど成長が遅いが，大型個体は生息密度が低いほど成長が遅い。

② 　大型個体は生息密度が高いほど成長が遅いが，小型個体は生息密度が低いほど成長が遅い。

③ 　小型個体も大型個体も，生息密度が高いほど成長が遅い。

④ 　どの生息密度でも，小型個体よりも大型個体の方が成長が遅い。

⑤ 　どの生息密度でも，大型個体よりも小型個体の方が成長が遅い。

⑥ 　どの生息密度でも，小型個体と大型個体の成長速度は同じである。

〈共通テスト試行調査〉

68　利他行動と血縁度

　ミツバチの1つのコロニーでは，一般的に1匹の女王バチ，多数の働きバチと少数の雄バチが生活している。発達したコロニーでは，働きバチは，すべて女王バチの子どもでメスである。女王バチは，(a)フェロモンの一種である女王物質を分泌し，同じコロニーで生活している働きバチの卵巣の発達を抑制しているため，働きバチは産卵しない。受精卵から発生した個体はメスに，未受精卵が受精せず，そのまま単為発生した個体は単相のオスになる。

　血縁関係にある個体間の近縁度を表すものとして，血縁度がある。血縁度は，ある個体がもつある遺伝子を他の個体が共通にもつ確率である。そのため，雌雄で減数分裂時に乗り換えが起こらないと仮定すると，ある常染色体を共通にもつ確率としても計算できる。例えば，(b)女王バチが血縁関係にない雄バチとしか交尾していない場合には，女王バチと働きバチの間の血縁度は，女王バチがもつ相同染色体のどちらかが働きバチに伝えられるため，0.5となる。女王バチが1匹の血縁関係にない雄バチとしか交尾していない場合には，その女王バチを母親とする働きバチ間の血縁度は，次のように計算できる。異なった働きバチ個体間で，女王バチに由来するある常染色体が一致する確率は

アである。また，異なった働きバチ個体間で，雄バチに由来するある常染色体が一致する確率は　イ　である。働きバチのすべての染色体において，女王バチに由来するものと雄バチに由来するものの割合は，共に0.5である。働きバチ間の血縁度は，アに女王バチに由来する染色体の割合を乗じた値と　イ　に雄バチに由来する染色体の割合を乗じた値の和であり，　ウ　となる。

問1　下線部(a)について，働きバチの卵巣成熟の抑制が女王バチを見たという視覚情報ではなく，フェロモンの受容であることを確かなものにするためには，どのような実験を比較すればよいか。次の文章中の空欄　エ　〜　カ　にあてはまる用語の組合せとして適当なものを，下の表中から二つ選べ。

　　　エ　を，中央に　オ　容器の両側に個体が接触できないように個体を入れ，卵巣成熟が　カ　ことを確認する。

	エ	オ	カ
①		透明なガラス板を挟んだ	起きない
②			起きる
③	女王バチと働きバチの各1匹	小孔の空いた透明なガラス板を挟んだ	起きない
④			起きる
⑤		黒いガラス板を挟んだ	起きない
⑥			起きる
⑦		透明なガラス板で挟んだ	起きる
⑧	働きバチ2匹	小孔の空いた透明なガラス板で挟んだ	起きる
⑨		黒いガラス板を挟んだ	起きる

問2　文章中の空欄　ア　〜　ウ　にあてはまる数値として最も適当なものを，次からそれぞれ一つずつ選べ。

　①　0.25　　②　0.5　　③　0.75　　④　1.0　　⑤　1.25　　⑥　1.5

問3　下線部(b)について，自然状態では女王バチは複数の雄バチと交尾する。女王バチが10匹の血縁関係のない雄バチと交尾した場合に，その女王バチから生まれた異なる雄バチから生まれた働きバチ間の血縁度の値として最も適当なものを，次から一つ選べ。ただし，各雄バチの精子の量と受精能力は等しいものとする。

　①　0.25　　②　0.5　　③　0.75　　④　1.0　　⑤　1.25　　⑥　1.6

29 | 種間の相互作用

❶ **正誤** 生態的地位(ニッチ)が同じ2種を同じ空間で飼育すると，資源を分け合い，共存する可能性が高い。

❷ 次のA～Eの相互作用の具体例として適当なものを，下の①～⑤から一つずつ選べ。
A. 種間競争　　　B. 相利共生　　　C. 片利共生
D. 寄生　　　　　E. 被食者－捕食者相互関係
① カエルとバッタ　　② サメとコバンザメ
③ ソバとヤエナリ　　④ モンシロチョウとコマユバチ
⑤ アリとアブラムシ

❸ 一方の種は利益を得て，もう一方の種は不利益を被る関係が成立する相互関係を，次から一つ選べ。
① 寄生　　② 相利共生　　③ 片利共生

❹ **正誤** 一般に捕食者と被食者が共存する場合，個体数は捕食者の方が多く，個体数の増減は捕食者が先行する。

❺ ソラマメはアブラムシに捕食され，アブラムシはナナホシテントウに捕食される。ナナホシテントウがソラマメに与える影響を何というか，最も適当なものを次から一つ選べ。
① 利他行動　　② 間接効果
③ つがい関係　　④ 形質置換

❻ **正誤** 近縁種であっても，主な生活や活動の場を変えて競争を回避し，共存する場合，これをすみわけという。

❼ **正誤** 台風などの自然災害や人為的な影響で生態系の一部が破壊されることを攪乱という。攪乱の規模が小さくなるにつれて，その地域に生息する生物の種数は多くなる。

❽ 主に生態系の栄養段階の上位に位置し，生物群集のバランスを保つのに重要な役割を果たす種の名称を一つ選べ。
① 絶滅危惧種　　② 外来種　　③ キーストーン種
④ 在来種　　　　⑤ 優占種　　⑥ 極相種

---

❶ ×
競争的排除により，一方が絶滅する可能性が高い。

❷ A－③　　B－⑤
C－②　　D－④　　E－①
相利共生には他にも，クマノミとイソギンチャク，マメ科植物と根粒菌などがある。

❸ ①
②は双方が利益を，③は一方が利益を得るが，もう一方は利益も不利益もない。

❹ ×
個体数は被食者の方が多く，個体数の増減は被食者が先行する。

❺ ②
①自己の利益を犠牲にして他個体を助ける行動。
③繁殖期に生殖行動を共にする雌雄の関係。
④形質が他種との共存で変化すること。

❻ ○
食べ物を変えて共存する場合を食いわけという。

❼ ×
攪乱の程度が中規模のとき，種数は最大となる。

❽ ③
③の例は，ラッコやヒトデなど。キーストーン種を除くと生態系内の生物の種数は大幅に減少する。

69 種間競争と共存

　ある岩礁海岸の潮間帯には成長速度が異なる2種類のフジツボAとBとが生息している。AとBの幼生はどちらも岩礁のどの部分にも着生するが，成体になって固着生活を始めると図1のような分布をする。成長速度が大きいフジツボは，成長速度が小さいフジツボを岩からはがして排除してしまう。またBを実験的に取り除くと，AはもともとはもともとBが生息していた部分まで分布するようになるが，Aを取り除いてもBは分布を広げることはない。

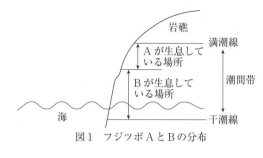

図1　フジツボAとBの分布

問1　フジツボBの特徴の説明として最も適当なものを，次から一つ選べ。
　① 成長速度が大きく，乾燥に強い。　　② 成長速度が大きく，乾燥に弱い。
　③ 成長速度が小さく，乾燥に強い。　　④ 成長速度が小さく，乾燥に弱い。

問2　フジツボAが生息している場所にフジツボBを移植した場合に，起こる可能性が最も高いものとして最も適当なものを，次から一つ選べ。
　① Aを排除して，Bの分布範囲が下部から上部まで広がる。
　② AとBとが共存するようになる。
　③ BはAによって競争的に排除され岩からはがされてしまう。
　④ Bはその場所の非生物的環境に適応できず死んでしまう。

問3　フジツボAとBとの相互関係に類似している関係を示す生物の組合せとして最も適当なものを，次から一つ選べ。
　① ゾウリムシとヒメゾウリムシ　　② ミミズとモグラ
　③ イワナとヤマメ　　　　　　　　④ トラとジャガー
　⑤ クマノミとイソギンチャク　　　⑥ ナナホシテントウとソラマメ　　〈北里大〉

70 被食者－捕食者相互関係と間接効果

　生物が生産し個体間で信号として作用する化学物質には，同種の動物個体間で作用するフェロモンや，種の異なる動物個体間で作用するものもある。後者はアレロケミカルと呼ばれ，さらに，化学物質を生産する側に利益をもたらすアロモン，化学物質を受容する側に利益をもたらすカイロモン，両者に利益をもたらすシノモンに分けられる。
　動物と植物の間でもこの様な化学物質を介する複雑な相互関係がみられる。農作物の害虫のある種のハダニはマメ科の植物であるリママメの葉を食べる（加害）が，ある種の捕食ダニに捕食される。捕食ダニには眼がないので，匂いを手がかりにハダニを探す。これらの関係と化学物質の関わりについて図1に示すY字迷路を用いて**実験1～4**を行った。迷路の分岐管の先端近くの箱Ⅰと箱Ⅱにはリママメの葉（ダニは除く）を一定量入れ，その開口部から迷路の入口に向けて脱臭した空気を流す。実験では入口に1個体ずつ置いたハダニまたは捕食ダニが分岐点まで進んだところで，どちら側の分岐管に入

るかを調べる。この実験をそれぞれの組合せ毎に多数の個体で行い，統計的に検定した。

実験1　箱Ⅰにハダニに加害されていないリママメ
　　　　の葉（未加害葉），箱Ⅱに砂で擦って傷を付けた未
　　　　加害葉を入れると，捕食ダニは有意な選択を示さ
　　　　なかった。

実験2　箱Ⅰに未加害葉，箱Ⅱに300匹のハダニが
　　　　加害したリママメの葉（加害葉）を入れると，捕食
　　　　ダニは箱Ⅱをハダニは箱Ⅰを有意に選択した。

実験3　箱Ⅰに未加害葉，箱Ⅱに100匹のハダニに
　　　　よる加害葉を入れると，捕食ダニは箱Ⅱを有意に
　　　　選択したが，ハダニは有意な選択を示さなかった。

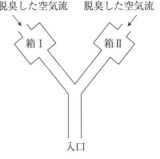

図1　実験装置の模式図

実験4　箱Ⅰに未加害葉，箱Ⅱに20匹のハダニによる加害葉を入れると，ハダニは箱Ⅱ
　　　　を有意に選択したが，捕食ダニは有意な選択を示さなかった。

問1　実験1，2から捕食ダニを誘引する物質について推測できることとして最も適当
　　　なものを，次から一つ選べ。
　　①　捕食ダニに食べられたハダニが放出する。
　　②　ふだんからリママメの葉の中に存在する。
　　③　ハダニに加害されるとリママメの葉の中でつくられる。
　　④　ハダニが捕食されるとリママメの葉の中でつくられる。

問2　実験2～4から捕食ダニの誘引について考えられることを，次から一つ選べ。
　　①　加害するハダニの密度が大きいほど誘引効果が高い。
　　②　加害するハダニの密度が小さいほど誘引効果が高い。
　　③　加害するハダニの密度が中程度のときに誘引効果は最も低い。
　　④　加害のハダニの密度と誘引効果の間には何の関係もない。

問3　ハダニにとって，捕食ダニを誘引する化学物質は不利な要素とみえるが，見方を
　　　変えると別の意味も考えられる。実験2～4から考えられることを，次から一つ選べ。
　　①　捕食ダニによる捕食が始まる前にハダニに逃避行動を起こす信号となる。
　　②　ハダニを集合させることで繁殖を強める。
　　③　ハダニを分散させすべての葉で同密度になるように調節する。
　　④　捕食ダニを特定の加害葉に集中させ，他の加害葉でのハダニの捕食が避けられる。

問4　捕食ダニを誘引する化学物質はリママメと捕食ダニにとってどのタイプにあたる
　　　か，最も適当なものを，次から一つ選べ。
　　①　フェロモン　　　②　アロモン　　　③　カイロモン　　　④　シノモン

❶ 土中の硝酸イオンから窒素を生じる過程を，次から一つ
　選べ。
　　① 窒素固定　　　② 窒素同化　　　③ 脱窒

❷ 窒素固定を行う細菌を，次からすべて選べ。
　　① 硝酸菌　　　② 亜硝酸菌　　　③ クロストリジウム
　　④ 根粒菌　　　⑤ 乳酸菌　　　⑥ アゾトバクター

❸ 正誤 シアノバクテリアの中には炭酸同化のほかに，窒
　素固定を行う生物が含まれる。

❹ 正誤 土中では分解者による老廃物や枯死体の分解や，
　窒素固定細菌のはたらきで硝酸イオンが生じ，これらが
　化学合成細菌の一種の硝化菌のはたらきでアンモニウム
　イオンとなる。

❺ 次の①〜⑥は，植物の葉で進行する窒素同化の過程であ
　る。根から吸収した無機窒素化合物からどのように有機
　窒素化合物が生じるか，①〜⑥を反応の進行順に並べよ。
　　① ケトグルタル酸にアミノ基が転移しグルタミン酸が
　　　生じる。
　　② 有機酸にアミノ基が転移してアミノ酸が生じる。
　　③ 亜硝酸還元酵素のはたらきでアンモニウムイオンが
　　　生じる。
　　④ 硝酸還元酵素のはたらきで亜硝酸イオンが生じる。
　　⑤ グルタミン酸にアンモニウムイオンが結合してグル
　　　タミンが生じる。
　　⑥ アミノ酸をもとに有機窒素化合物が合成される。

❻ 窒素同化で合成される有機窒素化合物を，次からすべて
　選べ。
　　① タンパク質　　② 脂肪　　　③ クロロフィル
　　④ 核酸　　　　　⑤ ATP　　　⑥ 炭水化物

❼ 正誤 動物は，植物と異なり無機窒素化合物から有機窒
　素化合物を合成することはできない。そのため，動物の
　体では窒素同化を全く行えない。

---

❶ ③
脱窒素細菌が代謝でエネル
ギーを得る過程で起こる。

❷ ③，④，⑥
①・②は合わせて硝化菌。
③は嫌気性，⑥は好気性，
④はマメ科植物に相利共生
する窒素固定細菌。

❸ ○
ネンジュモなどが行う。

❹ ×
硝酸イオン⟺アンモニウ
ムイオンが逆。

❺ ④→③→⑤→①→②
→⑥
植物の窒素同化は葉で進行
する。ケトグルタル酸など
の有機酸はミトコンドリア
で合成されたものの一部を
用いている。

❻ ①，③，④，⑤
②と⑥は C，H，O からなり，
いずれも N はもたない。

❼ ×
消化管で吸収した単純な有
機窒素化合物から複雑な有
機窒素化合物へは合成可能。

71 根粒菌の窒素固定とマメ科植物との共生

あるマメ科植物に根粒菌を感染させると，根に根粒と呼ばれる構造が形成され，根粒内で窒素固定が行われる。そこで，根粒形成のしくみを知る目的で野生型植物と過剰に根粒をつける変異体を用いて**実験1～3**を行い，実験結果を図1～3に模式的に示した。

実験1　野生型植物に根粒菌を感染させると，生育初期に根粒が基部に形成され(図1a),その後伸長した根の先端部には根粒はつかなかった(図1b)。感染後しばらくして，着生した根粒を除去すると(図1c),根全体に根粒が形成された(図1d)。

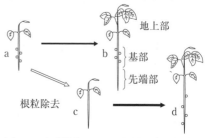

図1　野生型植物における根粒形成部位と根粒除去の影響

実験2　生育初期の野生型植物(図2の白色部分)と変異体(図2の黒色部分)を，それぞれ地上部と根の境目で切断し，図2a～dの組合せで接木した。これらに根粒菌を感染させ，根粒の形成数を調べて図2の結果を得た。なお,野生型植物どうし(図2a)と変異体どうし(図2b)で接木しても，根粒のつき方は接木しなかった場合と同様であった。

実験3　野生型植物の根を2つに分け，まず左側の根(図3a)，次に右側の根(図3b)に間隔をあけて順に根粒菌を感染させた。別の野生型個体で左の根(図3c)に根粒菌を感染せずに，後から右側の根(図3d)のみに根粒菌を感染させた。

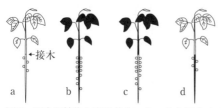

図2　野生型植物と変異体をいろいろな組合せで接木したときの根粒形成

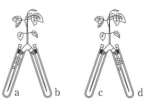

図3　根を2つに分けた野生型植物での根粒形成

問1　実験1，2の結果から根粒形成について推察できるものを，次から一つ選べ。
① 野生型植物に比べ変異体の根に根粒が多くつくのは，変異体の根の性質による。
② 変異体の根に根粒が多くつくのは，変異体の地上部の性質による。
③ 野生型植物の地上部は，根粒を根の基部のみに形成させる性質をもっている。
④ 野生型植物の根は，もともと根粒の数を過剰に多くさせない性質を備えている。

問2　実験1～3の結果から野生型植物における根粒形成の調節のしくみについて推察できるものとして最も適当なものを，次から一つ選べ。
① 根粒がつくられたという信号は根から地上部に送られる。
② 根粒形成後に地上部は根から信号を受容し根粒形成を促進する信号を根に送る。
③ 根粒形成前に地上部は根から信号を受容し根粒形成を抑制する信号を根に送る。
④ 地上部による根粒形成の抑制には，根粒形成後の根からの信号は必要ではない。

〈東京女大〉

31 生態系の物質生産とエネルギーの移動

❶ [正誤] 生物が非生物的環境から受ける様々な影響を環境形成作用といい，生物間の関わり合いを相互作用という。

❷ 生態系における生物で，次のA～Dの役割を担う生物の具体例を，下の①～⑧からそれぞれ二つずつ選べ。
A. 生産者　B. 一次消費者　C. 二次消費者　D. 分解者
① ウサギ　② キツネ　③ リス　④ 細菌類
⑤ クモ　⑥ 菌類　⑦ サクラ　⑧ 植物プランクトン

❸ [正誤] 生態系を構成する生物間の被食者－捕食者相互関係は複雑な網状になっており，これを食物網という。

❹ [正誤] 生物の個体数を栄養段階ごとに積み上げた図を生物量ピラミッドといい，図の形は逆転することもある。

❺ 生態系における一年あたりの有機物の収支を式で示したとき誤っているものを，次から二つ選べ。
① 生産者の成長量＝純生産量－(現存量＋被食量＋枯死量)
② 生産者の総生産量＝純生産量＋呼吸量
③ 生産者の純生産量＝成長量＋枯死量＋被食量
④ 消費者の同化量＝摂食量－不消化排出量
⑤ 消費者の次年度の現存量＝その年の現存量－成長量

❻ 生態系の物質循環の説明として誤っているものを二つ選べ。
① 生物の呼吸と化石燃料の燃焼はCO_2を大気へ放出する。
② 食物連鎖の過程で炭素は無機物の形で受け渡される。
③ 生物の排出物と死体は分解者の呼吸に用いられる。
④ 植物は気体の炭素と窒素を直接吸収して同化する。
⑤ 土壌のNO_3^-は脱窒により気体の窒素に変換される。

❼ 生態系のエネルギー移動の説明として適当なものを一つ選べ。
① 物質と同様に，エネルギーは生態系内を循環する。
② 化学エネルギーは有機物とともに生物間を移動する。
③ 植物は光エネルギーをすべて化学エネルギーに変換する。
④ 熱エネルギーは呼吸によって生物に吸収される。

❶ ×
環境形成作用→作用

❷ A－⑦, ⑧　B－①, ③
C－②, ⑤　D－④, ⑥
Bは植物食性動物，Cは動物食性動物。⑧は水界の生産者。消費者の中に分解者をまとめる考えもある。

❸ ○
食う食われるの一連のつながりを食物連鎖という。

❹ ×
生物量→個体数。
生態ピラミッドは他にエネルギーピラミッドもある。

❺ ①, ⑤
①現存量を除く。
⑤－→＋。

❻ ②, ④
②無機物→有機物。
③土壌へのNH_4^+供給は生物の排出物，死体の分解以外に窒素固定がある。
④窒素は土壌中からNH_4^+，NO_3^-の形で植物に吸収される。

❼ ②
①エネルギーは生態系内を循環しない。
③一部は熱エネルギーとなる。
④呼吸は熱エネルギーを放出する。

第6章 生態と環境

72 生態系内の物質循環

炭素，窒素，リン，硫黄など
生体を構成する成分は再利用さ
れながら，ア生態系内を循環す
る。図1は生態系における炭素
の循環，図2は生態系における
窒素の循環を模式的に示したも
のである。

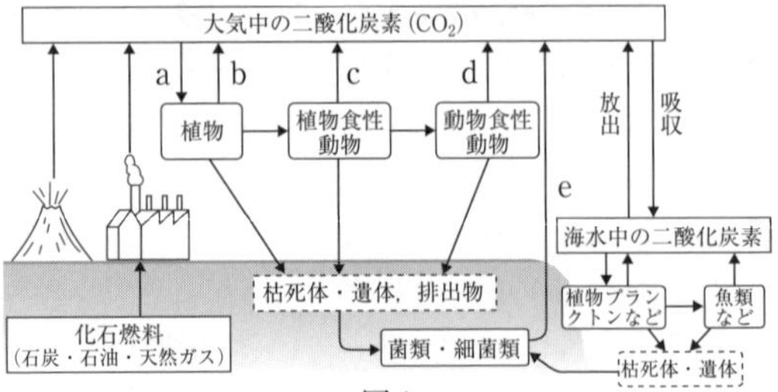

図1

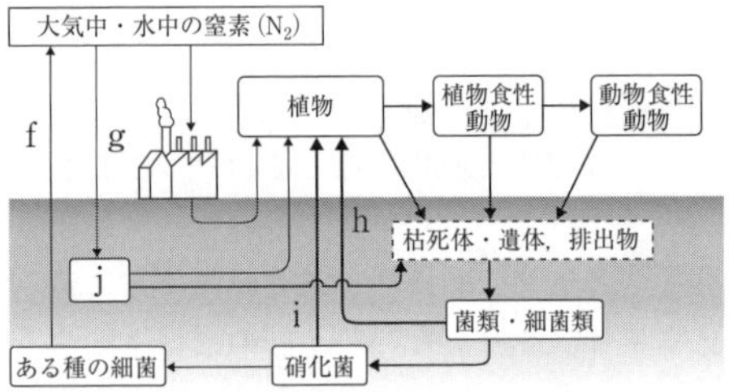

問1 図1と図2について，植
物食性動物と動物食性動物の組合せ
として最も適当なものを，次から一
つ選べ。

	植物食性動物	動物食性動物
①	ミ ミ ズ	リ ス
②	カマキリ	バッタ
③	バッタ	ミ ミ ズ
④	カエル	カマキリ
⑤	リ ス	タ カ
⑥	カエル	ヘ ビ

図2

問2 下線部アについて，生態系に関する記述として最も適当なものを次から一つ選べ。
① 樹木の光合成によって大気中の二酸化炭素濃度が低下するのは，作用の例である。
② 光の強さによって樹木の光合成速度が変化するのは，環境形成作用の例である。
③ 遺体，排出物を最終的に無機物にまで分解する分解者は，消費者に含まれる。
④ 生態系では，1種類の捕食者は1種類の被食者を食べることが一般的である。
⑤ 生態系に消費者が存在しなくなると，生産者が増殖し個体数が増え続ける。

問3 図1について，図中のa～eの中で呼吸による移動を示している矢印を過不足なく含むものとして最も適当なものを，次から一つ選べ。
① a，c ② d，e ③ a，d，e
④ b，d，e ⑤ a，c，d，e ⑥ b，c，d，e

問4 図2に関する記述として**誤っているもの**を，次から一つ選べ。
① fの反応は脱窒と呼ばれ，窒素化合物の一部が窒素(N_2)に変えられ，大気中に戻される過程である。
② gの反応は窒素固定と呼ばれ，窒素(N_2)からjのアンモニウムイオンをつくる。
③ h，iの供給によって，窒素同化という有機窒素化合物をつくる反応が行われる。
④ hは硝酸イオンが，iはアンモニウムイオンが供給される反応である。
⑤ 生態系における生物と大気中の窒素のやりとりには脱窒と窒素固定しかない。

〈中村学園大〉

124

73 生産力ピラミッド

生態系の１年あたりの各栄養段階間におけるエネルギーの移動の関係を図１に示した。なお，図中の B_0，B_1，B_2はそれぞれ各栄養段階に属する生物の一定期間における成長量を，D_0，D_1，D_2は枯死・死滅量を示している。

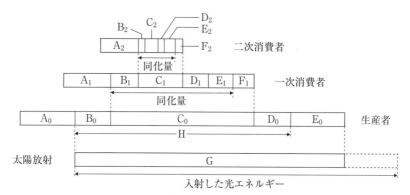

図１　入射した光エネルギーの移動の関係

問１　図１に関する説明のうち**誤っている**ものを，次から二つ選べ。

① A_0，A_1，A_2は初めから存在していた各栄養段階の現存量を示している。

② C_0，C_1，C_2は高次の栄養段階に捕食される被食量を示している。

③ E_0，E_1，E_2は呼吸量を示し，熱エネルギーとして生態系外に失われる。

④ F_1，F_2は不消化排出量を示し，化学エネルギーとして生態系外に失われる。

⑤ Gは植物の葉に吸収された総量を，Hは葉で同化された総生産量を示している。

⑥ 次年度の現存量は A_0，A_1，A_2に，それぞれ B_0，B_1，B_2を加えた値で示される。

⑦ D_0，D_1，D_2，F_1，F_2は分解者の異化に用いられる。

問２　表１に，生物や物質の移入・移出がほとんどない森林生態系のエネルギー量を示した。この生態系における生産者と，二次消費者のエネルギー利用効率として最も適当なものを，下の①〜⑧からそれぞれ１つずつ選べ。なお，各栄養段階におけるエネルギー利用効率（％）は，その栄養段階の同化量を I，１つ前の栄養段階の同化量を I' としたとき，$(I/I') \times 100$ の式で計算できる。ただし，生産者のエネルギー利用効率は I' を入射した光エネルギーとする。

表１　森林生態系の各栄養段階のエネルギー量

栄養段階	エネルギー量[cal/m^2/ 日]
二次消費者	$C_2 = 80$　　$F_2 = 50$
一次消費者	$B_1 = 100$　　$C_1 = 230$ $D_1 = 120$　　$E_1 = 150$　　$F_1 = 130$
生産者	$H = 3{,}000$
太陽放射	入射した光エネルギー = 300,000 $G = 12{,}000$

生産者　□ 1 □％　　　二次消費者　□ 2 □％

① 1　② 2　③ 3　④ 4　⑤ 5　⑥ 30　⑦ 40　⑧ 50

〈近畿大〉

❶生態系は一度破壊されても遷移によって再び元の状態に戻る。これを生態系の何というか，次から一つ選べ。
① 復元力　② 恒常性　③ 攪乱　④ 生態系サービス

❷化石燃料の燃焼によって引き起こされる生態系への影響の具体例として**誤っているもの**を，次から一つ選べ。
① 酸性雨・酸性霧の発生　　② オゾン層の破壊
③ 地球の温暖化　　④ ホットスポットの消失

❸ 正誤 温室効果ガスのCO_2やメタン，フロンなどはワシントン条約で排出削減目標を定められている。

❹レッドデータブックに記載された保護を必要とする生物の総称を，次から一つ選べ。
① 先駆種　② 在来種　③ 絶滅危惧種
④ キーストーン種　⑤ 特定外来生物（侵略的外来生物）

❺生態系の保全と人間による生態系への影響に関する次のA～Iの用語の説明を，下の①～⑨から一つずつ選べ。
A．生物濃縮　B．自然浄化　　C．富栄養化
D．里山　E．環境アセスメント　F．干潟
G．絶滅の渦　H．生態系サービス　Ｉ．レッドリスト
① 河口付近に広がり，川から流れる有機物を分解する。
② 生息地の分断化や個体群の孤立化，外来生物との交配などにより，遺伝的多様性が極端に低下すると起こる。
③ 体内で分解・排出されにくい物質が原因となる。
④ 大規模な開発の実施前に行う，環境への影響の評価。
⑤ 川に汚濁物質が流入しても，泥や岩への吸着，生物による分解により，汚濁物質が取り除かれる。
⑥ 中規模な攪乱が頻繁に起き，生態系が多様化する。
⑦ 絶滅のおそれがある生物を危険性の程度を判定して分類したもの。
⑧ 湖や海に窒素やリンが蓄積して濃度が高まる現象。
⑨ 資源など生態系からヒトが受ける恩恵。

❻同種内にみられる生物多様性を，次から一つ選べ。
① 遺伝的多様性　② 種多様性　③ 生態系多様性

❶①
①レジリエンスともいう。

❷②
①窒素酸化物・硫黄酸化物による。
②フロンの排出が原因。
③燃焼で生じたCO_2による。
④温暖化で生物の多様性が失われる可能性がある。

❸×
ワシントン条約（生物の多様性を保全する条約）→パリ協定。

❹③
④その生物の保護が生態系の保全につながる種。
⑤別地域からもちこまれ，在来種への影響が大きい種。

❺A—③　B—⑤　C—⑧
D—⑥　E—④　F—①
G—②　H—⑨　I—⑦
A：DDT，カドミウムなどは原因物質の例。
C：海の赤潮，湖の水の華（アオコ）の発生の原因。
D：山間部に見られるヒトが管理している集落のこと。
E：日本では環境影響評価法で義務づけられている。
G：絶滅の渦に陥ると個体数の回復は困難になる。
H：資源以外にレクリエーションなどがある。

❻①
①～③をあわせて生物多様性という。

生態系は，生物とそれらの周囲を取り巻く非生物的環境から構成される。これまで，生態系の二酸化炭素濃度や生物の種間関係は絶妙なバランスがとれていた。しかし，図1の<u>ア３箇所の調査地点ａ〜ｃの大気中の二酸化炭素濃度の観測結果</u>からもわかるように，人間活動の結果，大気中の二酸化炭素濃度は上昇し，それに伴う気温の上

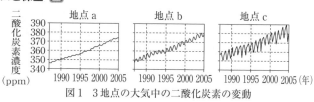

二酸化炭素濃度〔ppm〕

図1　３地点の大気中の二酸化炭素の変動

表1　アリューシャン列島におけるラッコと海洋生物の生息状態

	A島	B島	C島
ラッコの生息状態	絶滅	再導入後増加中	高密度で安定
ラッコの生息密度	0	中	高
ウニの生息密度〔匹/m²〕	120	166.4	100
ウニの生物量〔g/m²〕	1740	832	200
ウニの平均体重〔g/匹〕	14.5	5	2
他の植食性無脊椎動物の被度〔%〕	22	65	88
コンブの生育密度〔株数/m²〕	1	6	26

昇が起こり始めている。また，北太平洋の沿岸域に生息するラッコは，主にウニを食べる海生の肉食性哺乳類であるが，近年，<u>ィヒトによる乱獲の影響</u>を受けている。沿岸域において，コンブを摂食するウニやほかの植食性無脊椎動物とラッコとの相互関係を明らかにするため，これらの生物の生息密度を比較する研究がアリューシャン列島の３島で行われた。表1は，その調査結果である。

問1　下線部アについて，図1の地点ａ〜ｃは岩手県，ハワイ，南極点の３地点の観測結果を示している。地点ａ，ｂの組合せとして最も適当なものを，次から一つ選べ。

	a	b		a	b		a	b
①	岩手県	ハワイ	②	岩手県	南極点	③	ハワイ	岩手県
④	ハワイ	南極点	⑤	南極点	岩手県	⑥	南極点	ハワイ

問2　図1の二酸化炭素濃度が季節変動している最も大きな原因を，次から一つ選べ。
① 植物による二酸化炭素の固定量が季節的に変動するため。
② 人間活動による二酸化炭素の排出量が季節的に変動するため。
③ 海水と大気との間の吸収量と放出量が季節的に変動するため。
④ 熱帯林の伐採量が季節的に変動するため。

問3　表1の観測結果から推測できる現象として**誤っている**ものを，次の①〜⑥から二つ選べ。
① ラッコが減少するとウニの生物量が増加した。
② ラッコのいない島では，ウニは大型化した。
③ ウニの生息密度が高くなると，平均体重は生息密度に反比例して軽くなった。
④ ウニが大型化すると，コンブの生育密度は減少した。

第6章 生態と環境

⑤ ウニ以外の植食性無脊椎動物の被度は，ウニの生物量とともに増加した。

⑥ ラッコのいない島では，コンブの生育密度が減少した。

問4 下線部イに関連して，現在地球上ではヒトの商業，鑑賞目的による乱獲以外に，人間活動によって本来の生息場所から別地域に持ち込まれ定着した外来生物が問題となっている。外来生物の具体例として**誤っているもの**を，次から二つ選べ。

① ジャワマングース　　② ホンモロコ　　③ オオクチバス

④ セイタカアワダチソウ　⑤ ヤンバルクイナ　　⑥ アライグマ 〈中部大〉

75 自然浄化と人間による生態系への影響 基

　図1は，河川における自然浄化の概念図である。汚水流入地点付近では増殖した生物cなどの呼吸により，物質aが著しく減少する。また，水中ではタンパク質の分解が進み，物質bが増加するが，生物cのはたらきで物質bは硝酸塩となる。河川に流入した汚染物質は，様々な生物の分

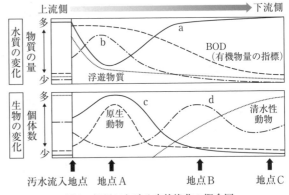

図1　河川における自然浄化の概念図

解作用以外に，支流の合流による希釈や沈殿などでも減少する。一方で，この浄化機能を上回る有機物が河川に流入すると富栄養化が進み，河川に接している河口域や湖沼では，生態系のバランスが崩れて_ア様々な生態系への影響を引き起こす要因になる。

問1 図1の各地点における物質や生物の説明として適当なものを，次から二つ選べ。

① 物質aは二酸化炭素を，物質bはアンモニウムイオンを示している。

② 物質bは生物cに主に含まれる脱窒素細菌が生活する上で重要な資源となる。

③ 地点Aでは水の透明度が低く，原生動物は餌となる生物cを活発に捕食している。

④ 地点Aに比べて，地点Bでは川底に生息する底生動物の種類が豊富である。

⑤ 地点Cで，生物dが少ないのは増殖に必要な無機塩類と光が不足するためである。

⑥ 地点Cのように，淡水域で水質が改善された状態は水の華（アオコ）と呼ばれる。

問2 下線部アに関連して，現在地球上で問題となっている様々な生態系への影響や，生態系の保全への取り組みに関する説明として**誤っているもの**を，次から二つ選べ。

① 化石燃料の燃焼によって生じた硫黄酸化物と窒素酸化物は酸性雨の原因になる。

② DDTなどは食物連鎖の過程で濃縮され，高次消費者に重篤な影響を及ぼす。

③ 他の地域から持ち込まれ，その地域に定着した種をキーストーン種という。

④ 地球温暖化は，海水面の上昇，干ばつ，砂漠化を引き起こす要因になる。

⑤ 絶滅の危機にある生物を1冊の本にまとめたものを京都議定書といい，絶滅危惧種の保全に役立っている。 〈神奈川工大，東邦大〉

大学入試 全レベル問題集

生 物

2 共通テストレベル

三訂版

Obunsha

目　次

採点・見直しができる無料の学習アプリ
「学びの友」で簡単に自動採点することが
できます。
① 「学びの友」公式サイトへアクセス
　　https://manatomo.obunsha.co.jp/
② アプリを起動後,「旺文社まなび ID」に会員登録(無料)
③ アプリ内のライブラリより本書を選び,「追加」ボタ
　　ンをタップ
※ iOS／Android 端末, Web ブラウザよりご利用いただけます。
※本サービスは予告なく終了することがあります。

		2　番　目					
		U	C	A	G		
1番目	U	UUU ┐フェニル UUC ┘アラニン UUA ┐ロイシン UUG ┘	UCU ┐ UCC │セリン UCA │ UCG ┘	UAU ┐チロシン UAC ┘ UAA ┐終止 UAG ┘	UGU ┐システ UGC ┘イン UGA ┘終止 UGG ┐トリプト 　　ファン	U C A G	3番目
	C	CUU ┐ CUC │ロイシン CUA │ CUG ┘	CCU ┐ CCC │プロリン CCA │ CCG ┘	CAU ┐ヒスチ CAC ┘ジン CAA ┐グルタ CAG ┘ミン	CGU ┐ CGC │アルギ CGA │ニン CGG ┘	U C A G	
	A	AUU ┐ AUC │イソロ AUA ┘イシン AUG ┘メチオ 　　ニン(開始)	ACU ┐ ACC │トレオ ACA │ニン ACG ┘	AAU ┐アスパ AAC ┘ラギン AAA ┐リシン AAG ┘	AGU ┐セリン AGC ┘ AGA ┐アルギ AGG ┘ニン	U C A G	
	G	GUU ┐ GUC │バリン GUA │ GUG ┘	GCU ┐ GCC │アラニン GCA │ GCG ┘	GAU ┐アスパラ GAC ┘ギン酸 GAA ┐グルタ GAG ┘ミン酸	GGU ┐ GGC │グリシン GGA │ GGG ┘	U C A G	

第1章 生物の進化

1 生物の進化，ヒトの系統と進化

1 地球環境の変化と生物の進化

問1 ②　　問2 ④　　問3 ②　　問4 ③

解説 問1　① 正しい。地球の誕生初期は隕石が頻繁に衝突し，地球表面は1000℃以上の高温のマグマに覆われていた。

② 誤り。初期の海水は多量の金属イオンを含んでおり，シアノバクテリアが放出した酸素によって酸化鉄として海底に沈殿（縞状鉄鉱層を形成）した。先カンブリア時代に何度か起きた全球凍結の原因は大規模な地殻変動や火山の噴火，隕石の衝突によって起こった気候変動によるものと考えられている。全球凍結は大規模な生物の絶滅を引き起こす原因の一つでもあった。

③ 正しい。原始地球で無機物が放電や高温・高圧環境で有機物に変化する現象であり，ミラーの化学進化説で説明されている。

④ 正しい。生物の誕生は高温・高圧下で起きたとされている。

問2　地球で最初に酸素を放出した生物は葉緑体の起源にもなっているシアノバクテリアの一種であるとされている。よって，④が正しい。

① 誤り。化学合成細菌は炭酸同化に用いる化学エネルギーの合成に無機物の酸化が必要であり，酸素は発生しない。

② 誤り。光合成細菌は光合成の水素源として硫化水素などを用いるため，酸素は発生しない。

③ 誤り。好気性細菌は従属栄養生物であり，シアノバクテリアの繁栄後に出現した。

重要事項の確認　独立栄養生物の進化

光合成細菌の出現→シアノバクテリアの出現→化学合成細菌の出現→真核藻類の出現
→植物（コケ植物→シダ植物→裸子植物→被子植物）の出現
※化学合成細菌が光合成細菌よりも前に出現したという説もある。

問3　図1の各出来事はa－エ，b－ア，c－ウ，d－イ，e－オである。図1の横軸は地球誕生を0億年としている点に注意したい。

重要事項の確認　地球誕生から現在までに起きた主要な出来事

地球の誕生（約46億年前）→生命の誕生（約40億年前）→独立栄養生物の出現
→好気性生物の出現→真核生物の出現→多細胞生物の出現→生物の陸上進出

問4　植物の陸上進出は古生代オルドビス紀末期に，脊椎動物の陸上進出は古生代デボン紀に起きたとされている。

① 誤り。オゾン層は地球に降り注ぐ有害な紫外線を吸収するはたらきがある。

② 誤り。縞状鉄鉱層は海中の鉄が酸化されて沈降し，生じたとされる。

③ 正しい。最も古い陸上植物の化石はシルル紀の地層から発見されたクックソニアである。クックソニアはコケ植物と同様に維管束をもたないが，コケ植物にはない二又の枝分かれがみられる。このようなことから，陸上植物の出現はオルドビス紀末期であったとされている。

④ 誤り。脊椎をもつ最初の陸上動物はデボン紀に出現したイクチオステガである。イクチオステガは原始的な肺から生じた肺と，四肢をもつ。

---

2 地質時代とその変遷，ヒトの系統と進化
問1　①　　問2　③　　問3　②，⑨　　問4　⑥，⑧

解説 問1　地球の誕生（約46億年前），生命の誕生（約40億年前），シアノバクテリアの誕生と繁栄（約27〜25億年前以降）はきちんと記憶しておきたい。

問2　このような調査方法を放射年代測定という。問題文から，炭素の放射性同位体である^{14}Cは約5700年で半減し，^{14}Nへと変化する。この化石は，^{14}Cの割合が1/4に減少しているので現在までに2回の半減が起こり，5700年×2＝11400年が経過している。

問3　① 誤り。植物の陸上進出は古生代オルドビス紀末期，動物の陸上進出はデボン紀である。陸上進出は植物の方が早い。

② 正しい。アンモナイトや恐竜は中生代白亜紀に絶滅した。地球に衝突した隕石が原因とする説が有力である。

③ 誤り。エディアカラ生物群は先カンブリア時代末期に繁栄した。なお，運動性が高く，攻撃と防御の体制が発達したバージェス動物群は古生代のカンブリア紀に繁栄した。

④ 誤り。原始的な哺乳類（単孔類）は中生代三畳紀（トリアス紀）に出現し，その後，有袋類，有胎盤類（真獣類）の順に進化した。

⑤ 誤り。古生代シルル紀の地層から見つかったクックソニアは種子をつくらず，維管束をもたない陸上植物である。

⑥ 誤り。三葉虫の絶滅は古生代末期の海中の酸素濃度低下（海洋無酸素事変）による。マンモスの絶滅は新生代であるが，氷河期の終焉（地球の温暖化）やヒトによる狩猟が原因とする説などが有力である。

⑦ 誤り。軟骨魚や硬骨魚の出現は古生代シルル紀からデボン紀頃といわれている。

⑧ 誤り。現在の魚類（有顎類）は無顎類が顎を獲得して進化したものといわれている。

⑨ 正しい。古生代石炭紀は，ロボク，リンボク，フウインボクなどの巨大なシダ植物が大繁栄し，は虫類が出現した。

問4　①〜④　すべて誤り。約300万〜400万年前に出現・生息したアウストラロピテクスは直立二足歩行をしており，脳容積は類人猿であるゴリラとほぼ同じ500mL程度であった。拇指対向性は霊長類以降の特徴であり，人類はすべてもっている。また，アウストラロピテクスの前に出現していたアルディピテクス・ラミダスやサヘラントロプス・チャデンシスも不完全ながら直立二足歩行をしていたとされる。

⑤　誤り。ヒトの顎は類人猿に比べ小さい（ただし，おとがいは発達している）。

⑥　正しい。これらの特徴は直立二足歩行に適応している。

⑦　誤り。ヒトに眼窩上隆起はない。

⑧　正しい。人類はアフリカで出現し，全世界に広がったといわれる（アフリカ単一起源説）。

重要事項の確認　類人猿（ゴリラ）とヒトの比較

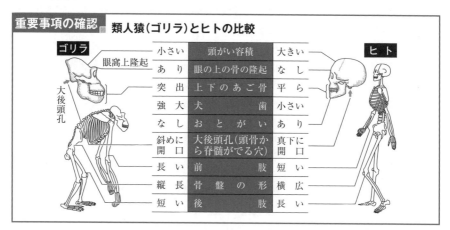

ゴリラ		ヒ　ト
小さい	頭がい容積	大きい
あ　り	眼の上の骨の隆起	な　し
突　出	上下のあご骨	平　ら
強　大	犬　　歯	小さい
な　し	お と が い	あ　り
斜めに開口	大後頭孔（頭骨から脊髄がでる穴）	真下に開口
長　い	前　　肢	短　い
縦　長	骨　盤　の　形	横　広
短　い	後　　肢	長　い

眼窩上隆起

大後頭孔

3　類人猿・ヒトの進化

問1　②，④　　**問2**　③　　**問3**　②，⑤

解説　問1　ヒトがもつ特徴のうち，類人猿を含むその他の霊長類にはみられない直立二足歩行に伴って獲得したものを選ぶ。①と③以外にも指の爪が平爪であることなどは，樹上生活への適応で獲得したものであり，直立二足歩行しない他の霊長類にもみられる特徴。②と④以外にも背骨がＳ字型をしていること，足の平に土踏まずがあることなどは，直立二足歩行に伴うヒトがもつ特徴なので，これらが正しい。

重要事項の確認　霊長類の分類

　霊長類：森林における樹上生活に適応したサルのなかま。拇指対向性・平爪・両眼視・視覚の発達などの特徴をもつ。約6300万年前に出現。

　類人猿：現生の霊長類のなかで特にヒトに近い生物群（ヒトは含まない）。尾をもたず，長い手で樹の枝にぶら下がる（2000〜3000万年前に出現）。現存する種はテナガザル類，チンパンジー，オランウータン，ゴリラ，ボノボ。

　人類：直立二足歩行し，地上で生活する霊長目ヒト科に属する動物の総称。現存する種はホモ・サピエンスのみ（600〜1000万年前に出現）。

問2　共通祖先から２種が分岐した後の過程ではDNAの塩基配列やタンパク質のアミノ酸配列に変化が生じ，その変化の割合は分岐してから経過した時間に比例する傾向がある。つまり，表に示された値が大きいほど分岐してから現在まで長い時間が経過

したことになる。表の数値から，ニホンザルは他の3種に比べて4.83〜4.90％のアミノ酸が異なっており，他の3種の共通祖先と最も早く分岐したとわかる。選択肢の分子系統樹は右から左へ時間が経過しているので，ニホンザルの分岐点は最も右に位置する。残る3種のうち，オランウータンはチンパンジー・ゴリラと1.77〜1.93％の違いがあり，ゴリラはチンパンジーと0.90％の違いしかない。つまり，チンパンジーとゴリラの共通祖先がオランウータンと分岐した後，ゴリラとチンパンジーがさらに分岐した（分岐点は最も左）とわかる。

問3　チンパンジーとオランウータンが共通祖先から分岐した年代は1300万年前であり，アミノ酸配列の違いは1.93％である。ヒトとチンパンジーが共通祖先から分岐した年代は600万年前で，アミノ酸配列の違いをx％とすると，「異なる2種が分岐してから経過した時間は，2種で異なるアミノ酸の割合と比例する」ことから，

$$1300万年：1.93％＝600万年：x％$$

の式が成り立つ。よって，$x＝0.89％$となり，予測値は②が正しい。実際に調べた値が予測値よりも小さいということは，タンパク質Aに生じたアミノ酸配列の変化が予想よりも少なかったことを意味する。記述⑤のように，2種が分岐後，タンパク質の重要度が増し，変化した個体が適応できずに自然選択で排除されていったと考えれば，アミノ酸の変化の割合は低く抑えられる。④と⑥についてはいずれも変化の割合が予測値よりも増大すると考えられるので誤り。

2　遺伝子の多様性と進化

4　減数分裂
問1　④　　問2　③　　問3　第一分裂中期 − ⑥　第二分裂中期 − ④

解説　問1　図1の棒グラフは，隣り合うつぼみの長さの間の期間が3日であり，各期の細胞は右図のように数日かけて各過程を完了する。

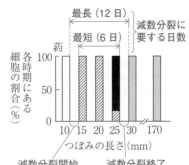

① 誤り。減数分裂の開始は，葯ではつぼみが15mmのとき，胚珠ではつぼみが50mmのときであり，葯の方が減数分裂を早く開始する。

② 誤り。減数分裂は，葯ではつぼみが15〜25mmの間であり，最短で6日，その前後の3日を含め長く見積もっても12日で終了する。一方，胚珠ではつぼみが50〜140mmの間に減数分裂が進行し，15〜21日で分裂を終了する。よって，胚珠の方が減数分裂に長い時間を要する。

③ 誤り。問題文の「同調性が高い」とは，各期の開始や終了のタイミングが同じであることを指す。葯では，第一分裂はつぼみが15mm（開始）〜約20mm（終了）で，

第二分裂は25mm（開始と終了）のときに各期が進行し，開始と終了の時期はほぼ同調している。一方，胚珠では第一分裂の終了と第二分裂の開始は，つぼみが90〜140mmにかけてずれて起きており，胚珠の方が同調していない。

④　正しい。葯では第一分裂に6〜12日，第二分裂に3〜6日要し，胚珠では第一分裂に15〜21日，第二分裂に6〜12日要する。よってどちらも第一分裂に時間を要している。

⑤　誤り。一般に第一分裂と第二分裂の間に間期は含まれず，また，図1に間期の内容が示されてないため，判断できない。

問2　減数分裂の第一分裂と第二分裂の違いは染色体の動きとともにきちんと確認しておきたい。

①　正しい。相同染色体の対合は第一分裂前期に起こる。

②　正しい。相同染色体の乗換えは相同染色体が対合している第一分裂前期（〜中期）に起こる。

③　誤り。相同染色体の分離は第一分裂後期であり，各相同染色体は二価染色体の対合面で分かれて両極へ移動する。

④　正しい。紡錘体の極は分裂中の細胞に2つ存在する。減数分裂を開始した1個の細胞は，第一分裂後に2個の細胞に分かれるため，第二分裂期の極の数は2（極）×2（細胞）＝4となる。

⑤　正しい。問題文がやや抽象的であるが，染色体の分配などの共通点に注目するとよい。減数分裂第二分裂も体細胞分裂も，各染色体は前期に凝縮して中期で赤道面に並び，後期に縦裂面で分かれて娘細胞に分配される。

問3　問題文に，減数分裂を行っていない細胞の染色体構成が$2n＝24$とあるので，減数分裂前のG_1期にあたる細胞は12対の相同染色体を2本ずつ，つまり，合計24本の染色体（24分子のDNA）をもつ。減数分裂が開始すると，S期でDNAは複製されて倍加し48分子となり，第一分裂の最後に分配されて半減する。そのため，DNAが第一分裂中期では48分子，第二分裂中期では24分子存在する。染色体1本にDNAが1分子含まれるので，第一分裂中期は⑥，第二分裂中期は④が正しい。

5　遺伝子の分配
問1　③　　**問2**　④　　**問3**　④

解説 **問1**　1遺伝子において対立遺伝子（アレル）に顕性・潜性の違いがある場合，表現型は顕性形質〔Λ〕と潜性形質〔a〕の2種類となる。その場合，野生種が顕性〔A〕，栽培種（東洋型と西洋型）が潜性〔a〕で，栽培種の遺伝子型はaaの1種類のみとなる（③と矛盾）。①は脱粒性を〔A〕，非脱粒性を〔a〕とすれば矛盾しない。②は遺伝子型のみを考えれば，AA，Aa，aaの3種類があり矛盾しない。④は野生種を〔A〕とするので矛盾しない。

問2　仮説より，AとBを同時にもつとき脱粒性〔AB〕となる。東洋型(aaBB)×西洋型(AAbb)の交配で生じるF_1はAaBb（脱粒性）である。F_1どうしを交配させて生じた

F₂は，表1より，脱粒性：非脱粒性＝〔AB〕：〔AB〕以外＝9：7であり，遺伝子Aと遺伝子Bは独立関係（異なる相同染色体上にある）といえる。よって，F₂の遺伝子型の分離比はAABB：AABb：AaBB：AaBb：AAbb：Aabb：aaBB：aaBb：aabb＝1：2：2：4：1：2：1：2：1となり，4/16生じるAaBbが正しい。

問3　① 誤り。東洋型（aaBB）と交配して非脱粒性（〔AB〕以外）の子のみが生じる個体はaa?? であり，西洋型（AAbb）と交配して非脱粒性の子のみが生じる個体は??bb である。この条件を満たす交配相手はaabb となり，西洋型ではない。

② 誤り。東洋型（aaBB）と交配して脱粒性〔AB〕の子のみが生じる個体はAA?? であり，西洋型（AAbb）と交配して脱粒性の子のみが生じる個体は??BB である。この条件を満たす交配相手はAABB となり，野生種である。

③ 誤り。野生種（AABB）と交配して脱粒性〔AB〕の子のみが生じる個体はすべての遺伝子型の可能性がある。西洋型（AAbb）と交配して脱粒性の子のみが生じる個体は??BB であり，西洋型ではない。

④ 正しい。東洋型（aaBB）と交配して脱粒性〔AB〕の子のみが生じる個体はAA?? であり，西洋型（AAbb）と交配して非脱粒性（〔AB〕以外）の子のみが生じる個体は??bb である。この条件を満たす交配相手はAAbb となり，西洋型である。

⑤ 誤り。東洋型（aaBB）と交配して非脱粒性（〔AB〕以外）の子のみが生じる個体はaa?? であり，西洋型（AAbb）と交配して脱粒性〔AB〕の子のみが生じる個体は??BB である。この条件を満たす交配相手はaaBB となり，東洋型である。

6　マイクロサテライト
問1　④　　問2　②

解説 問1　一塩基多型はゲノム内の様々な位置にみられ，遺伝子のエキソン内にある場合，異なるアミノ酸を指定することで表現型が異なる場合がある。本問では「アミノ酸の配列に違いがない」，「遺伝子の発現量が個人で異なる」という条件があり，後者の変化は遺伝子発現量を決定するプロモーター，転写調節領域，調節遺伝子などの領域に違いがあるためと考えられる。よって，④が正しい。

問2　両親は各相同染色体のうち，一方の染色体を配偶子によって子に伝える。つまり，子がもつ各マイクロサテライトの1つは母由来，もう1つは父由来である。

マイクロサテライトa：母が5と8，子が5のみ（5と5）をもつことから，子は母から5，父から5を受け継いでいる。父は5を必ずもつため，男性3は除外される。以降，男性1・2のみ考える。

マイクロサテライトb：母が10と13，子が10と13をもつことから，子は母から10または13を，父から（母から伝えられなかった）13または10を受け継いでいる。父が男性1・2のどちらであるかは決められない。

マイクロサテライトc：母が8と9，子が8と12をもつことから，子は母から8を，父から12を受け継いでいる。父が男性1・2のどちらであるかは決められない。

マイクロリテライトd：母が17のみ（17と17），子が17と19をもつことから，子は母か

ら17を，父から19を受け継いでいる。父が男性1・2のどちらであるかは決められない。

マイクロサテライトe：母が7と11，子が7と10をもつことから，子は母から7を，父から10を受け継いでいる。父は10をもつ男性2と確定する。

3 | 進化のしくみ

7 集団遺伝

問1 ② 問2 ③ 問3 エ-⑤ オ-③ 問4 ②，③ 問5 ④

解説 問1 形態や機能が異なっていても，発生上の起源が同じである器官を相同器官といい，対して，形態やはたらきは似ているが，発生上の起源が異なる器官を相似器官という。相同器官は適応放散，相似器官は収れんの結果生じたと考えられている。

① ・③ ともに相似器官の例なので誤り。

② 正しい。どちらも魚類の胸びれが起源であると考えられている。

④ 相同器官でも相似器官でもないので誤り。

問2 木村資生は，DNAの塩基配列やタンパク質のアミノ酸配列の変化は，自然選択に対して有利でも不利でもないものが大部分であり，このような変異は遺伝的浮動により集団内に広がることがあるという中立説を提唱した。①はDNAの複製方向に関する研究（岡崎フラグメントの発見），②は抗体の可変部の遺伝子再編成の発見，④は二名法の提唱と二界説の提唱，⑤は自然選択説の提唱をした研究者。

問3 遺伝子Aとaの集団内での遺伝子頻度をそれぞれp, q(かつ$p+q=1$)とすると，ハーディ・ワインベルグの法則が成立する集団では，$(pA+qa)^2=p^2AA+2pqAa+q^2aa$の式が成り立ち，$AA$, Aa, aaの各遺伝子型の出現頻度は，p^2, $2pq$, q^2となる。本文より，$p=0.8$, $q=0.2$であるから，$AA=p^2=0.8^2=0.64$, $Aa=2pq=2\times0.8\times0.2=0.32$となる。

問4 ハーディ・ワインベルグの法則が成り立つ集団の条件は，次の **重要事項の確認** の通りである。①と④は③の条件を，⑤は②の条件を，⑥は①の条件を満たさず，ともに誤り。②は⑤の条件を，③は④の条件を満たすのでともに正しい。

重要事項の確認 ハーディ・ワインベルグの法則が成り立つ集団の条件
① 集団がきわめて多数の同種個体からなる。
② 集団内では突然変異が起こらない。
③ 個体によって生存力や繁殖力に差がない(自然選択が起こらない)。
④ すべての個体が自由に交配(自由交配)できる。
⑤ 他の集団との間で，個体の移入，移出がみられない。

問5 白色の個体(aa)の出現頻度が$9/100=0.09$であるから，$q^2=0.09$, $q=0.3$である。また，$p=1-0.3=0.7$である。ヘテロ接合体(Aa)の出現頻度は$2pq$であるから，
$$2pq\times100〔匹〕=2\times0.7\times0.3\times100=42〔匹〕$$

8 分子進化と分子系統樹
　問1　a－④　b－②　d－①　　問2　②　　問3　②

解説 問1　本文に「共通祖先より分岐してから長い時間が経過した生物間ほど，アミノ酸の差異数が大きくなる傾向がある」とあるので，表1の数値が大きいほど共通祖先から2種が分岐した時代は古いことがわかる。ミンククジラとほかの生物のアミノ酸の置換数をみると，置換数が大きい順にカモノハシ（d：単孔類）＞フクロネコ（有袋類）＞オオカンガルー（c：有袋類）＞イエネコ（b：真獣類）＞カバ（a：真獣類）＞マッコウクジラ（真獣類）となり，カモノハシが最初に分岐している。また，系統樹をみると哺乳類の進化順である単孔類→有袋類→真獣類の変化の順も反映しており，正しい。

問2　ミンククジラとマッコウクジラのアミノ酸の置換数は表1より18個であり，共通祖先から平均9個ずつアミノ酸が置換して現在に至ると考えられる。ヘモグロビンa鎖のアミノ酸は約600万年で1個の割合で変化すると問題文にあり，アミノ酸の変化が一定速度であれば，

600万年：1個＝x年：9個
という式が成り立つので，
　　　x＝5400万年

問3　図2のアミノ酸配列の違いをもとに，どの時代にアミノ酸が変化したかをアミノ酸の変化数が最小になるように図1の分子系統樹にあてはめると右図の通り。

② 　GluでなくLysである。

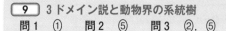

⑤ 　正しい。83〜88番のアミノ酸はすべての生物で共通しており，変化した個体が排除されていると考えると，この部分はヘモグロビンの機能維持に重要である。

4　生物の系統と進化

9 3ドメイン説と動物界の系統樹
　問1　①　　問2　⑤　　問3　②，⑤

解説 問1　1990年，ウーズはrRNAの塩基配列の分析結果から，原核生物を高温・極端なpH環境などの極地環境下に生息するアーキア（古細菌）と，それ以外の細菌の2つに分類し，3ドメイン説を提唱した。アーキアの具体例としては，好熱菌，メタン生成菌や好塩菌などがあげられる。3ドメイン説によると，〔細菌〕と〔アーキア・真核生物〕の共通祖先は約38億年前に分岐しており，その後，約24億年前にアーキアと真核生物が分岐したとされている。よって，aが細菌，bが真核生物である。また，ユレモなどのシアノバクテリアは細菌ドメインに，酵母は真核生物ドメインに属する。

問2　動物界の系統樹は下の 重要事項の確認 に示してある。図2のc～f動物は，c：海綿，
　　d：環形，e：線形，f：棘皮である。また，ナメクジウオは原索動物，ヒトデ・ウ
　　ニ・ナマコは棘皮動物，イソギンチャクは刺胞動物，センチュウは線形動物の例であ
　　る。

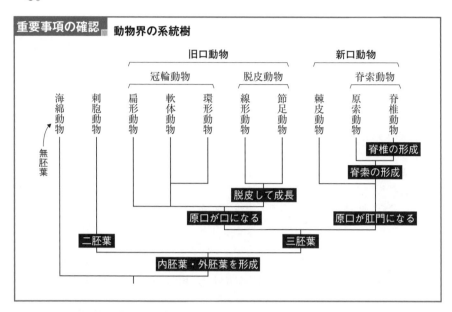

重要事項の確認 **動物界の系統樹**

問3　上の 重要事項の確認 の内容とともに考えるとよい。
① 誤り。海綿動物(c)には胚葉分化がみられない。
② 正しい。冠輪動物は脱皮を行わない旧口動物を指す。
③ 誤り。線形動物(e)と節足動物は脱皮動物であるが，線形動物は体節をもたない。
　体節をもつのは環形動物と節足動物である。
④ 誤り。棘皮動物(f)は脊索を形成しない。
⑤ 正しい。原口が肛門に，その反対側に口ができる動物を新口動物といい，棘皮動
　物(f)，脊索動物(原索動物，脊椎動物)があげられる。
⑥ 誤り。これらの動物の卵割は等割である。表割は節足動物などの旧口動物の一部
　の動物が行う。

解説 問1　生物の進化の過程を
考えるとき，まず始めに考える
ことは，最も変化の回数が少な
い過程で系統が分岐したという
可能性である。表1に示された
被子植物の種と発芽孔の数を図
1の分子系統樹に記すと右のよ
うになる。

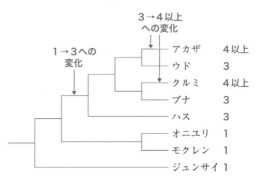

右図のうち，オニユリ・モク
レン・ジュンサイはいずれも発
芽孔が1，他の種は3以上なので，オニユリが分岐した後に他の種で発芽孔をさらに
2つ獲得し，3になったと考えられる。さらに，アカザとクルミの発芽孔が4以上な
ので，これらの種は最終的に分岐した後に発芽孔をさらに1つ以上獲得して，4以上
になったと考えられる。このような変化であれば，変化数を最低の3回に抑えられる。
よって，⑦が正しい。

問2　世界地図に描かれた横方向の線を緯線と呼び，緯度が0°の緯線を赤道という。赤
道より北の緯度を北緯，南の緯度を南緯と呼び，極方向に向かうほどその値は上昇す
るため，北極は北緯90°，南極は南緯90°となる。

表2より，発芽孔の数と，生育した場所の緯度の範囲を，北緯，南緯に分けて生育
した年代順に示すと下表のようになる。130～135百万年ほど前に発芽孔1の植物が赤
道付近に生じ，その後，時代の経過とともに発芽孔の個数が増え，高緯度地方に分布
が広がる傾向がみられる。よって，①が正しい。

この問題では発芽孔のデータを無視して分析でき，その方が簡単である。

試料番号	発芽孔の数（個）	年代（百万年前）	緯度	試料番号	発芽孔の数（個）	年代（百万年前）	緯度
5	1	135	北緯5°	6	1	130	南緯10°
10	1	120	北緯10°	4	1	110	南緯20°
7	3	110	北緯25°	9	1	100	南緯35°
8	1	110	北緯30°	11	3	90	南緯20°
12	3	80	北緯40°	2	3	90	南緯40°
3	1	67	北緯60°	14	4以上	67	南緯55°
1	3	67	北緯60°				
13	4以上	67	北緯60°				

問3 植物の陸上化は，淡水に生息するシャジクモ類（または接合藻）の一種がコケ植物（図2A）に進化し，その後，根・茎・葉の器官分化や維管束を獲得してシダ植物（図2のア）となり，種子を獲得して裸子植物（図2のイ）となり，子房を獲得して被子植物（図2のウと双子葉植物）となった。図2のAはコケ植物（苔類・ゼニゴケ），図3のBは裸子植物（マツ），Cは被子植物（単子葉類のイネ），Dはシダ植物（スギナの胞子体であるツクシ）を示している。よって，アはD，イはB，ウはCとなる。

重要事項の確認 **植物の生活環**

	生活の主体（本体）	生活の様式
コケ植物	配偶体	胞子体が配偶体に寄生
シダ植物	胞子体	胞子体と配偶体は独立して生活
種子植物	胞子体	配偶体が胞子体に寄生

重要事項の確認 **植物の系統樹**

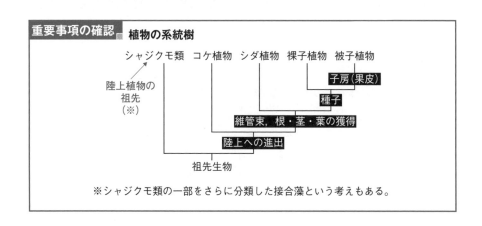

※シャジクモ類の一部をさらに分類した接合藻という考えもある。

生命現象と物質

5 生体物質と細胞

11 細胞
問1 ④ 問2 ①，④ 問3 ⑤

解説 問1 死細胞でなく，生細胞に関する生体物質の順なので，水が含まれる点に注意したい。各細胞が含む生体物質を多い順に並べると，**動物細胞**（水＞タンパク質＞脂質…），**植物細胞**（水＞炭水化物＞タンパク質…），大腸菌などの**細菌**（水＞タンパク質＞核酸…）である。植物では，主にセルロースからなる細胞壁をもつため，炭水化物の割合が高い。

問2 地球に生存する生物は単一の共通祖先から生じたので，様々な共通点がみられ，①細胞の内外が膜（細胞膜）で隔てられる，④代謝を行うの他に，「化学反応に伴うエネルギーのやり取りにATPを用いる」，「リボソームをもち，タンパク質を合成する」，「体内の環境を一定に保つ（恒常性をもつ）」，「刺激に応答して特徴的な反応を示す」，「自身と同じ特徴をもつ子をつくる」などがある。

② 誤り。分裂などで増殖し，生殖細胞をつくらない生物もいる。

③ 誤り。原核生物はミトコンドリアをもたない。

重要事項の確認 ▪すべての生物がもつ細胞の構造物
　　　　　　細胞膜，リボソーム，染色体（DNA）
　※その他の構造物については，生物によってもつか否かが異なる。

問3 問題文にあるように，人工細胞は「RNAやADPを自身でつくることはできず」，「光を照射するとADPからATPがつくられ」，「RNAの情報に基づいてタンパク質を合成」する。つまり，この細胞がタンパク質をつくる際に必要となるのが「RNA」，「ADP」，「光」の3つである。実験Ⅰではそのすべてを細胞に与えているのでタンパク質が合成されている。また，「光」がなくても，「RNA」と「ATP」があれば，RNAの情報をもとにタンパク質が合成されるはずである。

　まず，実験Ⅴから ADP や光がなくても，その反応の結果である ATP があれば RNA の情報をもとにタンパク質が合成されることが証明される。**実験Ⅰと実験Ⅲ**の比較より，ADPがない条件では，光があってもATPは合成されず，タンパク質が合成されないことが証明される。さらに，**実験ⅠとⅣ**より，光がないとタンパク質が合成されず，ADPからATPを合成するためには光が必要であるということが証明される。このように結果を予想しながら実験を選んでいく必要がある。本問は共通テストでよく問われるタイプの設問なのできちんと理解してほしい。

12 細胞骨格

問1 ③, ④, ⑤　　**問2** ③　　**問3** ④

解説　**問1**　細胞の形や細胞小器官の構造は，細胞内に存在する繊維状のタンパク質によって支えられており，これを**細胞骨格**という。細胞骨格は，繊維の直径が細い順に**アクチンフィラメント**(7nm；アクチンからなる)，**中間径フィラメント**(8〜12nm；ケラチン，ラミンなどからなる)，**微小管**(25nm；チューブリンからなる)があり，形態維持以外にも様々なはたらきをもつ。図の①はアクチンフィラメント，②は中間径フィラメント，③，④，⑤は微小管の局在を示す。

問2　図1には＋端と－端の重合(チューブリンの結合)，脱重合(チューブリンの解離)のようすのこぎり状に示されている。ここで注意すべきは，重合とは微小管自体が長くなることを指し，右図のように＋端では上方に，－端では下方にグラフが変化することである。脱重合の場合は各々が逆の変化を示す。

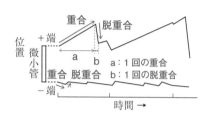

① 誤り。重合と脱重合を合わせた1サイクルは，上図に示した**a＋b**である。＋端では1サイクルあたりの長さに大きな違いがみられるが，－端ではおおむね一定であるといえる。

② 誤り。－端でも上図の**a**で示した重合に要する時間の方が，**b**で示した脱重合に要する時間より長い。

③ 正しい。重合・脱重合の速度はグラフの傾きが急なほど大きい。図1を見ると脱重合の方がグラフの傾きが急であり，速度が大きい。

④ 誤り。グラフが上下で折り返す重合と脱重合の開始・終了の位置は＋端と－端でバラバラであり，同調しているとはいえない。

問3　モータータンパク質の一種であるキネシンは微小管上を－端から＋端の方へ，ダイニンは微小管上を＋端から－端の方へ向かって移動する。これは知識として知っていてもよいが，図2より，時間経過とともにキネシンと結合したシリコンビーズが－端から＋端へ向かって動くことからも推測できる。

① 誤り。移動方向は－端から＋端方向のみである。

② 誤り。キネシンは中心体から離れる＋端の方向へ移動するので，色素顆粒は細胞の隅々へ分散する。色素顆粒が分散すると細胞全体に色素が散らばり，細胞全体としては暗色に近づく。

③ 誤り。平均移動速度は80nm/9秒≒8.9nm/秒である。

④ 正しい。グラフがのこぎり状になっており，グラフの傾きが0のときは停止，傾きが0でないときは移動している。

第2章　生命現象と物質

13 細胞膜
問1　④　　問2　①　　問3　③

解説 問1　細胞の内外を隔てる細胞膜は，膜の外部が水溶液に囲まれているため，外側に親水性のリン酸基を，内側に疎水性の脂肪酸を向けたリン脂質二重層を形成している。リン脂質の隙間には様々な膜タンパク質がみられ，一部の膜タンパク質を除き，水面に浮かぶ浮き輪のように流動している。このようなモデルは流動モザイクモデルと呼ばれる。

問2　細胞膜には様々な膜タンパク質が存在し，イオンチャネル，イオンポンプ，アクアポリン，担体(輸送体)などの運搬タンパク質や，受容体，細胞接着分子などがある。

① 正しい。ATP を分解して，Na^+ を細胞外へ，K^+ を細胞内へ能動輸送する膜タンパク質。

② 誤り。Na^+ を受動輸送する膜タンパク質。

③ 誤り。ミトコンドリアの内膜などに含まれる，電子と H^+ の輸送に関わる電子伝達系の膜タンパク質。

④ 誤り。赤血球の内部に含まれ酸素運搬に関わるタンパク質。

⑤ 誤り。水を細胞内外へ受動輸送する膜タンパク質。

⑥ 誤り。神経伝達物質の受容体(膜タンパク質)。神経のシナプスに存在するアセチルコリン受容体は Na^+ を輸送するが，その際，ATP の分解は伴わない。

問3　実験では，細胞膜に存在するタンパク質を蛍光標識し，その後レーザー光を照射して照射領域の蛍光色素を退色させている。図2には，レーザー光照射前から照射後の一定時間における照射領域の蛍光の強さを示しているので，レーザー光を照射して蛍光の強さが急激に低下したB点がレーザー光を短時間照射した時点である。また，細胞Xを標識した場合，レーザー光照射後に照射領域で蛍光の強さの回復がみられている。本文にあるように細胞自体は蛍光色素を合成できないので，これは照射領域の周囲の細胞膜から標識されたXが流入し，その結果，蛍光の強さが回復したと推測できる。一方，Yを標識した場合では蛍光の強さの回復はみられない。YはXと異なり，細胞膜上を流動しないタンパク質であると推測される。

① 誤り。レーザー光照射は蛍光の強さが低下したB点のみである。

②誤り・③正しい。Xは細胞膜上を自由に移動するが，Yは移動できないと考えられる。

④ 誤り。細胞に固定されたタンパク質の一例として，細胞接着に関わるカドヘリンやインテグリンがある。これらは細胞内の細胞骨格によって，細胞膜上に固定されているので容易には流動しない。Xではなく，Yがこのようなタンパク質であり，Yと同様のグラフになると考えられる。

⑤ 誤り。Xが盛んに合成されているかは，図2のみからはわからない。仮に盛んに細胞内で合成されていたとしても，新たに合成されたXは蛍光色素と結合しておらず，照射領域の蛍光の強さの回復に寄与しているとはいえない。

7 タンパク質と酵素

14 細胞間の接着
問1 ③   問2 ④   問3 ①

解説 問1 ① 誤り。接着結合でなく密着結合である。
② 誤り。アクチンフィラメントと結合するのは，接着結合のみである。
③ 正しい。どちらもカドヘリンを用いて細胞間で結合している。
④ 誤り。固定結合でなく，ギャップ結合である。

重要事項の確認 細胞間の接着
①密着結合，固定結合，ギャップ結合の３種類がある。
②固定結合の細胞骨格，接着分子をまとめると以下の通り。
接着結合：アクチンフィラメントにカドヘリンが結合
デスモソーム：中間径フィラメントにカドヘリンが結合
ヘミデスモソーム：中間径フィラメントにインテグリンが結合

問2 ① 正しい。実験操作自体（今回は注射するという操作）が結果に影響を及ぼさないことを示す実験を対照実験という。
② 正しい。**実験１**より，物質Ｐを注射することで血管外に色素Ｄが流出している。本文より，細胞間の接着は細胞膜上の接着タンパク質Ｊどうしの結合によってなされている。そのため，物質Ｐの作用は接着タンパク質Ｊどうしの結合自体を弱めたか，細胞膜上のＪの数を減少させたかのいずれかである。
③ 正しい。**実験２**で注射した３種の物質（大きい順にＡ＞Ｂ＞Ｃ）は，物質の大きさが小さいほど内皮細胞の隙間を通って血管外へ流出しやすい。器官Ｚでは最も小さい物質Ｃだけが流出し，器官Ｙでは最も大きい物質Ａの流出もみられたので，組織への物質の透過性は高い順に，器官Ｙ＞器官Ｘ＞器官Ｚである。
④ 誤り。細胞間接着が弱いほど物質の透過性が高いので，細胞膜上の接着タンパク質Ｊの量は，多い順に器官Ｚ＞器官Ｘ＞器官Ｙとなる。
問3 本文の「接着の強さは細胞膜上の接着タンパク質Ｊの量に依存」という点から，細胞膜上の接着タンパク質Ｊが多いほど，内皮細胞は強固に結合して色素Ｄの血管外流出は減る。**実験３**で器官Ｘ，Ｙ，Ｚから得た抽出液を注射した各部位で色素Ｄの組織への流出量は抽出液Ｙが最も多いので，抽出液Ｙが最も細胞膜上の接着タンパク質Ｊの量を減らし，透過性を高める。ここで注意したいのが，**実験３**の最終文にある「内皮細胞に含まれる接着タンパク質Ｊの総量は変化していなかった」という部分である。
①・② 細胞全体で接着タンパク質Ｊの量が変化しないので，接着タンパク質Ｊ自体を分解している可能性は低い。①の推論が正しく，②は誤りである。
③ 誤り。組織への色素Ｄの流出量は，抽出液Ｙ＞抽出液Ｘ＞抽出液Ｚの順である。
④ 誤り。**実験２**の各器官でみられた色素Ｄの透過性と，**実験３**の抽出液注射時の透過性に相関があるので，体内から取り出される前でも同様の作用を示すといえる。

解説 問1 ①　誤り。らせん構造は α ヘリックスのことであり，二次構造である。
②　正しい。二次構造は水素結合で形成される。
③　誤り。S-S 結合(ジスルフィド結合)は，システインの硫黄(S)どうしの結合。
④　誤り。ミオグロビンは三次構造まで。

重要事項の確認 **タンパク質の構造**

一次構造 … アミノ酸の配列順序。立体構造を示すものではない。
二次構造 … ポリペプチドの部分構造(α ヘリックス，β シート)。
三次構造 … 1本のポリペプチドの立体構造。S-S 結合やイオン結合による。
四次構造 … 複数本のポリペプチドがつくる立体構造。

問2　図1より，酵素Xの最適温度は37℃，最適 pH は 7 とわかり，図2の測定は最適な温度，pH の条件下で行っている。
①正しい・②誤り。0〜8分の間は基質が十分にあるため，ほとんどの酵素が**酵素ー基質複合体**となっており，反応速度は最大で一定である。
③　誤り。基質は生成物となって消費されるが，酵素は消費されない。
④・⑤　ともに誤り。10分を過ぎると，生成物量は一定になって増加しなくなる。これは，すべての基質が消費されて新たな酵素反応が起こらず，酵素Xの反応速度が0になったことを示す。反応条件が最適温度と最適 pH なので，原因が失活ではないということも判断できる。
⑥　正しい。10分を過ぎると基質が消費し尽くされたため反応は起こらないが，酵素自体は変化していないので，新たに基質が加えられれば反応が再度起こる。

問3　グラフの傾きは酵素の反応速度(= 生成物の生成速度 = 基質の消費速度)を示すので，図1の反応速度を反映する。また，グラフの最大値は生成された生成物の総量を示すので，縦軸の値(グラフの上限値)は最初に加えられる基質濃度に比例する。①〜④のグラフの変化を示すと右図のようになる。

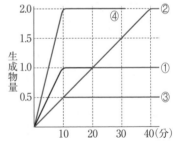

①　正しい。図1より，温度を30℃にすると反応速度は0.5となり半減するため，グラフの傾きのみが0.5倍になる。
②　誤り。酵素濃度が半分になると反応速度が半減してグラフの傾きは0.5倍になる。一方，基質濃度を 2 倍にするとグラフの最大値は 2 倍になる。
③　誤り。図1より，pH を 6 にすると反応速度は0.5となり半減し，グラフの傾きは0.5倍になる。また，基質濃度を半分にするとグラフの最大値は半分になる。
④　誤り。酵素濃度が 2 倍になると反応速度が 2 倍になってグラフの傾きは 2 倍になる。また，基質濃度を 2 倍にするのでグラフの最大値も 2 倍になる。

16　タンパク質の四次構造と酵素活性
問1　⑤　　問2　②　　問3　①, ⑤

解説　**問1**　細胞外に分泌されるタンパク質や，核膜や細胞膜で機能するタンパク質などは粗面小胞体上に付着したリボソームで合成される（タンパク質がすべて粗面小胞体で合成されるわけではない）。粗面小胞体上のリボソームで合成されたタンパク質は小胞体内に取り込まれ，輸送小胞を介してゴルジ体に送られて様々な修飾が施され，分泌小胞を介して細胞膜へと運ばれる。細胞膜に融合した小胞は内部のタンパク質を細胞外に排出する。このような過程をエキソサイトーシスという。

問2　正常ポリペプチドを○，変異ポリペプチドを●で示すと，○＋○，○＋●，●＋●の3通りの組合せが存在する。

　　ヘテロ接合のヒトは，正常ポリペプチドと変異ポリペプチドを等量（50%ずつ）合成するので，生じる酵素のパターンとその理論上の出現比は，

$$○＋○：\frac{1}{2}×\frac{1}{2}=\frac{1}{4}, \qquad ○＋●：\frac{1}{2}×\frac{1}{2}×2=\frac{2}{4}, \qquad ●＋●：\frac{1}{2}×\frac{1}{2}=\frac{1}{4}$$

となる。問題文の条件に，変異ポリペプチドは集合できる（正常・変異ポリペプチドのいずれとも結合できる）が，複合体の活性には寄与しないとあるので，正常に酵素活性を示すのは○＋○のみとわかる。よって，酵素活性の期待値は，$100〔\%〕×\frac{1}{4}=25$〔%〕となる。横軸（変異ポリペプチドの割合）が50%のとき，酵素活性（相対値）が25%になるグラフ②を選ぶ。

問3　正常型のホモ接合のヒトの正常ポリペプチドの合成量を100とすると，ヘテロ接合のヒトでは正常ポリペプチドを50，変異型ポリペプチドを50合成している。

① 酵素活性が正常ポリペプチドの数に比例すると考えると，正常ポリペプチドの本数と酵素活性の関係は，

　　　4本：100%，　3本：75%，　2本：50%，　1本：25%，　0本：0%

となる。これと，表1の5種類の複合体の存在比から酵素活性の期待値を求めると，

$$100×\frac{1}{16}+75×\frac{4}{16}+50×\frac{6}{16}+25×\frac{4}{16}+0×\frac{1}{16}=50〔\%〕$$

となり，正しい。

② 誤り。反比例するという前提だと，4本とも変異型ポリペプチドの酵素の酵素活性が100となってしまう。

③ 誤り。変異型ポリペプチドを4本もつ酵素以外の酵素活性が100となり，①と同じように酵素活性の期待値を求めると，$100×\left(1-\frac{1}{16}\right)=93.75〔\%〕$となる。

④ 誤り。変異型ポリペプチドが1本でもあると酵素活性が0になるので，酵素活性の期待値は，$100×\frac{1}{16}=6.25〔\%〕$となる。

⑤ 変異型のポリペプチドが酵素の構成要素とならない場合，酵素量は正常型のホモ接合のヒトに比べて変異型のヒトでは半減し，酵素活性も半分となる。正しい。

8 炭酸同化

17 光合成色素と吸収スペクトル
問1 ① **問2** ② **問3** ⑤

解説 問1 我々が眼で確認できる色は，光が当たった物体がほとんど吸収せずに反射した波長の光である。例えば，赤血球が赤色に見えるのは，赤色の波長の光をあまり吸収せず，反射しているためである。

① 正しい。本文より，太陽光の下で種Xは緑色，種Yは赤色に見えるとあるので，種Xは緑色光(500〜560nm)を，種Yは赤色光(600〜660nm)をあまり吸収していない。図1の実線は種X，点線が種Yである。

② 誤り。一般的な被子植物の葉は緑色であり，緑色光の吸収率は低く，図1の実線に近い吸収スペクトルを示す。

③ 誤り。クロロフィルaは430nmと670〜680nmに吸収極大をもつ。なお，550nm付近に吸収極大をもつ光合成色素はフィコビリンの一種である。

④ 誤り。図1より，種Xと種Yは3つの吸収極大をもつ。クロロフィルaは2つの吸収極大をもつので，2つ以上の光合成色素をもつことは明らかであるが実際の数は確定できない。

重要事項の確認 ▸ **吸収スペクトルと作用スペクトル**

吸収スペクトル … 光合成色素がどの波長の光を吸収したかを示したグラフ
作用スペクトル … どの光が光合成に有効であるかを示したグラフ

問2 図1より，緑色光(波長500nm〜560nm)と赤色光(波長600nm〜660nm)の吸光度は，種X(実線)では赤色光の方が高く，種Y(点線)では緑色光の方が高い。吸光度が高いほど多くの光を吸収して光合成速度は高まるので，種Xでは増殖速度が大きいaは赤色光を，増殖速度の小さいbは緑色光を照射した実験である。同様に，種Yではcが緑色光を，dが赤色光を照射した実験である。

問3 図1より，緑色光の吸光度は種Yが高く，赤色光の吸光度は種Xの方が高い。吸光度が高いほど光合成速度が上がり，増殖が有利になるので，種Yの増殖が顕著なeは緑色光を照射した場合を，種Xの増殖が顕著なfは赤色光を照射した場合を示す。gでは，種Xと種Yが同じ様に増殖しているが，これはすべての波長の光を含む白色

光が照射され，お互い様々な波長の光を吸収できたためと考えられる。

18 光合成の過程とクロマトグラフィー
問1 ②　問2 ④　問3 ⑤

解説 問1　図1に示された物質A〜Iと過程a〜dは次の通りである。A−H_2O，B−O_2，C−NADPH（またはH^+），D−ADP，E−ATP，F−PGA，G−GAP，H−フルクトース二リン酸，I−RuBP，a−光化学反応（光化学系），b−水の分解とNADPHの生成（ヒル反応），c−光リン酸化，d−カルビン回路。

光が当たるとチラコイドでの過程a〜cが進行し，CO_2が与えられると物質CとEが十分な場合は過程dが進行する。

① 誤り。段階Ⅰは暗黒条件なので過程aが進行せず，過程b，cも停止している。そのため，物質Aは分解されず，物質Bや物質C（還元型補酵素）は生じない。

② 正しい。段階ⅡでのCO_2吸収速度は0であるので，過程dのCO_2固定は進行していない。一方で光が照射されているので，過程a〜cは進行している。

③ 誤り。段階Ⅲは段階Ⅱで合成された物質CとEを用いてこれらが消費され尽くすまで，過程dが進行する。暗黒条件下であるので過程a〜cは進行せず，光リン酸化は行われない。酸化的リン酸化とはミトコンドリアの電子伝達系でのATP合成過程のことである。

④ 誤り。光照射を中断すると過程a〜cが停止し，物質CとEが徐々に減少して，物質F→G（→I）の反応が起こらなくなる。一方でCO_2は供給され続けるので物質I→Fの反応は物質Iが減少するまで起こり，結果的に物質Fの濃度が高まって蓄積する。

重要事項の確認 **光合成の過程**
① 光化学反応：光化学系ⅠとⅡで光エネルギーを吸収してクロロフィルを活性化。光化学系Ⅱで水の分解，光化学系ⅠでNADPHの合成（ヒル反応）。
② 電子伝達系：光化学系ⅡからⅠへの電子の運搬，チラコイド内腔へのH^+の運搬。
③ 光リン酸化：H^+の濃度勾配を用いたATPの合成。
④ カルビン回路：CO_2の固定と糖の生成。
※　①〜③はチラコイドで，④はストロマで行われる。①〜③の過程の分け方は，教科書で異なる場合もある。

問2，3　実験2で与えられたCO_2に含まれる^{14}Cは物質Iと結合し，まず物質Fの構成成分となる。図3の5秒後に^{14}Cがみられた物質4はPGA（物質F）であり（問2は④が正しい），図4で^{14}Cの割合が最初に高まった物質fは物質Fである。図3の90秒後では，^{14}Cがその後，物質2，3に取り込まれている。図4において，^{14}Cの割合は物質g→eの順に上昇し始めているので，物質gが物質G（GAP）に，物質eが物質Hにあてはまる。よって，問3は⑤が正しい。

解説 問1　光合成で吸収される CO_2 の移動経路は次の通り。

気孔 ⟶ 葉内の細胞間隙 ⟶ 細胞(葉緑体)

⑤ 気孔閉鎖が原因の場合(葉緑体が正常に機能している場合)，光合成により CO_2 が葉緑体に取り込まれて葉内 CO_2 のほとんどが消費されるので，実験後は細胞間隙の CO_2 濃度が大きく低下する。一方，葉緑体の機能低下が原因の場合(気孔が開口している場合)，光合成による CO_2 吸収は少なく，呼吸により放出された CO_2 が細胞外に放出されているので，実験後の細胞間隙の CO_2 は高くなる。よって，正しい。

③，④のように，葉の周囲の濃度を測定したのでは判断できない。

このように，比較したい2つの要因のうち，どちらが結果に影響しているかを調べるためには，一方の要因を変化させたときと，もう一方の要因を変化させたときとが，異なる結果になる必要がある。

① 誤り。気孔の閉鎖や，葉緑体の機能低下の有無は葉の面積を調べても判断できない。

② 誤り。暗所では光合成が行われない。

問2　図1のグラフで，大気中の二酸化炭素濃度が上昇しているときは光合成速度が小さい季節を，減少しているときは光合成速度が大きい季節を示している。グラフの傾きが急なほど光合成速度の変化量が大きいことを現すので，最も傾きが急な7～8月で光合成速度が大きく上昇していることわかる。よって，⑦が正しい。

問3　①～⑤の生物は，いずれも光合成により酸素を放出するが，⑥の光合成細菌は水素源として硫化水素や水素などを用いるので酸素を放出しない。緑色硫黄細菌のみになった場合，光合成の有無によらず，酸素の放出は起こらないため，⑥が正しい。

9　異化(呼吸と発酵)

解説 問1　図中の実線(酸素消費量)と点線(ATP 合成量)を見間違えないように注意。

① 正しい。ADP と Pi，コハク酸が添加されると，図1，図2ともに酸素消費とATP 合成が観察される。

② 誤り。図1より，ADP と Pi のみの添加では ATP 合成がみられない。

③ 正しい。図1より，A点(薬剤N添加)後ではどちらも抑制されている。

④ 正しい。図2より，B点(薬剤O添加)後は酸素消費が少なからずみられるが，ATP 合成は抑制されている。

⑤ 正しい。図2より，C点(薬剤P添加)後は酸素消費が増大し促進されているが，ATP 合成は引き続き抑制されている。

問2 ミトコンドリアの内膜で行われる電子伝達系の ATP 合成過程は，下の **重要事項の確認** できちんと確認しておくとよい。まず，ア～ウの反応を阻害するとどのような変化がみられるかを考察する。

ア：今回の実験では分離したミトコンドリアを用いているので，細胞質基質で進行する解糖系の反応は関係ない。

イ：内膜の電子伝達系を阻害すると，内膜に電子が流れず電子伝達系で酸素が消費（水が合成）されない。また，H^+ が膜間腔（内膜と外膜の間の空所）に輸送されなくなるので，H^+ の濃度勾配は形成されない。よって，ATP が合成されない。これは A 点（薬剤 N 添加時）でみられる変化と同じである。

ウ：内膜にある ATP 合成酵素が阻害されると ATP 合成は直ちに停止する。一方，電子伝達系は内膜を介した H^+ の濃度勾配が大きくなるので，H^+ の輸送量は極端に低下する。これは B 点（薬剤 O 添加時）でみられる変化と同じである。

重要事項の確認 **電子伝達系の ATP 合成（酸化的リン酸化）**

①内膜のタンパク質複合体が H^+ を膜間腔へ能動輸送する。
②内膜を挟んだ H^+ の濃度勾配に従って，H^+ が ATP 合成酵素を通ってマトリックスへ受動輸送される。このとき ATP 合成酵素が ATP を合成する。

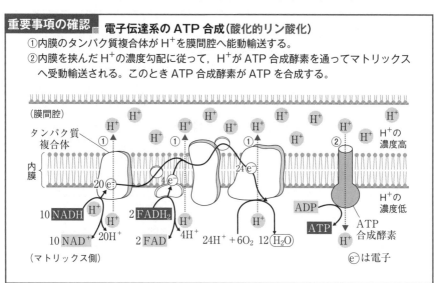

問3 ① 誤り。問2のウで説明した H^+ の濃度勾配がさらに高くなるので，電子伝達系のはたらきはさらに抑制され，酸素消費は起こりにくくなると考えられる。

② 正しい。H^+ がマトリックスに移動して，内膜を挟んだ H^+ の濃度勾配が解消されると，H^+ の反発が減り，電子伝達系の H^+ の輸送は促進される。その結果，酸素消費が促進される。また，H^+ が ATP 合成酵素内を通らなくなるので，ATP は合成されなくなる。

③ 誤り。ATP 合成酵素を介して H^+ がマトリックス側に移動すると，ATP 合成量が高くなるはずだが，図2では観察されない。

④ 誤り。ATP 合成酵素の H^+ の輸送量が増大すると，③同様に ATP 合成量は高くなる。

解説 問1 酵母は有酸素条件では呼吸とアルコール発酵を，無酸素条件ではアルコール発酵を行って ATP を合成する。

① 正しい。グルコースをピルビン酸に分解する過程を解糖系と呼び，呼吸と発酵で共通する過程である。

② 誤り。筋細胞で行われる**解糖**は，乳酸菌が行う**乳酸発酵**と同じである。

③ 誤り。内膜の電子伝達系では，NADH と $FADH_2$ に含まれる電子を用いて ATP が合成される際，水が生じる。

④ 誤り。酸化的リン酸化は電子伝達系の ATP 合成過程を指し，発酵の解糖系における ATP 合成過程は基質レベルのリン酸化である。

重要事項の確認 **発酵の反応式**

アルコール発酵(酵母)：$C_6H_{12}O_6 \longrightarrow 2C_2H_5OH + 2CO_2 + 2ATP$

乳酸発酵(乳酸菌)・解糖(筋細胞)：$C_6H_{12}O_6 \longrightarrow 2C_3H_6O_3 + 2ATP$

問2 装置Ⅰの副室にある水酸化カリウム水溶液(KOHaq)は CO_2 を吸収するので，呼吸や発酵で放出された CO_2 量は結果に反映されない。一方，装置Ⅱの副室にある水は CO_2 を吸収しないので，放出された CO_2 量の放出量は結果に反映される。また，呼吸で分解される物質がグルコースの場合は呼吸商 $\left(\dfrac{\text{呼吸で放出した } CO_2 \text{の体積}}{\text{呼吸で吸収した } O_2 \text{の体積}} \right)$ が1.0 (吸収される O_2 量と放出される CO_2 量は同量)，タンパク質の場合は0.8，脂質の場合は0.7である。インクは O_2 を吸収すると左に動き，CO_2 を放出すると右に動く点を考慮して考えよう。

① 誤り。**実験1**において発芽種子は呼吸を行い，装置Ⅰでは放出された CO_2 はすべて KOHaq に吸収されるので，インクの移動量($1064mm^3$)は吸収された O_2 量を示している。

② 正しい。**実験2**の装置Ⅰにおいて酵母が呼吸と発酵で放出した CO_2 は KOHaq に吸収されるので，インクの移動量($800mm^3$)は呼吸で吸収された O_2 量を示している。よって，吸収した O_2 量は酵母の方が少ない。

③ 誤り。装置Ⅰより，呼吸で吸収した O_2 量は $800mm^3$ である。装置Ⅱのインクの移動量は $+400mm^3$ であるので，これが呼吸と発酵で生じた CO_2 量から呼吸で吸収した O_2 量($800mm^3$)を差し引いたものである。よって，酵母の CO_2 の放出量は，$800 + 400 = 1200mm^3$ が正しい。

④ 誤り。装置Ⅱにおいて，**実験1**の発芽種子では呼吸のみが行われ，**実験2**の酵母では，呼吸と発酵の両方が行われている。

問3 フラスコ内の気体を窒素に代えると呼吸は行われなくなり，発酵のみが行われるようになる。装置Ⅰでは O_2 の変化量のみがインクの動きに反映されるので，呼吸が

行われない場合，O_2の吸収はみられず，インクは動かない。装置Ⅱでは，発酵で放出されたCO_2がインクを右に移動させる。このとき，酵母は生命活動や増殖に必要なATP合成を呼吸よりATP合成効率の悪い発酵のみで行う必要があるので，フラスコ内が空気であった時と比べてより多くのグルコースを分解する必要があり，CO_2放出量は多くなる（インクはさらに右に移動するようになる）。

第3章　遺伝情報の発現と発生

10　顕微鏡観察と体細胞分裂

22　体細胞分裂
問1　③, ⑤　　問2　②　　問3　③

解説　**問1**　図に示された模式図のうち，誤っている図は③と⑤である。

③　誤り。両極から伸びた紡錘糸は染色体の動原体の部分に結合するが，cでは別の部分に結合している。

⑤　誤り。動物細胞ではくびれにより細胞が二分されるが，eには表面からのくびれ以外に細胞板が描かれている。

問2　cとeを除いた各細胞の段階を示すと，次のようになる。aは中心体が両極に移動し始め，核膜と核小体が消失し始めたM期の前期である。bは核膜と核小体がはっきり観察でき，細胞のサイズがaと同様に大きいため，分裂期に入る前の間期である。dは核小体が完全に消失し，染色体が太く短く凝縮し始めているので，aより後のM期の前期である。fは染色体が赤道面に並んでいるため，M期の中期である。gは核膜と核小体が出現し，細胞のサイズが他の図の $\frac{1}{2}$ 程度であることから分裂後の細胞である。よって，順に並べると，b→a→d→f→gとなり，②が正しい。

なお，誤っている図だが，動原体と紡錘糸の結合の位置が正しければcは染色体が各極に分配されているM期の後期，細胞板が描かれていなければeは細胞質分裂が起きている最中のM期の終期の図である。

問3　観察開始時，6時間後の番号1〜26の各細胞のようすを図2から読み取ると以下のようになる。

番号1〜10の細胞…実験開始時に比べて6時間後では，ほとんどの細胞が2つに分裂しており，細胞分裂が盛んである。細胞はやや伸長しているものの，細胞1〜10の領域の長さは2倍まで伸びていないため，細胞の成長は緩やかである。

番号11〜20の細胞…一部の細胞（番号12，14，18，20）で細胞分裂がみられ，細胞の伸長成長の程度が番号1〜10に比べて大きくなっている。

番号21〜26の細胞…細胞分裂がみられず，細胞の伸長成長のみが顕著にみられる。

①　誤り。番号1〜10の細胞は盛んに分裂し，成長は少ないながらみられる。

②　誤り。番号1〜15付近までの細胞は一部の細胞を除き，細胞の大きさが2倍になる前に分裂している傾向があるが，番号21以上の細胞はすべての細胞で分裂がみられず，大きさが5倍以上になっているもの（番号26など）も含まれている。

③　正しい。上の説明で述べた通り，番号1〜10の細胞は細胞分裂が盛んで，逆に番号21〜26の細胞は細胞分裂を停止して主に細胞の縦方向への伸長成長をしている。

④　誤り。図2を見る限り，6時間後に横方向へ成長している（太くなっている）細胞はみられない。

23 顕微鏡観察
問1 ① 問2 ③

解説 問1 アキラとカオルの会話文から，次のことがわかる。

葉の表側

葉の裏側

・対物レンズとプレパラートの間の距離を広げていくと，葉の表側に焦点が移動し，細胞の大きさが大きくなる。（カオルの2番目の会話）
・調節ねじを同じ速さで回すと，大きい細胞が見えている時間が長い＝大きい細胞（葉の表側の細胞）の方が高さが高い。（アキラの3番目の会話）

　上の条件に一致する図は①である。

問2　ある反応に特定の要因が関わり，その要因が何であるかを特定するためには，異なる2つの実験の結果を比較する必要がある。このとき，比較対象になり得る2つの実験は，操作を1点のみ変更したもの（本問では処理が1つだけ異なるもの）であることは知っておきたい。例えば，複数の操作を細胞に行ったとき（右表参照），どの操作が細胞に影響を与えたかを確かめるためには，次のような比較をする。

	処理1	処理2	処理3
実験1	×	×	×
実験2	×	○	×
実験3	×	○	○

　実験1では処理を全く行っていないので，これが通常時の内容と同一となる（対照実験）。実験1と比較できるのは，処理を1つだけ行った実験2である。この処理によって，結果が実験1と変わらなければ処理の効果はなし，結果が実験1と異なるものになれば処理の効果があったということになる。

　次のような比較はできないことをわかっておこう。仮に，複数の処理の有無が異なる実験1と実験3を比較したとする。この処理によって結果が実験1と異なるものになった場合，処理の効果があったということはわかるが，その原因が処理2であったのか処理3であったのか，もしくは両方であったのかは厳密には判断できない。また，結果が実験1と変わらないときも処理の効果はなしとは一概に言えず，一方の効果が特定の反応を阻害し，もう一方が特定の反応を同程度に促進しているという解釈もできてしまう。

　本問では，デンプン合成に光が関わる以外に，細胞の代謝（温度）と二酸化炭素濃度が関わるかを判定できる実験を考える。まず，対照実験は，何も処理をしていない植物体Aである。「光以外の影響」を調べるのだから，遮光処理を行う処理Ⅲを行った植物体B，D，F，Hは解答から排除できる。これより，答は③とわかる。

　細胞の代謝（温度）がデンプン合成に関わるかは，処理Ⅰのみを行った植物体Eと植物体Aとの比較から，二酸化炭素がデンプン合成に関わるかは，処理Ⅱのみを行った植物体Cと植物体Aとの比較からわかる。

11 DNA の構造と複製

24 DNA の複製
問1 ③　問2 ③　問3 ③　問4 ⑥

解説 問1　① 誤り。2本鎖の DNA 中に含まれる塩基の比率はAとT，GとCでそれぞれ等しい。これをシャルガフの法則という。1本鎖の場合では塩基が相補的に結合していないので，各塩基の比率はシャルガフの法則を満たさない。

② 誤り。DNA の主鎖は糖とリン酸が交互に結合した構造をもつ。

③ 正しい。AとTは2本，GとCは3本の水素結合で結ばれている。

④ 誤り。ATP は糖にリボースをもち，RNA の構成に用いられる。

問2　DNA は2本鎖が逆向きに結合した構造で，新生鎖の合成方向で5′→3′方向に複製が進む。そのため，図1で合成される新生鎖を描くと右図のようになる。

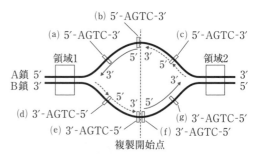

①，② ともに誤り。ラギング鎖を構成する鎖は結合するまで断片状になっており，これを岡崎フラグメントという。岡崎フラグメントはA鎖，B鎖の両方にみられ，リーディング鎖も同様に両方の鎖にみられる。

③ 正しい。領域1は図の左側の開裂部位がさらに左に進んだ時に複製される領域で，領域1ではA鎖がリーディング鎖，B鎖がラギング鎖となる。

④ 誤り。③と逆に合成が進むので，リーディング鎖はB鎖でつくられる。

問3　合成されるプライマーが5′−GACU−3′であるので，プライマーと相補的な配列は3′−CTGA−5′（または，5′−AGTC−3′）である。この配列をもつ DNA の領域は，図1のa，b，cである。問2で説明したように，A鎖の領域1はリーディング鎖で複製はbの位置から開始し，aはそのまま DNA ポリメラーゼが合成を続けるので，aにはプライマーは合成されない。また，A鎖の領域2はラギング鎖で岡崎フラグメントが多数出現するので，複製はcの位置からも開始し得る。よって，bとcが正しい。

問4　問題文に示された数値をもとに図を描くと右図のようになる。図の（　）内の数値はヌクレオチド数を示す。二本鎖ではA＝Tが成り立つので，A＋Tの合計は28％×2＝56％である。

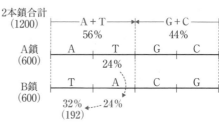

28

A鎖のTとB鎖のAの割合は各鎖の塩基の割合を100%とすると，24%であるので，B鎖に含まれるTの割合は，56%−24%＝32%となる。よって，Tの数は，600ヌクレオチド×0.32＝192となる。

重要事項の確認 ■ **DNAの複製過程**

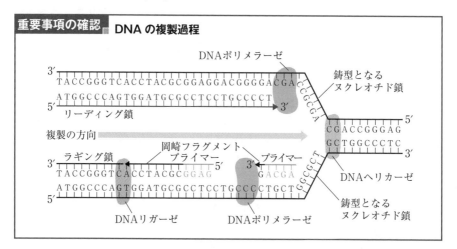

25 T₂ファージの実験
問1 ④　　**問2** ⑤　　**問3** ②，⑤

解説 **問1**　リン(P)は，DNAの構成成分のリン酸に含まれる。なお，Sはタンパク質の構成成分のアミノ酸であるシステインやメチオニンの側鎖の部分に含まれる。実験に用いた放射性元素の^{32}P は DNA を，^{35}S はタンパク質を標識する。

問2　表1の画分が，操作ⅰとⅱは上清，操作ⅲとⅳは沈殿である点に注意する。また，表1の浸透圧変化処理をしたものは T₂ファージのタンパク質と DNA が分離した状態で存在している。操作ⅰより，浸透圧変化処理してタンパク質と DNA に分離しても，いずれの成分も酸処理すると沈殿することがわかる。操作ⅱで DNA 分解酵素を加えて酸処理すると，非処理(T₂ファージが沈殿)と浸透圧変化処理の^{35}S 標識(タンパク質)は上清に出現しない(①・②誤り)。操作ⅱで加えた DNA 分解酵素は DNA を分解するので，浸透圧変化処理の^{32}P 標識で上清に現れた80%は分解されて生じたヌクレオチド，残る20%の沈殿は分解されなかった DNA であるといえる。よって，③は誤り，⑤は正しい。操作ⅱではタンパク質分解酵素を用いていないので，アミノ酸の沈殿については，実験からはわからない(④は誤り)。

問3　①　正しい。操作ⅰと操作ⅱの非処理の値がほぼ同じであるので，DNA 分解酵素は外殻に囲まれた DNA には作用しないといえる。

②誤り・④正しい。本文より，大腸菌などの細菌は遠心分離により本来沈殿する。処理ⅲの浸透圧変化処理の^{35}S 標識では T₂ファージはゴースト(DNA を含まないタンパク質のみ)になっており，大腸菌に吸着して90%が沈殿したと考えられる。一方，操作ⅲで浸透圧変化処理をした^{32}P 標識(DNA のみ)では2%しか沈殿せず，大腸

菌に吸着できなかったため沈殿しなかったと考えられる。

③正しい・⑤誤り。本文より，酸処理をしないと T_2 ファージ，DNA，タンパク質は本来沈殿しない。操作ivで浸透圧変化処理をした^{32}P 標識（DNA のみ）以外で沈殿が生じたのは，T_2 ファージ自体（非処理の結果）とゴースト（浸透圧変化処理の^{35}S 標識の結果）に抗ファージ抗体が結合し，抗原抗体反応が起きて複合体を形成したためと推測できる。また，操作ivの浸透圧変化処理をした^{32}P 標識（DNA のみ）において，沈殿が5％しかみられないのは，DNA と抗体が結合せず，複合体を形成できなかったため，DNA の大半が上清にとどまったと判断できる。

⑥　正しい。操作ⅱ〜ⅳの浸透圧変化処理における^{32}P と^{35}S で値が大きく異なることから，浸透圧処理により T_2 ファージは DNA とタンパク質に分離したといえる。

重要事項の確認 ■ **T₂ファージの構造と大腸菌への感染**

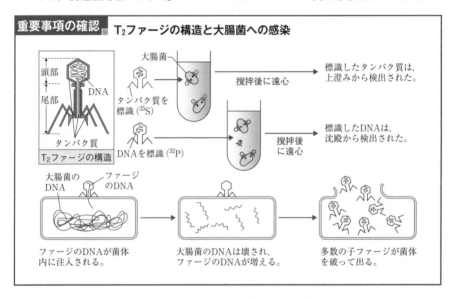

---

12 遺伝情報の発現

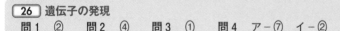

26 遺伝子の発現
問1　②　　　問2　④　　　問3　①　　　問4　ア−⑦　イ−②

解説　問1　原核細胞は核膜をもたないため，転写と翻訳は細胞質で同時に進行する。詳しい解説は問2で行うが，図1は原核細胞の遺伝子発現を示している。また，詳しい解説は問3で行うが，図2の i はリボソームに結合する翻訳直前の mRNA を示しており，点線に囲まれたイントロンに相当する DNA の配列があることから，真核細胞の DNA と mRNA の結合を示している。よって，②が正しい。

問2　図1は原核細胞の遺伝子発現のようすである。

① 誤り。a〜bに示した1本の線c（DNA）から，e（RNAポリメラーゼ）によって複数のd（mRNA）が転写されている。dは合成された時間が長いほど長くなるので，eはb→aの方向に進行する。

② 誤り。cはDNA，dはmRNAを示す。

③ 誤り。f，g，hは，mRNAに結合したリボソームを示す。転写と翻訳は同一方向に進むので，転写の開始点付近（DNAのbに近い側）に，開始コドンを指定する配列がある。よって，mRNAの開始コドンはf付近に存在する。

④ 正しい。③の解説の通り，翻訳は転写の方向と同方向に進行するので，リボソームgとhが結合したmRNAでは翻訳は上方向に進行している。よって，hが翻訳を開始してから最も長い時間経過しており，最も長いポリペプチドが結合している。

問3 真核細胞では，転写されたばかりのmRNA前駆体から，翻訳に用いられないイントロンが除かれ，隣り合うエキソンが結合して成熟したmRNAがつくられる。図2のmRNAは翻訳直前のものであるから，スプライシング後のイントロンをもたない成熟mRNAである。

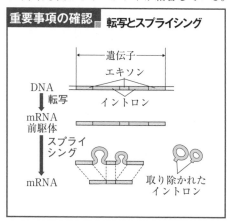

重要事項の確認■ 転写とスプライシング

① 正しい。mRNAではイントロンが除かれているため，短いiの鎖がRNA，イントロンに対応する配列をもつ長いhの鎖が相補的なDNAである。

② 誤り。点線の四角で囲まれた部分はDNAのイントロンを指定する配列である。イントロンは転写後に除かれる。

③ 誤り。hの鎖とiの鎖が相補的に結合した部分は，スプライシング後も残るエキソンの配列を示している。

④ 誤り。遺伝子再構成は，免疫の範囲に出てくる内容で，B細胞が成熟する際に抗体の可変部を決めるDNAの一領域が切り取られ，再結合する現象である。

問4 A，T，G，Cの出現確率はそれぞれ$\frac{1}{4}$（25%）である。トリプトファンを指定するUGGの出現確率は$\left(\frac{1}{4}\right)^3 = \frac{1}{64}$であり，アは⑦が正しい。

セリンを指定するコドンは表1より6つあり，いずれの出現確率も$\left(\frac{1}{4}\right)^3 = \frac{1}{64}$なので，セリンを指定するコドンの出現確率は$\left(\frac{1}{4}\right)^3 \times 6 = \frac{6}{64}$である。よって，イは②が正しい。

解説 問1 表1に示したmRNAを合成したDNAの鋳型鎖を示すと以下のようになる。

相補的な DNA　3′-CCGTA……………CGTTG-5′

mRNA(A)　　　5′-GGCAU……………GCAAC-3′

　DNA と mRNA は5′と3′ が逆向きになるので，解答に示す相補的な DNA は上図の ▨▨▨ で示した部分の5′-GTTGC-3′である。解答が5′ 末端の表記である点に注意。

問2，3 まず，本文に書かれた情報を以下のように整理する。

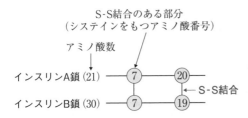

表　ヒトとウシのA鎖のアミノ酸の違い

	8番目	10番目
ヒトA鎖	トレオニン	イソロイシン
ウシA鎖	アラニン	バリン

　表1の注)に「すべての mRNA は，左が5′ 末端」とあることから，翻訳は左から右に進行することと，「表に示した塩基配列はすべてアミノ酸配列に変換される」ことから，最も左の塩基(5′ 末端)から読み枠を設定すると判断する。これをもとに表1の配列に読み枠を指定し，アミノ酸の番号を順に振ると以下のようになる。

アミノ酸番号 1	～	7	8	10	～	16	～	20	21
正常 (A) GGC		UGU システイン	ACC トレオニン	AUC イソロイシン		CUG ロイシン		UGC システイン	AAC
変異 (B) GGC	省略	U**C**U セリン	ACC	省略	AUC	省略	CUG	省略 U**C**U セリン	AAC
(C) GGC		UGU	**G**CC アラニン	**G**UC バリン		CUG		UGC	AAC
(D) GGC		UGU	ACC	AUC		**UA**G 終止		UGC	AAC

　上表の〇で示した部分は，正常な mRNA(A)と異なる塩基がみられる部分である。また，各コドンの下には指定されるアミノ酸を明記した。

　実験1より，インスリンⅠのアミノ酸配列は7番目と20番目がセリンに変化しているので，これは上表の mRNA(B)と一致する(問2(B)の答え)。S-S結合を形成するシステインがなくなることで，B鎖との結合がみられなくなるという実験結果とも一致する。次に，実験3より，インスリンⅢのA鎖の配列はウシのA鎖の配列と同じであることから，アミノ酸配列は8番がアラニンに，10番がバリンに変化していると

予想される。これは，上表のmRNA(C)と一致する（問2(C)の答え）。

最後に，実験4より，インスリンⅡの分子量は他のインスリンの分子量に比べて小さいことから，インスリンⅡを指定するmRNAは，途中で終止コドンが現れて翻訳が途中で終了している可能性が高い。上表のmRNA(D)をみると，16番目のアミノ酸が本来はロイシン(CUG)であるのに，終止コドン(UAG)に変化して，翻訳がその前の15番目のアミノ酸で終了していることがわかる。よって，問3の答えは，⑤15が正しい。実験2において，インスリンⅡが正常な機能を示さなくなっていたのは，大規模なアミノ酸の欠失が原因と考えられる。

13 | 遺伝情報の発現と調節

28 真核生物の遺伝子発現の調節
問1　③　　問2　②，⑥

解説 問1　① 正しい。真核生物のDNAはヒストンと結合してクロマチン繊維（クロマチン）を形成している。この状態では転写を行うRNAポリメラーゼはDNAに結合できず，転写を行う際は一部のヒストンがDNAから解離して遺伝子の領域を部分的にほどく必要がある。

② 正しい。原核生物ではRNAポリメラーゼは単独でプロモーターに直接結合できるが，真核生物ではRNAポリメラーゼがDNAに結合する際に基本転写因子を必要とする。

③ 誤り。ATP合成酵素や，転写に関わるタンパク質など，生命活動に必須のタンパク質を合成する遺伝子はどのような細胞でも発現している。このような遺伝子をハウスキーピング遺伝子と呼ぶ。

④ 正しい。糖質コルチコイドは脂溶性のステロイドホルモンのため，細胞膜を透過して細胞内の受容体と結合し，転写調節因子として遺伝子発現の調節を行う。

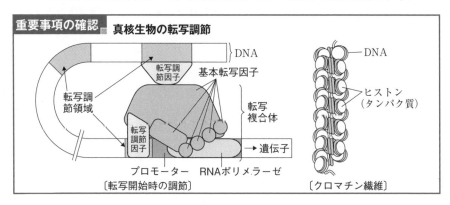

重要事項の確認 真核生物の転写調節

［転写開始時の調節］　　　［クロマチン繊維］

問2　図2の遺伝子4の結果より，転写調節領域A〜Cがない場合（プロモーター単独の場合）は，GFPの発現は少なく，ほとんど発現できないことがわかる。

① 誤り。領域Aをもつ遺伝子1では，神経細胞のGFPの発現量が遺伝子4と変わらないので，領域Aは神経細胞でのGFPの発現を促進も抑制もしていない。

② 正しい。領域Bをもつ遺伝子2では，神経細胞と肝細胞いずれのGFPの発現量も遺伝子4より増加しているので，領域BはGFPの発現を両方の細胞で促進している。

③ 誤り。①とは逆に遺伝子3では肝細胞のGFPの発現量が遺伝子4と同じなので，領域Cは肝細胞のGFPの発現を促進も抑制もしていない。

④ 誤り。遺伝子4では少ないながら，GFPは少量発現している。

⑤・⑦・⑧ 誤り。GFPの発現量は，遺伝子1～3で遺伝子4よりも高くなることはあるが，低くなることはない。このことから，領域A～Cはいずれも転写促進に関わる領域であるといえる。遺伝子1のGFP発現は，肝細胞に限り多くみられるので，領域Aに結合する転写促進因子は肝細胞にのみ含まれ，神経細胞には含まれていないと考えられる（⑤は誤り）。仮に領域Aに結合する促進因子が領域Cにも結合するならば，肝細胞で遺伝子3の発現が顕著に増加するはずであるが，図2では増加していないため，この促進因子は領域Cには結合しないといえる（⑦は誤り）。一方，これとは逆に，遺伝子3のGFP発現は，神経細胞に限り多くみられるので，領域Cに結合する転写促進因子は神経細胞にのみ含まれていて，肝細胞には含まれていないと考えられる（⑧は誤り）。逆の作用をすると仮定した場合，肝細胞ではGFPの発現が抑制されるはずであるが，図から抑制しているとはいえない。

⑥ 正しい。遺伝子2では神経細胞，肝細胞の両方で顕著なGFP発現の増加がみられるので，領域Bに結合する促進因子は両細胞に含まれているといえる。

---

［29］ ラクトースオペロン
問1 ③ **問2** ④ **問3** ⑤

解説 問1 ラクトースオペロンの調節遺伝子（遺伝子A）から合成されたリプレッサー（タンパク質A）は，大腸菌内に吸収され代謝されたラクトースの代謝産物と結合して構造変化し，オペレーターと結合できなくなる。この場合，RNAポリメラーゼがプロモーターに結合できるので，構造遺伝子（遺伝子BやC）が転写され，タンパク質BやCが合成される（③は正しい）。

① 誤り。ラクトースの有無にかかわらず，タンパク質Aはプロモーターに結合できない。

② 誤り。基本転写因子は真核生物の遺伝子発現に関与するが，原核生物の遺伝子発現には関与しない。

④ 誤り。ラクトースが培地中にない場合では，タンパク質Aはオペレーターに結合して，遺伝子BとCの転写を抑制する。

重要事項の確認 **ラクトースオペロン**

　ラクトースがないとき…オペレーターにリプレッサーが結合➡プロモーターに RNA
　ポリメラーゼが結合できない➡構造遺伝子の転写が起こらない

　ラクトースがあるとき…オペレーターにリプレッサーが結合できない➡プロモーター
　に RNA ポリメラーゼが結合➡構造遺伝子の転写が起こる

問2　実験の文中に「化合物Ⅱは立体構造がラクトースに似ており」とあるので，ラクトースの代謝産物と同様にタンパク質Aと結合し，遺伝子BとCの発現を促す可能性がある。表1の野生型の化合物Ⅰ添加培地ではコロニーの色が白色であり，これは大腸菌内で化合物Ⅰを分解するタンパク質Bが発現していないことを示している。一方，野生型の化合物ⅠとⅡ両方を添加した培地ではコロニーの色が青色であり，大腸菌内でタンパク質Bが発現しており，タンパク質Aの遺伝子発現の阻害作用が失われている。よって，化合物Ⅱがタンパク質Aと結合し，その作用を阻害するという上記の推論は正しいことがわかる。

問3　これまでの内容をまとめると，化合物Ⅰはタンパク質Bが発現しているときのみ青色になる（このとき，タンパク質Aはオペレーターに結合していない）。また，化合物Ⅱはタンパク質Aに結合し，遺伝子BとCの発現を促す。表1のY株では，化合物Ⅱの有無にかかわらず青色のコロニーを形成しており，タンパク質Bは常に合成されている。遺伝子Aが欠損した場合，タンパク質Aはつくられないので，オペレーターに結合することはなく，遺伝子BとCは常に発現する。よって，Y株は遺伝子A欠損株と考えられる。X株とZ株は遺伝子BまたはCの欠損が原因と考えられるが，表2を見る限り，差はみられない。実験の文章の最終文にある「菌体内の化合物Ⅰの蓄積量はX株ではZ株に比べ100分の1程度」という内容がヒントになる。化合物Ⅰはタンパク質Cによって大腸菌内に取り込まれるので，遺伝子Cが欠損すると大腸菌内に含まれる化合物Ⅰはごく微量となる。一方，遺伝子Bが欠損（遺伝子Cは正常）した場合，化合物Ⅰは大腸菌内に取り込まれるが，タンパク質Bは大腸菌内に存在しないので分解されることなく，大腸菌内に蓄積する。そのため，化合物Ⅰが少ないX株が遺伝子C欠損株，化合物Ⅰが多いZ株が遺伝子B欠損株と考えられる。

14 | 生殖法，動物の配偶子形成と受精

30 精子の誘引と先体反応
　問1　③　　問2　②　　問3　X－③　Y－③　　問4　X－①　Y－③

解説 **問1**　減数分裂を開始した1個の一次卵母細胞は，第一分裂後に1個の二次卵母細胞と1個の第一極体になる。さらに，第二分裂では，二次卵母細胞が分裂して，1個の卵と1個の第二極体を生じる。よって，100個の一次卵母細胞が減数分裂をした場合，卵は100個生じることになる。なお，第一極体は第二分裂しないこともあり，第一極体，第二極体はともに退化・消失する。

問2　精子が卵の表面に達すると，精子の先体から卵黄膜を溶かす酵素が放出され，同時に先体は内部のアクチンフィラメントが伸長することで先体突起を形成する。これらの酵素や先体突起は精子が卵内に進入することを促している。

問3　実験1〜4で用いた卵の部位と精子の運動，先体反応の有無を表にすると下表のようになる。

	卵黄膜	ゼリー層	卵細胞	精子の運動	先体反応	半透膜の有無
実験1	◯	◯	◯	激しい	◯	×
実験2	◯	×	◯	ゆっくり	×	×
実験3	×	◯	×	激しい	◯	×
実験4	◯	◯	◯	激しい	×	◯

　　まず，精子の運動について，ゼリー層がある実験1，3では激しく運動するが，ゼリー層がない実験2ではその運動はゆっくりになる。よって，精子の運動の上昇を引き起こす物質Xはゼリー層に存在する。次に，先体反応について，こちらも同様にゼリー層がある場合（実験1，3）でみられるので，先体反応を引き起こす物質Yもゼリー層に存在する。

問4　実験1では精子と卵の間に半透膜がなく，実験4では精子と卵の間に半透膜が存在する。問3の解説に示した表より，半透膜の有無にかかわらず，精子の運動は激しいので物質Xは卵側のゼリー層から半透膜を通過して精子に達し，精子の運動性を上昇させている。よって，物質Xは①が正しい。一方，先体反応は半透膜がないと起こり，半透膜があると起きていない。ここで，物質Yが半透膜を透過できないため先体反応が起きなかったと断定するのはやや不十分である。仮にYは膜を透過しているが，先体反応を引き起こすには物質Y以外の作用を必要とする可能性も存在する。よって，物質Yが半透膜を通過するか否かは実験4のみでは判断できず，③が正しい。

31　多精拒否の機構
問1　⑤　　問2　①　　問3　③

解説　問1　体細胞分裂直後の細胞は G_1 期に相当し，その細胞あたりの DNA 量が2であるから，減数分裂後に生じた精子の細胞あたりの DNA 量は1である。ここで注意したいのが，問題で問われている生物がヒトであり，ヒトでは二次卵母細胞の中期の段階で精子が受精する点である。二次卵母細胞は減数分裂第二分裂にあり，細胞あたりの DNA 量は2である。よって，受精直後の DNA 量は $2+1=3$ が正しい。

問2　問題文の「受精時に生じる膜電位の上昇は神経細胞の活動電位の発生と同様の機構」に注目する。実験1では媒精後に卵の膜電位が上昇しており，これは神経細胞で Na^+ が Na^+ チャネルを介して細胞内に流入し，活動電位を発生する過程と類似している。脱分極が起こるためには十分な Na^+ の流入が必要だが，図2の不完全な脱分極ではその量が十分ではなかったため $+10mV$ まで上昇しなかったと推測される。Na^+ チャネルの数が少ないと Na^+ の移動量も少なくなるので①が正しい。

問3　実験1の内容より，脱分極が1回みられた図1では多精にならず，脱分極が2回

みられた図2では多精になっている。図1，2の違いは受精直後に細胞の膜電位が+10mVに達しているか否かであるので，膜電位が+10mVに達することで2つ目以降の精子の進入を防げる。また，リード文より受精膜は受精後約1分で形成される。

① 正しい。実験3で精子が卵に進入した直後に膜電位を−10mV以下に抑えたところ，2回目の脱分極がみられている。脱分極を精子の進入ととらえると−10mV以下で合計2回の精子進入が起こり，精子の進入を防止しきれていない。

② 正しい。実験2の図3より，膜電位を+10mVにしてから媒精を行うと，膜電位を−10mV以下にするまで脱分極がみられず，電位を下げた媒精2分後に緩やかに膜電位の上昇がみられる。実験2より，媒精3分後以降で受精膜が形成されたとあるので，媒精2分後付近での膜電位上昇は精子の進入により生じた脱分極であることがわかる。仮に電位が+10mVの段階で精子の進入が行われたならば，受精膜は1分で形成されるはずなので，媒精後3分かからずに起こるはずである。よって，膜電位を+10mVにしている際は精子の進入が抑制されていたといえる。

③ 誤り。2分間の+10mVの後に精子の進入が起きたと考えられる。

④ 正しい。図2と図4で脱分極が起きたときの膜電位はいずれも−10mV以下であり，ともに精子の進入を示す脱分極が2回起きている。

⑤ 正しい。図1，2，4の脱分極はいずれも精子の進入を示すものであるが，図3の媒精前にみられた膜電位の上昇は人為的に電極を用いて引き起こしたものであり，精子の進入によるものではない。

32 マウスの卵成熟と受精
問1 ⑥　**問2** 遺伝子X−⑥　遺伝子Y−②

解説 **問1** 哺乳類では，卵巣内で成熟した卵は二次卵母細胞（減数分裂第二分裂中期）の段階で卵管へ排出され，卵管内で受精する。図1に示された成熟した（受精直前のマウス卵）には極体が1つだけ示されており，これは減数分裂第一分裂後に生じる第一極体を示している。また，染色体が赤道面に並んでいることから，中期とわかる。よって，⑥が正しい。なお，ヒトやカエルは二次卵母細胞中期で受精し，ウニなどの体外受精を行う生物の多くは減数分裂が完了した卵で受精する。

問2 リード文から，遺伝子XとYはマウスの配偶子ではたらくことが明らかなので，それぞれのマウスがつくる配偶子の遺伝子型を考える。それぞれがつくる配偶子の遺伝子型は，XXYYの個体がXY，xxYYの個体がxY，XXyyの個体がXyである。実験1の表1を配偶子の遺伝子型に書き換えてみるとわかりやすい。

		卵の遺伝子型		
		XY	xY	Xy
精子の遺伝子型	XY	生まれた	生まれなかった	生まれた
	xY	生まれた	生まれなかった	生まれた
	Xy	生まれなかった	生まれなかった	生まれなかった

上表より，卵xYでは，どの遺伝子型の精子と受精させても正常に発生が起こらな

い。また，精子Xyでは，どの遺伝子型の卵と受精させても正常に発生が起こらない。よって，X遺伝子は卵ではたらき，Y遺伝子は精子ではたらくと考えられる。

次に，**実験2**より，子が生まれなかった組合せ（図3）では，囲卵腔に多数の精子が確認できることから，**精子は卵丘細胞層と透明帯は通過しているが，精子と卵細胞膜との結合が起こらない**ことがわかる。よって，遺伝子Xは⑥，遺伝子Yは②が正しい。

15 発生と遺伝子発現

33 卵割の同調性
問1 ②　　**問2** ③　　**問3** ①

解説 問1　図1のグラフの縦軸は，分裂期の染色体をもつ割球の割合（％）であり，分裂期の細胞の割合（％）を示している。この値が100％ということは，その領域の割球すべてが分裂期にあり，卵割の周期が同調していることを示している。

① 誤り。図1のアでは12回目（160分）まで，イでは10回目（100分）まで，ウでは9回目（60分）までいずれも分裂期が100％まで上昇しており，細胞周期は同調しているといえる。細胞分裂に入った細胞が分裂を停止することはあまりなく，この間どの領域の細胞もすべて細胞分裂を継続して行っていると考えられる。

② 正しい。①の解説の通り，ア〜ウにおいて9回目（60分）まではすべての細胞がほぼ同時に分裂を行う。

③ 誤り。ウの植物極側では9回目（60分）までは分裂期にある細胞が100％ですべての細胞が同調して分裂しているが，その次からの卵割10回目（100分）からは分裂期にある細胞が100％に達していない。これは卵割のタイミングが非同調となったか，一部の細胞で分裂が停止し分裂期に入らなくなった可能性がある。80分からではなく60分経過後からなので正しくない。

④ 誤り。ア〜ウのすべての細胞が同時に分裂するのは100分まででなく，60分までである。

問2　問1の①の解説で述べた通り，図1のア（動物極側）では12回目（160分）まで，イ（赤道の付近）では10回目（100分）まで，ウ（植物極側）では9回目（60分）までの卵割が同調する。

問3　細胞は分裂するとその大きさが約半分になり，右の図に示したように図2のグラフの横軸の値が半減した細胞が形成される。また，問題文に書かれている図2に示した次の分裂とは，図1ア

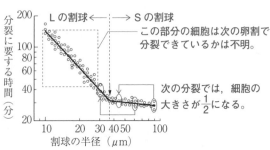

の180分後の次の分裂（1回の分裂がおよそ30〜40分なので，210〜220分辺り）を示し

ている。図2の30〜40分後に分裂をしている細胞は図2の割球の半径が35μmより大きい細胞であり，35μmより小さい細胞では分裂に要する時間が40分以上と長く次の卵割時に分裂が必ず起きているとは言い切れない。そのため，次の分裂では35μmより大きい割球（Sの割球）の大部分は，分裂して35μmより小さい割球（Lの割球）となり，相対的にLの割球数が増加する。

①〜③ 次の卵割時にLの割球数が増えて，Sの割球数が減るので，Lの割球数/Sの割球数の値は上昇する（①が正しく，②と③は誤り）。

④・⑤ いずれも誤り。上図より，Lの割球には次の卵割時に分裂が起きずにLの割球にとどまるものと，分裂が起きてSの割球からLの割球に流入するものがある。また，割球の半径が70μmより大きい割球（Sの割球）は分裂しても35μmより大きく，Sの割球にとどまる。Sの割球数は減少するが0になることはない。

34 原腸形成のしくみ
問1 記述ア−④ 記述イ−③ 記述ウ−②
問2 ④

解説 問1 本文に示された段階1〜4と，**観察・実験A〜C**で明らかになったことをまとめると下図のようになる。**観察・実験D**において，細胞分裂を停止させる薬剤を継続的に与えても原腸が伸びるということは，原腸の伸長は細胞数の増加によらないということである。

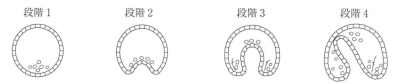

【観察・実験の検証】

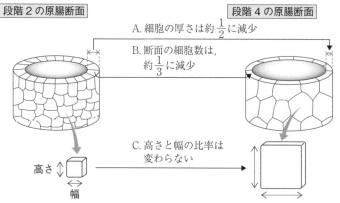

段階2の原腸断面　　　　　　段階4の原腸断面

A. 細胞の厚さは約 $\frac{1}{2}$ に減少

B. 断面の細胞数は，約 $\frac{1}{3}$ に減少

C. 高さと幅の比率は変わらない

高さ　幅

記述ア：観察・実験Dより，原腸の伸長は細胞数の増加(細胞分裂)に依存しないとわかる。

記述イ：観察・実験Cの内容より，段階2と段階4では原腸を構成する細胞の高さと幅の比率はともに1.1であるので，原腸が伸長しても細胞は縦長にはなっていない。

記述ウ：前ページの図より，原腸を構成する細胞の厚さは観察・実験Cではなく，観察・実験Aで示されている。また，観察・実験Bでは細胞が死ぬことはなくすべて生存する内容も示されているが，断面にみられる細胞数が減少している。細胞が薄く広がることだけでは，この細胞数の減少は説明できない。

問2　問1で解説した通り，原腸の伸長は構成する細胞が薄く平べったくなることで説明できる。しかし，ただ単に細胞が薄く平べったくなっただけでは原腸はどんどん太くなり，教科書にあるような中空の均等な太さの原腸として伸長していかないことが予想できる。そのため，原腸全体の細胞数は減らさずに断面の細胞数を減らすことが必要であり，これは細胞が原腸の伸長方向に沿って移動することを示している。その内容を確認するには，④の実験を追加することが適している。

① 誤り。原腸を構成する細胞をバラバラにすると，細胞の相互作用が失われる可能性が高い。

② 誤り。細胞分裂は問1の解説で述べた通り，起きていないと考えられ，追加実験で測定する意味はない。

③ 誤り。細胞の呼吸量を調べて代謝の程度を測っても，原腸の伸長への関わりは示せない。

⑤ 誤り。体積を測ることも有用であると考えられるが，今回の観察・実験A〜Dで細胞の体積の増減は十分予想できるので，追加実験として行うには④よりその重要度は低い。

35　形成体と誘導
問1　④　　問2　前部-①　後部-④

解説 問1　まず，問題文中から得られる情報を以下のように整理する。また，教科書などにある内容から，外胚葉の表皮，神経分化に関わる物質BはBMP，受容体BはBMP受容体，物質Nはノギン(や，コーディン)であると気付くと解答を導きやすい。

・物質Bが受容体Bに結合──表皮に分化(Ⅰ)
・物質Bと物質Nが結合→物質Bが受容体Bと結合できなくなる→神経に分化(Ⅱ)
・物質Bは細胞外物質で外胚葉の組織に存在し，物質Nは原口背唇が分泌

① 誤り。外胚葉が単独の場合，物質Nが存在しないのでⅠのように表皮が分化する。

② 誤り。もともと初期原腸胚の外胚葉は原口背唇と接していないので，外胚葉に物質Nは存在していない。物質N阻害剤を加えても，その効果はなくⅠのように表皮が分化する。

③ 誤り。B阻害剤によって物質Bは受容体Bに結合できず，Ⅱのように神経が分化する。

④　正しい。細胞外物質の物質Bは洗浄で除かれるので受容体Bに何も結合せず，Ⅱのように神経が分化する。

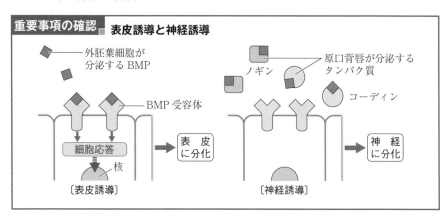

重要事項の確認　表皮誘導と神経誘導

外胚葉細胞が分泌するBMP

BMP受容体

細胞応答

核

〔表皮誘導〕

表皮に分化

ノギン

原口背唇が分泌するタンパク質

コーディン

神経に分化

〔神経誘導〕

問2　突起は，組織を移植したことで新たに形成されるので，突起形成能力は移植した組織がもつ能力，突起形成抑制能力は移植される側の組織がもつ能力である。**実験1**より，突起が形成されていることから，移植した前部の突起形成能力は強く，移植をされた後部の突起形成抑制能力は低いことがわかる。また，**実験2**より，突起形成能力が強い前部を，前部に移植しても突起が形成されないことから，移植を受けた前部の突起形成抑制能力はこれよりもさらに強いことがわかる。**実験3**では，突起形成抑制能力が弱い後部で突起が形成されていないので，移植した後部の突起形成能力は弱いことが推測される。また，**実験4**では，突起形成能力の弱い後部を突起形成抑制能力の強い前部に移植しているので突起は形成されない。これらのことから，前部は①，後部は④となる。

36 眼の形成
　問1　①　　問2　②

解説　問1　本文の「眼杯は，それが接している表皮の水晶体への分化を誘導する」という内容より，形成体である眼杯が誘導物質を分泌し，これを予定水晶体領域が受容することで，予定水晶体領域が水晶体に分化することが推測される。野生型マウスは誘導物質の分泌と受容能の両方を有するが，水晶体が形成されない突然変異体のマウスXでは，誘導物質の分泌またはこれを受容する受容能の少なくとも一つを有していない。表1より，実験1の「胚W（誘導物質を分泌）→胚W（受容可能）」と実験2の「胚W（誘導物質を分泌）→胚X」の両方で水晶体が形成されているので，胚Xの水晶体領域も正常な受容能をもつと考えられる。また，実験2の「胚X→胚X（受容可能）」と「胚X→胚W（受容可能）」の両方で水晶体が形成されていないので，胚Xの眼杯は誘導物質を分泌していないと考えられる。よって，①が正しい。

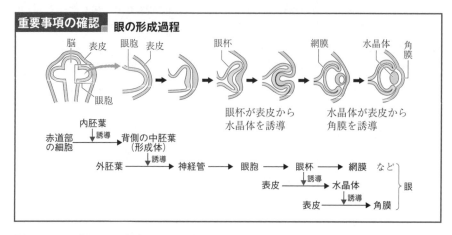

重要事項の確認　眼の形成過程

脳　表皮　　眼胞　表皮　　　　眼杯　　　　　　　網膜　　水晶体　角膜

眼胞

眼杯が表皮から
水晶体を誘導

水晶体が表皮から
角膜を誘導

赤道部
の細胞　　内胚葉
　　　↓誘導
　　　背側の中胚葉
　　　　（形成体）

外胚葉　　↓誘導　　神経管　→　眼胞　→　眼杯　　　→　網膜　　など
　　　　　　　　　　　　　　　　　　　↓誘導
　　　　　　　　　表皮　　　　　　　　水晶体　　　　　　　　　　眼
　　　　　　　　　　　　　　　　↓誘導
　　　　　　　　　表皮　　　　　　　　角膜

問2　問1で得られた考察とともに考えるとよい。実験3で用いた ES 細胞は胚Wから得たもので，神経性の外胚葉性細胞を形成する。この細胞は，予定水晶体領域の接触がなくても，網膜の分化が起こるので，網膜の分化には予定水晶体領域からの誘導は必要ではない。また，眼杯のみでは水晶体は形成できないこともわかる。

① 　誤り。正常な胚Wから得た ES 細胞は水晶体の誘導物質を分泌できるので，予定水晶体領域と接触させると，これを水晶体に分化させることができる。

② 　正しい。上記の説明の通り，ES 細胞は予定水晶体領域の有無にかかわらず，眼杯を形成し網膜に分化する。

③ 　誤り。胚Xの予定水晶体領域は誘導物質の受容能をもつので，これに水晶体の誘導物質を分泌できる ES 細胞由来の眼胞を交換移植すると正常な誘導が起こり，水晶体が形成される。

④ 　誤り。網膜は，眼胞がくぼんでできる眼杯の形成を経て形成される。また，これらの分化は誘導によって形成されるものではないので，選択肢の文章が成立していない。

（37）母性効果遺伝子
問1　④　　　**問2**　⑥　　　**問3**　②　　　**問4**　⑤，⑥

解説　**問1**　実験1より，卵の前極には頭部・胸部の形成に必要な物質が含まれ，後極には腹部の形成に必要な物質が含まれることがわかる。実験2・3より，雌親が bcd⁺ を1つでももてば次代は正常な胚となり，1つももたないと異常胚となることから，胚の発生は胚がもつ遺伝子型では決定されず，雌親の遺伝子型に依存するとわかる。つまり，bcd は母性因子をつくる**母性効果遺伝子**である。また，bcd⁺ の有無で頭部・胸部の形成の有無が決まることから，bcd⁺ 遺伝子産物は頭部・胸部の形成に関わる卵の前極物質としてはたらくことがわかる。実験2の bcd⁻ をホモにもつ雌が産んだ受精卵（bcd⁺/bcd⁻）には bcd⁺ 遺伝子産物（bcd⁺ mRNA）は含まれていない。

しかし，その前極に正常な卵の前極から抜き取った bcd⁺ 遺伝子産物を含む細胞質を注入すると，正常胚と同じく前極に bcd⁺ 遺伝子産物をもつこととなり，正常発生が可能となる。

重要事項の確認 □ **母性因子と母性効果遺伝子**

卵形成の過程で卵に蓄えられて，発生過程に影響を及ぼす mRNA やタンパク質を**母性因子**といい，母性因子を支配する遺伝子を**母性効果遺伝子**という。母性効果遺伝子は卵形成の過程で発現するので，母性効果遺伝子による表現型は，生じた子の遺伝子型ではなく母親の遺伝子型によって決定する。ショウジョウバエでは卵前方に局在するビコイド mRNA と後方に局在するナノス mRNA が代表例である。

問2　問1の解説にもあるように，bcd は母性効果遺伝子である。卵形成過程で発現する遺伝子なので⑥が正しい。

問3　実験4で bcd⁺ 遺伝子産物を含まない卵の中央に，bcd⁺ 遺伝子産物を含む正常な卵の前極から抜き取った細胞質を注入すると，鏡像対称的に頭部，胸部が形成されたことから，高濃度の bcd⁺ 遺伝子産物は頭部形成を，中濃度の bcd⁺ 遺伝子産物は胸部形成を誘導することがわかる。よって，②が正しい。

問4　本文より，遺伝子Pの mRNA は卵割期の卵の前極に局在しており（②，④ともに誤り），タンパク質Pは前極で多く合成されるはずである（①，③ともに誤り）。そのため，タンパク質Pは前極で合成されたあと後極に向けて拡散し，図3のように胚内で濃度勾配を形成すると考えられる。よって，⑤，⑥が正しい。

---

38 形態形成のしくみ
　問1　③　　問2　④　　問3　⑦

解説 問1　ショウジョウバエの前後軸形成には，卵の前極に局在するビコイド mRNA と，後極に局在するナノス mRNA からそれぞれ翻訳されたタンパク質の濃度勾配が関係する。このような卵細胞質にあらかじめ存在する mRNA などの因子を母性因子という。節足動物の卵割の初期は核分裂が連続して起こり，細胞質分裂を伴わないので，このときに母性因子からつくられたタンパク質が細胞質内を拡散することで濃度勾配が形成される。よって，③が正しい。

問2　下線部(b)に示された情報に対して矛盾しない合理的な推論を選択する。ちなみに，遺伝子Xはウルトラバイソラックス遺伝子である。

① ・ ②　ともに誤り。遺伝子Xが第3体節で発現することは，問題文中に明示してある。遺伝子Xの働きを失った変異体では，第3体節が変化しているので，「発現している一つ前方の体節に働きかける」というのは明らかに誤り。

③　誤り。第3体節はもともと第2体節と異なる形態である。

④　正しい。「第2体節と同じ形態にならない」ように働く遺伝子Xの働きが失われた結果，第3体節は第2体節と同じ形態になったと考えれば正しい。

問3　問題に示された各仮説のうち，合理的に正しいと判断できるものを選ぶのではな

く，「矛盾しない＝可能性がある」ものを選ぶという点に注意しよう。
ⓐ・ⓑ　正しい。第3体節で翅をつくることを抑制する遺伝子Xが，ない，または発現しなければ，第3体節にも翅ができる。
ⓒ　チョウでは，X遺伝子の産物が，ショウジョウバエとは異なる遺伝子群の発現を調節すると考えれば矛盾しない。
　　よって，いずれの仮説も矛盾せず，⑦が正しい。

16 遺伝子を扱う技術とその応用

> **39** ノックアウトマウスの作製
> 問1　②　　　問2　④　　　問3　②

解説 問1　実験1より，遺伝子 X の中央付近の塩基配列を遺伝子 Y に組換えた遺伝子 rX は遺伝子 X の機能はもたず，遺伝子 Y の機能はもっている。**実験2**において，マウスの胚性幹細胞に遺伝子 rX を取り込ませ，常染色体の一方に遺伝子 rX が組み込まれると，薬剤 y を含む培養液中でも細胞は生存できる。このことから，遺伝子 rX 中にある遺伝子 Y から生じるタンパク質が，薬剤 y に対して抵抗性を示すことがわかる。薬剤 y を含む培地で細胞集団を培養したのはこのような細胞を選択するためであり，②が正しい。

問2　異なる遺伝子型をもつ複数の細胞からなる個体はキメラマウスと呼ばれる。問題文にあるように，白毛のマウス由来の細胞（胚性幹細胞）と黒毛のマウスの細胞（初期胚）の2つを混合しているため，この胚から生じるマウスは体内に両方の細胞をもつことになる。体の各部位を構成する細胞は発生の過程で徐々に選択されていくため，生じたマウスのどの部位が黒色に，または白色になるかは個体によって異なる。また，発生過程で胚を構成する細胞として選択される細胞はランダムであり，各細胞の増殖も各部位で一様ではないことから，体表を構成する黒色と白色の毛をつくる細胞の比率は，生じる個体によって様々である。よって，④が正しい。

重要事項の確認 ノックアウトマウスとキメラマウス
　ノックアウトマウス … 特定の遺伝子を人為的に欠損させたマウス
　キメラマウス … 異なる遺伝情報をもつ2種以上の細胞を体内にもつマウス

問3　遺伝子 X と遺伝子 rX の遺伝子をそれぞれ，X と x とすると，正常なマウスの遺伝子型は XX，一方の染色体が遺伝子 rX に置換された胚性幹細胞由来の細胞の遺伝子型は Xx となる。問3で用いたキメラマウスは生殖細胞がすべて胚性幹細胞由来であるので，交配する雄と雌はともに Xx の遺伝子型をもつ生殖母細胞をもとに，精子と卵をつくる。よって，外見はキメラマウスであっても，交配は $Xx×Xx$ について考えればよい。生じる子マウスは $XX : Xx : xx = 1 : 2 : 1$ となり，このうち rX をホ

モにもつ個体は xx なので，$\frac{1}{4} \times 100 = 25\%$ が正しい。なお，下線部ウの交配では，生殖細胞の一部が胚性幹細胞由来であるので，生殖母細胞には Xx 以外に，XX（初期胚の細胞由来）も含まれる。Xx と XX がどのような比率で存在するかは個体によって異なるので，正確な子マウスの出現比率は算出できないが，遺伝子 X をもつ精子や卵の割合は問3の交配（$Xx \times Xx$）よりも多くなる。そのため，生じる子マウスの xx の出現頻度は $\frac{1}{4}$ 未満になるのは明らかである。

40 遺伝子組換え実験
問1 ③ **問2** ①，④ **問3** ①

解説 問1 実験に用いた制限酵素A〜Cは，図1に示されているように異なる認識部位をもつ。ここで，制限酵素AとBの切断部位を注意深く見ると，切断された後に生じる1本鎖は上側の配列でともに「TCGA」である。制限酵素Aの切断面と制限酵素Bの切断面は一致しているため，これらの切断面は相補的にDNAリガーゼで結合することが可能である。**実験1**において，プラスミドは制限酵素Aを用いて切断しているため，遺伝子 X の両端の切断面が制限酵素AまたはBの切断面をもっていれば，遺伝子を導入することができる。よって，①と②はプラスミドへの遺伝子 X の導入が可能で，③は不可能である。

一方，2種類の制限酵素を用いた場合は遺伝子 X の両端がそれぞれ左右2カ所ずつ切断されるが，遺伝子 X を含む断片の切断面として反映されるのは左右どちらも遺伝子 X に近い切断面である。④は遺伝子 X の左側がAの切断面，右側がBの切断面であり，⑤は遺伝子 X の左側と右側は両方ともBの切断面であり，いずれも導入が可能である。

重要事項の確認｜細胞への遺伝子導入の主な方法
大 腸 菌への導入 … ベクターにプラスミドを用いる。
植物細胞への導入 … ベクターに土壌性細菌のアグロバクテリウムを用いる。
動物細胞への導入 … 微小なピペットを用いて細胞に顕微鏡下で直接導入する。

問2 プラスミドには kan^R 遺伝子，amp^R 遺伝子の2つの抗生物質耐性遺伝子があるが，遺伝子 X が導入されるのは kan^R 遺伝子の中央付近である。遺伝子 X がプラスミドに導入されると，組換えプラスミドでは kun^R 遺伝子が分断されて，正常なカナマイシン耐性物質（カナマイシンを無毒化する物質）はできない。一方，amp^R 遺伝子は遺伝子 X が導入されても分断されないので，組換えプラスミドを取り込んだ大腸菌はアンピシリンのみに対する抵抗性をもつ。よって，カナマイシンが培地に含まれなければ，組換えプラスミドを取り込んだ大腸菌は生存できるので，①，④が正しい。

問3　遺伝子*X*のプラスミドへの導入は一定の確率で起こり，かつ，プラスミドの大腸菌への取り込みも一定の確率で起こるので，**実験2の遺伝子導入後の大腸菌は下図のように3種類存在する。** 図⑪のように，導入されたプラスミドに *kan*^{R} 遺伝子，*amp*^{R} 遺伝子があればそれぞれの抗生物質に対する耐性をもつが，問2の説明の通り，遺伝子*X*が導入された大腸菌（下図⑪）はカナマイシンに対する抵抗性はもたない。よって，大腸菌⑪を特定するには，まず培地にアンピシリンを加えて大腸菌①を死滅させ，生じたコロニーをろ紙などに付着させてレプリカを作成し，カナマイシンを含む別の寒天培地に写して生存できないコロニーを特定する必要がある。レプリカを作成しておけば，カナマイシンを含む培地で生育できないコロニーを，レプリカをとったもとの培地から選んで培養すればいいので，目的の遺伝子*X*を導入したプラスミドをもつ大腸菌⑪を得ることができる。覚える必要はないが，このような実験操作はレプリカ平板法といい，研究の現場では広く用いられている。

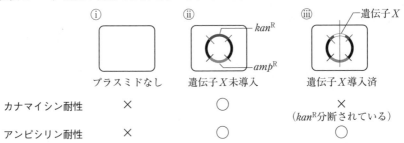

	① プラスミドなし	⑪ 遺伝子*X*未導入	⑪ 遺伝子*X*導入済
カナマイシン耐性	✕	◯	✕ （*kan*^{R}分断されている）
アンピシリン耐性	✕	◯	◯

41　PCR法
問1　⑤　　　問2　①　　　問3　⑤　　　問4　②

解説 問1　図1に示した電気泳動の結果は，PCRで複製されたDNA（解析したいDNAの相補鎖）の配列を示しており，プライマーに続くDNAが図の下側から上側に向かって5′→3′の方向に合成されている。従って，図1からわかる複製されたDNAは，（プライマー側）　5′-ACCGATGTGCGTACTGTC-3′　となり，解析したいDNAはこの相補鎖なので，3′- TGGCT ACACGCATGACAG-5′　となる。よって，▮で示した配列である⑤5′-TCGGT-3′　が正しい。

問2　本文にあるように，ジデオキシリボヌクレオチド（正式にはジデオキシリボヌクレオシド三リン酸）は伸長中のDNAに取り込まれた際，その伸長を停止させるはたらきをもつ。よって，反応液中に加えるジデオキシリボヌクレオチド量を増加させると，DNA中に取り込まれて伸長が停止する確率が高くなり，複製されるDNAの平均的な長さは短くなると予想される。

問3　PCR法によるDNA複製の1サイクルの過程と，*n*サイクル後に得られるDNAとその本数を考える。ここではわかりやすいように，次ページの図のように，加えた2本鎖DNAを1200塩基対，そのうち700塩基対を目的の領域とし，増幅するものとする。

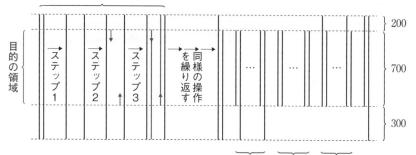

まず，1サイクルにつき DNA の本数は 2 倍に増加するので，最初に加えて 2 本鎖 DNA を 1 分子すると，n サイクル後の 2 本鎖 DNA の本数は合計 2^n 本となる。プライマーは DNA の目的の領域を挟むように DNA の途中に結合するため，最初に加えた DNA（図では 1 本鎖あたり1200塩基）と同じ長さの DNA をもつ 2 本鎖 DNA は，何サイクル後でも900塩基の 1 本鎖が結合したものと1000塩基の 1 本鎖が結合したものの各 1 本ずつとなる。また，900塩基と1000塩基の 1 本鎖 DNA は 1 サイクルで 1 本ずつ1200塩基の DNA から複製されるため，900塩基と700塩基の 1 本鎖が結合した 2 本鎖 DNA，1000塩基と700塩基の 1 本鎖が結合した 2 本鎖 DNA は，各 $n-1$ 本ずつ作られる。よって，目的の領域のみをもつ DNA の分子数は，$2^n - 2(n-1) - 1 \times 2$ $= 2^n - 2n$ 本が正しい。

重要事項の確認 **PCR 法**

次のステップ 1 〜 3 を 1 サイクルとし，これを繰り返すことで DNA を増幅する。
ステップ1 95℃：塩基間の結合を切り，DNA を 1 本鎖に解離する。
ステップ2 約60℃：目的の領域を挟むように 2 種類のプライマーを結合させる。
ステップ3 72℃：耐熱性 DNA ポリメラーゼによって DNA を複製する。

問4 DNA の融解温度（Tm）が高いほど，DNA は 1 本鎖に解離しにくい。図 2 より，DNA の GC 含量が高いほど DNA が解離しにくく，1 本鎖になりにくいことがわかる。

① 誤り。プロモーターは転写開始の際に DNA が解離する領域であり，GC 含量が低いと予想される。

② 正しい。好熱菌は高温環境で生活しているので，高温環境でも DNA が安定して二本鎖である必要がある。よって，GC 含量が高いと予想される。

③ 誤り。AT 含量が高い DNA は GC 含量が高い DNA に比べて DNA の塩基間の結合は弱いので解離温度が低く設定できるはずである。

④ 誤り。図 2 からは塩基の含量と突然変異の関係について考察することができない。

17　神経系と内分泌系による調節

42 ホルモンのフィードバック
問1　①，③　　問2　Ⅰ-②　Ⅱ-③

解説　問1　図1をもとに，A～Fさんの放出ホルモン，刺激ホルモン，糖質コルチコイドの分泌量を図に示すと以下のようになる。

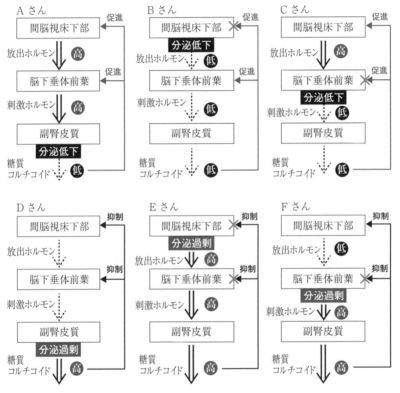

　A・B・Cさんは糖質コルチコイドの分泌量が低いので，間脳視床下部と脳下垂体前葉にフィードバックが生じ，それぞれから分泌するホルモンの分泌を促進するように作用している。上図に示した×は，フィードバックの作用が十分になされていないことを示す（実際にはCさんは脳下垂体前葉で放出ホルモンの受容ができないなどの可能性も考えられるが，ここでは図に示したように，フィードバックに対する異常のみで考えることとする）。ここで，Bさんはフィードバックが起きているのにもかかわらず，刺激ホルモンが十分に分泌されていない。これは間脳からの放出ホルモンの分泌が低すぎて，フィードバックの効果を十分に受けられていない可能性が示唆され

る。よって，①と③は正しく，②は誤り。

　一方，D・E・Fさんは糖質コルチコイドの分泌量が高いので，間脳視床下部と脳下垂体前葉にフィードバックが生じ，それぞれから分泌するホルモンを抑制するように作用している。ここで，Eさんはフィードバックが起きているのにもかかわらず，刺激ホルモンの分泌が過剰になっている。これは間脳からの放出ホルモンの分泌が高すぎて，脳下垂体が刺激され続け，フィードバックの抑制効果が十分に受けられていない可能性が示唆される。よって，④〜⑥はいずれも誤り。

問2　糖尿病には，分泌細胞の異常で正常なインスリンが十分分泌できない場合（被験者Ⅰ）と，受容細胞がインスリンの作用を十分に受けられない場合（被験者Ⅱ）とがある。インスリンを注射する治療を行うと，受容細胞が正常な被験者Ⅰではその効果があるが，異常を示す被験者Ⅱでは効果がみられない。糖負荷試験は空腹時に一定量のグルコースを与え，その後の血糖量と血中インスリン濃度を測る試験である。

被験者X：糖負荷後，血糖量は一時的に上昇するが，インスリン分泌により血糖量は
　　正常値に戻る。よって，健常者である。

被験者Y：糖負荷後にインスリンの分泌量が上昇せず，血糖量は上昇したままなので
　　被験者Ⅰである。

被験者Z：糖負荷試験後，インスリンは分泌されているが，血糖量は低下しないので，
　　被験者Ⅱである。

18　免　疫

43　免疫のしくみ

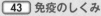

問1　②　　問2　②　　問3　⑤　　問4　④　　問5　④，⑥

解説 **問1**　体内に侵入した抗原を細胞が取り込み，細胞内で消化する作用を食作用という。食作用をもつ細胞はマクロファージ，樹状細胞，好中球があるが，このうちヘルパーT細胞に抗原提示する細胞は樹状細胞とマクロファージである。さらに，抗原を取り込んだ後，主にリンパ節に移動してT細胞に抗原提示するのは樹状細胞である。マクロファージは抗原取り込み後も，抗原が侵入した組織にとどまることが多い。

重要事項の確認　**ヒトの生体防御**
　①物理的・化学的防御（体表での防御）→②食作用と炎症作用
　→③適応免疫（リンパ球による抗原の排除）
　①と②を合わせて自然免疫ということもある。
　③には，**細胞性免疫**（キラーT細胞が抗原を排除）と，**体液性免疫**（B細胞が分化して
　　生じた形質細胞が分泌した抗体で抗原を排除）がある。

問2　ウイルスや細菌などの抗原は，細胞x（樹状細胞）の表面にあるTLRに結合し，細胞内に取り込まれて消化される。樹状細胞がMHC分子上に提示した抗原断片は，細胞y（ヘルパーT細胞）のTCR（T細胞受容体）に受容される。ヘルパーT細胞が活

性化すると，サイトカイン（インターロイキン）が分泌され，これを受容した特定の細胞 z（B細胞）は活性化して形質細胞に分化し，抗体を分泌する。

ア．誤り。ヘルパーT細胞，B細胞はリンパ球だが，樹状細胞は単球の一種である。

イ．上記の通り，正しい。

ウ．ヘルパーT細胞は適応免疫に関わるが，自然免疫には関わらない。

エ．B細胞は骨髄で分化する。

問3 抗原分子は抗体と結合できる部分が1カ所であり，Y字型をしている抗体には抗原と結合できる部分が2カ所ある。そのため，両者の結合を描くと右図のようになる。分子量と物質の重量は比例関係にあるので，結合する抗

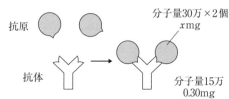

原を $x$mg とすると，抗原×2：抗体×1＝30万×2：15万×1＝$x$mg：0.30mg となり，$x=1.2$mg が正解。

問4 ハブなどの毒蛇に咬まれたときには，抗原となる毒素を速やかに排除する必要がある。このような場合，他の動物にあらかじめ毒素に対する抗体をつくらせておき，その抗体を含む血清を速やかに注射する血清療法が用いられる。本問では，ヘビに咬まれて毒素が体内に侵入した直後に，ハブ毒に対する抗体を含む血清を注射している。血清は直ちにハブ毒素を排除するため，体内のハブ毒に対する体液性免疫はほとんど発動しない。つまり，ハブ毒に対するヒト由来抗体はほとんどつくられない。さらに40日後にもう1度この血清を注射しているが，再度ハブ毒を体内に侵入させたのではないため，当然，「ハブ毒素に対する抗体」はつくられず，④が正答となる。

一方，体内に残った「異種動物由来の抗体」はヒトにとっては非自己となるため，「異種動物由来抗体に対する抗体」が産生される。このようなヒトに再度，同じ「異種動物由来の抗体」を注射すると二次応答が起こり，「異種動物由来抗体に対する抗体」は即時的に大量に合成される。そのため，仮に選択肢のグラフ縦軸が「血清に含まれる異種動物由来抗体に対する抗体量」であったら，解答は①のようなグラフになる。

問5 ①・③ ともに正しい。アレルギーには花粉症以外にも，卵などの食物や，漆によるもの，ツベルクリン反応時にみられるものなどがある。アレルギーの原因となる抗原をアレルゲンという。

② 正しい。重篤な症状を示すアレルギーをアナフィラキシーという。毒素や抗生物質などで起きることがある。

④ 誤り。HIV はヘルパーT細胞に感染して，適応免疫全般の機能を低下させる。

⑤ 正しい。HIV に感染し，10年近く経過すると，体内のヘルパーT細胞数が極度に少なくなり，カリニ肺炎などの日和見感染症を引き起こす。このように免疫が極度に低下した状態を AIDS（後天性免疫不全症候群）という。

⑥ 誤り。HIV 感染に有効なワクチンは現在ないとされている。また，アレルギーを軽減する療法には減感作療法というものがあるが，ワクチンとは異なるしくみなので正しくない。

44 心臓と血液の循環

問1 ① 問2 ① 問3 ②, ③ 問4 ⑤

解説 問1 血管a〜hの名称は，a−肺動脈，b−大静脈，c−肝静脈，d−腎静脈，e−肺静脈，f−大動脈，g−肝門脈，h−腎動脈である。血管の決定は，図1の心室壁が厚い左心室に接続するfが大動脈であることなどを考慮するとよい。

① 正しい。肺動脈(a)には静脈血が，肺静脈(e)には動脈血が流れる。

② 誤り。肝臓に流入する血管は肝門脈(g)と肝動脈(gの上にある血管)であり，肝静脈(c)は肝臓から血液が出る血管である。

③ 誤り。尿素合成は肝臓の尿素回路で行われるので，尿素濃度が最も高いのはhでなくcの肝静脈である。

④ 誤り。肝門脈を流れる血液は，小腸で多くの酸素を解離しているので静脈血。

問2 心臓の拍動を一定に維持する洞房結節(ペースメーカー)は右心房(i)に存在する。図2の各領域の名称は，j−右心室，k−左心房，l−左心室である。

問3 左心房と左心室の間にある房室弁は血液の逆流を防ぎ，左心房内圧が左心室内圧を上回ると開放して，血液を左心房から左心室に供給する。一方，左心室と大動脈の間にある動脈弁も血液の逆流を防ぎ，左心室内圧が大動脈内圧を上回ると開放して，血液を左心室から大動脈に供給する。本文にある「心臓の拍動に伴う左心室内圧と左心室容積は図3のm→n→o→pの順で変化する」という内容がヒントになる。

① 誤り。心臓の1回の拍動はm→n→o→pの一巡で，左心室の収縮(o→p)と弛緩(m→n)が1回ずつである。

② 正しい。左心室容積が拡大するn→oでは房室弁が開放して左心房から左心室へ血液が流入しているが，このとき，左心室の内圧は大動脈の内圧よりも低いため，動脈弁は開放しない。

③ 正しい。動脈弁が開放して房室弁が閉鎖している状態は，左心室の内圧が高まって血液が左心室から大動脈へ流れ出し，左心室容積が低下している状態(p→m)である。

④ 誤り。m→n，o→pでは左心室容積が変化していないため，左心室の血液の流出入は無く，動脈弁と房室弁はともに閉鎖している。m→nでは左心室内圧が低下して左心房から左心室へ血液を送り込む準備を，o→pでは左心室内圧が高まり，大動脈へ血液を送る準備をしている段階である。

問4 一般に酸素分圧は組織より肺が高く，二酸化炭素分圧は組織より肺が低い。そのため，図4に示した酸素解離曲線のアは肺，イは組織と同じ二酸化炭素分圧で測定されている。肺の酸素分圧は100mmHgなので，アの曲線を見ると酸素ヘモグロビンは95％。組織の酸素分圧は30mmHgなので，イの曲線を見ると酸素ヘモグロビンは30％である。肺から運ばれた酸素のうち，何％が組織に渡されたかを求めるので，

$$\frac{95-30}{95} \times 100 \fallingdotseq 68.4\%　となる。$$

解説 問1　腎臓に接続する管構造は，血液を腎臓内に送る腎動脈，血液を腎臓から送り出す腎静脈,腎臓内で生成された尿をぼうこうへ送り出す輸尿管の3つである。「管cには血液が付着していなかった」ことから，管cが輸尿管である。また，「管aと管bの切断面の壁の厚さは管aの方が厚い」ことと，「墨汁を管aに注入すると黒色の球状の構造（糸球体と判断できる）が多数見られた」ことより，管aが血管壁の厚い腎動脈であり，残った管bが腎静脈であると判断できる。一般に，血管壁は静脈に比べて動脈が厚く，腎動脈から腎臓内に入った血液は糸球体に流れることも合わせて覚えよう。また，選択肢中の細尿管と集合管は髄質の構造なので誤り。

重要事項の確認■ **腎臓の構造**

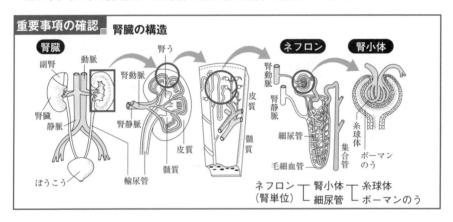

ネフロン（腎単位）┐腎小体┌糸球体
　　　　　　　　　└細尿管└ボーマンのう

重要事項の確認■ **ろ過と再吸収**

ろ過されないもの：タンパク質と有形成分（血球）
すべて再吸収されるもの：グルコース（とアミノ酸）
多くが再吸収されるもの：水，無機塩類（Na^+などの金属イオン）など
再吸収されにくいもの：尿素，尿酸，アンモニアなどの老廃物

問2　問1の解説にもあるように黒色の球状の構造（イ）は糸球体である。①腎うは腎臓内で集合管から送られた尿を一時的にためておく空所，②腎節は発生過程で腎臓の由来となる胚の区域，③副腎は腎臓の上部にある別器官で内分泌に関わる，④は糸球体を包み込む構造，⑥腎単位（ネフロン）は糸球体とボーマンのう，細尿管（腎細管）を合わせた腎臓の構造・機能上の基本単位であり，いずれも誤りである。

問3　図3はヒトの腹部断面を示しており，図の上方がからだの前方，下方がからだの後方を示している。肝臓は腹部の右上に位置し，ヒトで最大の器官であることからキが選べる。各臓器の名称は，ウ－脾臓，エ－すい臓，オ－胃，カ－胆のう，キ－肝臓，ク－腎臓（左右1対存在する）。

問4 肝臓は，機能・構造の基本単位である肝小葉が約50万個集まってできている。さらに，1つの肝小葉は約50万個の肝細胞が集合してできている。図4の上方が肝小葉の周囲，下方が肝小葉の中心部分を示している。問題文に「管Bには酸素を多く含む血液が流れている」とあるので，管Bが肝動脈とわかる。肝門脈(管A)と肝動脈から肝小葉内に流れてきた血液は類洞を通って中心静脈(管D)に流れる。一方，管Cは胆管で，肝小葉から排出された胆汁が流れ込む。

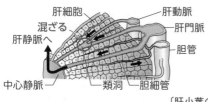

〔肝小葉の構造〕

・血液は肝小葉の中心へ向かって流れる。
・胆汁は肝小葉の外側へ向かって流れる。

重要事項の確認 ▎ **肝臓の構造**

　　肝細胞 ＜ **肝小葉(肝臓の基本単位)** ＜ **肝臓**
　　　　　　↑　　　　　　　　　　　　　↑
　　肝細胞50万個からなる　　　肝小葉50万個からなる

肝臓に接続する血管
　　肝動脈：心臓から肝臓へ酸素濃度が高い血液が流入する。
　　肝門脈：消化管(小腸など)や脾臓，すい臓から，栄養を多く含み酸素濃度の低い血液が流入する。肝動脈より太い。
　　肝静脈：肝臓から心臓へ戻る酸素濃度の低い血液が流れる。尿素濃度が高い。

生物の環境応答

20 刺激の受容

46 眼のつくりとはたらき
問1 ②, ④ 問2 A−② B−⑤ 問3 ③

解説 問1 図1, 2に示された各部分の名称は, a−角膜, b−虹彩, c−チン小帯, d−水晶体(レンズ), e−ガラス体, f−黄斑, g−盲斑, h−網膜, i−脈絡膜, j−強膜, k−桿体細胞, l−錐体細胞(kとlを合わせて視細胞という)である。

① 誤り。眼に入った光はm側から網膜に入る。

② 正しい。虹彩には2種類の筋肉があり, 交感神経が瞳孔散大筋にはたらいて収縮させると瞳孔径は拡大し, 副交感神経が瞳孔括約筋にはたらいて収縮させると瞳孔径が縮小する。

③ 誤り。水晶体の厚さの調節は, 中脳から毛様筋に興奮が伝わることでなされるが, cはチン小帯を示している。また, チン小帯は繊維であり筋肉ではない。

④ 正しい。盲斑は視神経が網膜を貫くため, 視細胞は存在しない。また, 桿体細胞は網膜の黄斑周辺に多く存在し, 黄斑と盲斑を除く網膜全体に分布する。

⑤ 誤り。jは強膜であり, 結膜はまぶたの裏側と眼球の前方を覆う薄い膜である。

問2 視交差(視交叉)の問題で注意したいのが, 下図に示したように, 網膜上に映る像は実際の視野から反転した像だということである。そのため, 左眼の耳側には左眼の右視野の像が, 左眼の鼻側には左眼の左視野の像が, 右眼の耳側には右眼の左視野の像が, 右眼の鼻側には右眼の右視野の像が図のように映る(実際は両視野の間が盲斑に結像するので死角となり見えないが図では省略してある)。

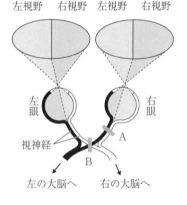

A. 右眼につながる視神経をすべて切断すると右眼の視覚情報がすべて失われるので, ②が正しい。

B. 交差している鼻側の網膜から出た視神経を切断すると, 左眼では左視野の視覚情報が失われ, 右眼では右視野の視覚情報が失われるので, ⑤が正しい。

問3 生物の色覚(色の区別)は吸収極大波長が異なる各錐体細胞の光の吸収率とその情報が大脳で統合されて, 絵の具を混ぜるように決定する。

① 正しい。ヒトは吸収極大波長が425, 535, 565nmの錐体細胞をもっており, キンギョではヒトが見ることができない短波長側(吸収極大波長360nm)と長波長側(吸収極大波長620nm)の錐体細胞をもつ。キンギョはヒトよりも広い範囲の色覚を有し, 特に350〜460nm付近ではヒトよりも多くの光を識別していると考えられる。

ニワトリでは，識別できる波長の範囲はヒトより若干広い程度であるが，吸収極大波長が415，455nm と，ヒトが425nm の錐体細胞で主にカバーする範囲に2つの錐体細胞をもつ。よって，この範囲ではヒトより色をよく識別できると考えられる。

② 正しい。キタヒョウガエルとクサガメの錐体細胞の吸収極大波長を比べると，432→460nm，502→540nm，575→620nm というようにいずれの錐体細胞も両生類よりは虫類の方が長い傾向がある。一概にすべての両生類とは虫類でこの関係が成立するとはいえないが，表1に与えられたデータのみの推論としては正しい。

③ 誤り。吸収極大波長と錐体細胞が受容できる光の波長の範囲は異なることに注意したい。吸収極大波長が360nm ということはそこを中心に短波長側，長波長側に山なりの光吸収が可能となる。そのため，360～620nm からいくらか短波長，長波長側の光も吸収するはずである。

④ 正しい。表1を見る限り，イヌやネコがもつ吸収極大波長429，450nm の錐体細胞は，ヒトがもつ吸収極大波長425nm の錐体細胞と一致し，イヌやネコがもつ吸収極大波長555nm の錐体細胞は，ヒトがもつ吸収極大波長535，565nm の錐体細胞のいずれかと一致する。そのため，イヌやネコはヒトの緑錐体細胞（吸収極大波長535nm），または赤錐体細胞（吸収極大波長565nm）のいずれかをもたない可能性が高く，この範囲に錐体細胞を2つもたないということは，緑色と赤色の中間色である黄色などの色は判別しにくくなる。

47 音の受容
問1　⑤　　問2　③　　問3　④

解説 問1　問題文にある気導音は通常の音の受容と同じように外耳から，骨導音は耳小骨の振動を代用していると推測でき，内耳から情報が流入する。そのため，音の経路となる外耳と中耳に障害が及ぶと気導音では音の受容が困難になるが，骨導音では影響が表れない。一方，内耳に障害が及んだ場合は，気導音でも骨導音でも音の受容が同程度に困難になる。よって，⑤が正しい。②は外耳か中耳の障害，④は外耳か中耳の障害に内耳の障害が重なったものと考えられる。①，③は骨導音の方が聴力レベルが低下しているので原因を特定するのは難しい。

問2　ヒトの耳では高周波数（高音）をうずまき管の基部（入り口）側で，低周波数（低音）をうずまき管の先端部分で受容している。図2より，聴力レベルは気導音，骨導音の両方で低下していることから原因は内耳にあり，また，高周波数の音の聴力レベルが極端に低下しているので，うずまき管の基部（入り口）側の聴細胞の影響が考えられる。よって，③が正しい。

　参考までに，外耳と中耳の障害に該当する①・②は問1の②と同様の結果が，内耳から大脳への経路に障害がある⑤・⑥は問1の⑤の結果が，内耳の特定部分に障害がある④は，図2とは逆に右上がりの聴力レベルの結果を示すと予想される。

問3　問題文にある情報から模式図を描くと右図のようになる。音波は十分に離れた右30°の方向から耳に入るので，図に示した↙の部分が左右の耳に音波が到達する時間差に相当する距離になる。この長さを$x$cmとおくと，三角比より，

　　20cm：$x$cm＝2：1，x＝10cm

となる。音速は330m/秒なので，10cm進むのにかかる時間は，

$$\frac{10(\text{cm})}{33000(\text{cm})} \times 1(秒) \times 10^3(ミリ秒)$$

$$\fallingdotseq 0.30(ミリ秒)$$

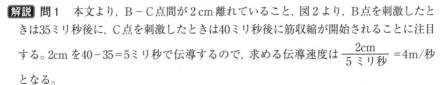

である。なお，このしくみは音がどちらから進入するかを聞き分けたり，フクロウなどの鳥類が夜間に行う音源定位などにも用いられている。

21　神経と効果器

48　神経の興奮の伝導速度
問1　④　　**問2**　⑤　　**問3**　②　　**問4**　①

解説 問1　本文より，B－C点間が2cm離れていること，図2より，B点を刺激したときは35ミリ秒後に，C点を刺激したときは40ミリ秒後に筋収縮が開始されることに注目する。2cmを40－35＝5ミリ秒で伝導するので，求める伝導速度は$\frac{2\text{cm}}{5\text{ミリ秒}}$＝4m/秒となる。

問2　神経を電気刺激した場合，筋収縮が起こるまでには，伝導に要する時間（Ⅰ）＋伝達に要する時間（Ⅱ）＋筋肉自体が収縮を起こすのに有する時間（Ⅲ）の合計の時間を要する。ここで，本問では，伝達に要する時間は考慮しなくてよいとあるのでⅡの時間は0ミリ秒とする。また，Ⅲの時間は筋肉を直接電気刺激したときの時間に相当するので，図2よりA点を刺激した際に筋収縮がみられるまでの時間の10ミリ秒であるとわかる。よって，C点から筋肉までの伝導に要する時間は，40－0－10＝30ミリ秒である。問1より興奮の伝導は2cmを5ミリ秒で移動するので，求める長さ（$x$cm）は，2cm：5ミリ秒＝$x$cm：30ミリ秒，x＝12cmとなる。

問3　本文よりオシロスコープの電極はaが測定電極（細胞外），bが基準電極（細胞外）である。図3ではC点を刺激しているので興奮はb→aの順に電極に伝わり，bの電極が先に－となるため，基準電極からみた測定電極の差は＋となって，図3の最初の山型の波形が生じる。その後，a点に興奮が達するとこれとは逆の電位となるため今度は谷型の波形が生じる。本問では，B点を刺激して伝導方向が逆になっているため，

生じる波形も逆になる。よって，②が正しい。

問4　神経細胞には興奮が起こる最低限必要な刺激の強さ(閾値)があり，単一の神経の場合は全か無かの法則が成立する。そのため，単一の神経を刺激したときに計測される活動電位の大きさは下図のようになる。しかし，座骨神経を刺激した図4では，活動電位の大きさは徐々に上がっており，これは単一神経の結果と一致しない。座骨神経は複数の神経からなる神経繊維束であり，各々の神経は少しずつ異なった閾値をもつので刺激の強さを上げていくと，各神経が徐々に閾値を超え始める。そのため，活動電位の大きさはすべての神経が興奮しきるまで徐々に増加し，やがて一定になる。よって，①が正しく，③は誤り。

② 　誤り。図4のグラフは速度や時間について調べたものでないので判断できない。

④・⑤　ともに誤り。伝達や筋肉の活動電位を計測したわけではないのでいずれも図3は根拠にならない。

49　神経の閾値と筋収縮
問1　②　　**問2**　④

解説 **問1**　本文より，吻伸展行動は吻の先にスクロース溶液が接すると感覚神経が興奮して起こる行動であるから，その起動に必要な感覚神経の興奮が起こり，これが運動神経に伝わって筋肉の興奮を促さないと吻伸展行動は起こらない。そのため，感覚神経の興奮閾値は吻伸展行動の閾値よりは小さいはずである。**実験1**の表1より，どの個体もスクロース濃度が0.01％の溶液を吻に接触させても感覚神経の活動電位は発生しないが，0.1％のときは少ないながらすべての個体で発生している。よって，感覚神経の閾値は0.01％より大きく，0.1％以下である。また，**実験1**の本文より，0.1％以下では吻伸展行動は示さず，1％以上で吻伸展行動を示すことから，吻伸展行動の閾値はこの間にあるといえる。これらの内容をまとめると，0.01％＜感覚神経の閾値≦0.1％＜吻伸展行動の閾値≦1％となり，②が正しい。

問2　実験2の本文の内容から，筋収縮の種類を考える必要がある。本文の「瞬間的な弱い筋肉の収縮が散発的にみられ」─→単収縮(0.1％のときの筋収縮)，「筋肉は持続的な収縮を示し」─→(完全)強縮(1％のときの筋収縮)であると推測できる。

① 　誤り。1％のときは強縮をしているが，0.1％のときは強縮をしておらず，強縮の持続時間が長くなったとはいえない。

② 　誤り。1％のときは単収縮ではなく強縮をしており，散発する単収縮の間隔が長くなると強縮はみられない。

③誤り・④正しい。上述の通り，0.1％のときは単収縮を，1％のときは強縮をしていると考えられる。

解説 問1　図2において暗く見えるエは暗帯を,明るく見えるオは明帯を示している。また,カは骨格筋の筋原繊維の基本単位であるサルコメア(筋節)を示しており,カの両端で少し暗くなっている部分はZ膜を示している。明帯であるウはミオシンフィラメントよりも細いアクチンフィラメントのみからなるのでaである。

アとイについては下図のように暗帯の構造を図に書きながら注意深く考える。

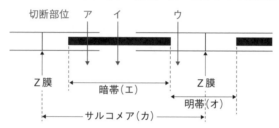

上図のように,暗帯の中でもイのようにミオシンフィラメント単体の部分と,アのようにミオシンフィラメントとアクチンフィラメントが重なっている部分があるため,暗さに違いが見られる。よって,アはb,イはcが正しく,正答は④である。

問2　骨格筋が収縮したときに長さが短くなるように変化するのは,サルコメア(図2のカ),明帯の長さ(図2のオ)であり,エの暗帯の長さは変化しない。

問3　筋収縮時のエネルギー供給を代謝(異化)の反応と絡めた問題。1500m走ではスタートダッシュ時に筋肉内に蓄えられていたクレアチンリン酸が消費され,直ちにATPが再生される。筋肉における有機物を基質とするATPの供給法は,主に細胞質基質で進行する**解糖**(乳酸発酵と同じ経路)とミトコンドリアで進行する**呼吸**がある。筋細胞内に酸素が少なく短時間でATPの産生を特に必要とする際は解糖が優先的に行われ,有酸素運動など筋細胞内に酸素が十分に行きわたっているときは呼吸が優先的に行われる。ATPの単位時間あたりの供給効率は,一見,呼吸の方が高いようにみえるが,呼吸は複数の段階を経るためATP供給速度が小さい。逆に単純な分解過程で進む解糖の方が代謝速度は大きく,呼吸基質の消費速度は大きいがATPも供給しやすい。そのため,図4のキが解糖,クが呼吸のATP供給割合を示す。よって,②の下線部はミトコンドリアでなく,**細胞質基質**であり,誤りである。

①・③　正しい。解糖に酸素は必要なく,グルコースが分解されて乳酸がつくられる。

④・⑤・⑥　正しい。ミトコンドリアの内膜(クリステ)で進行する電子伝達系のATP合成は酸化的リン酸化と呼ばれ,酸素を消費して水を生成する。また,同じ量のグルコースが消費されたときのATP合成量は,呼吸の方が解糖より最大で19倍高い。

51　体内時計と太陽コンパス
問1 　①, ④　　　**問2** 　③　　　**問3** 　⑤

解説 **問1** 　本文より，実験では太陽が出ている晴れの日に，魚（ブルーギル）に対して
7：30と16：30で逃避の学習実験を行っている。この実験終了後に，図2のAとBで
は同様の環境で学習の効果を測る逃避実験を行い，図2のCとDでは異なる環境の下
で学習の効果を測る逃避実験を行っている。AとBでは，開放した北向きの入り口に
片寄って魚が逃避しているので，下図のように太陽の方向を基準とした隠れ場の方角
（Aの7：30は反時計回り約110°の方向に逃避，Bの16：30は時計回り約110°の方向に
逃避）の学習が成立していると考えられる。また，人工照明のもと行った図2のDでも，
若干のズレはあるが7：30，16：30の試行ともに図2AとBと同様の傾向がみられ，
学習が成立しているといえる。図2のCにおいて，太陽が見られない曇りの日で魚の
隠れ場の方向が定まっていないのは，学習が成立していても，基準となる太陽がない
と方角を定められないからであると推測できる。よって，**①**と**④**が正しい。

② 　誤り。曇りの日に学習を定着させる試行は行っていない。図2のBは学習成立後
に学習の効果を確認する実験であるので混同しないようにしたい。また，今回の逃
避行動以外の様々な学習行動が曇りの日に成立するかどうかは実験からはわからな
い。

③ 　誤り。図2のAとBで太陽の位置が変化しても隠れ場の方向は北側で一致してい
る。

⑤ 　誤り。地磁気を用いているのであれば，図2のDの結果は太陽を模した人工灯の
位置にかかわらず，図2のA，Bと一致するはずである。

⑥ 　誤り。周囲の景色がどのようになっているかは文中に記されておらず，判断でき
ない。

A〔晴れ，7時30分〕　　　　B〔晴れ，16時30分〕　　　　D〔屋内，7時30分（●）
　　　　　　　　　　　　　　　　　　　　　　　　　　　　　　・16時30分（●）〕

問2 　太陽は東から昇り，西に沈む。1時間あたりの太陽の移動は時計回りに15°なので，
6：00に東から日が昇るとすると，10：30では東南の方角に太陽がある。よって，図
3の東側に太陽を模した人工灯があれば北西の方向に逃避することになる。これは実
験結果と一致するので，**③**が正しい。

問3　餌場から戻ったミツバチはなかまに餌場の方角を伝えるために8の字ダンスを踊る。下図のように，太陽が南東にある時刻に西の餌場から戻ったハチは，太陽の向きを基準として時計回り135°の方角を餌場の位置と記憶しているので，巣箱内で鉛直上向きの位置を太陽の位置に見立て，時計回り135°の方向（鉛直下向きから右へ45°の方向）に直進するダンスを踊って，なかまに餌場の方角を伝える。よって，⑤が正しい。

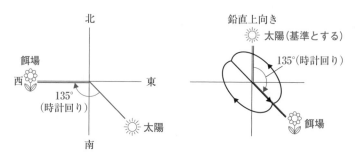

52　ヒキガエルの定位反応
問1　⑤　　問2　①

解説　問1　図1にあるようにカエルは視野内の動く標的に対して頭部を正面に向ける定位反応を示す。**実験1**では様々な形の模型を用いて，これを動かし，定位反応がみられる回数を測定している。まずは，**実験1**の結果である図4を下図のように整理してみよう。

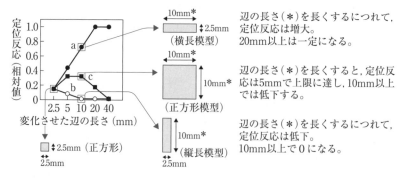

　上図からもわかるように，ヒキガエルは物体の長軸方向が移動方向と平行な場合(a)は，長軸の長さが長くなると定位反応の回数は増加するが，逆に物体の長軸方向が移動方向と垂直な場合(b)は，長軸の長さが長くなると定位反応の回数は低下する。よって，⑤が正しい。

①　誤り。図4の正方形(c)の定位反応に比べて，長方形(b)の定位反応は起こりにくい。

② 誤り。図4のbやcでは面積が大きくなる（図の横軸が増加する）と定位反応は逆に起こりにくくなる。

③・⑥ ともに誤り。図4のaとbは長軸方向の向きは異なるが，その形は90°反転すれば同じである。しかし，変化させた辺の長さ（横軸の大きさ）が5mm以上では，面積が同じでも定位反応の起こりやすさが大きく異なる。

④ 誤り。正方形模型(c)では辺の長さが10mmを超えると，定位反応は起こりにくくなる。

問2 実験2で用いた横長模型は縦2.5×横20mmであり，図4aの横軸20mm（定位反応1.0）と同じである。また，その上方にある正方形模型は，図4cの横軸2.5mm（定位反応0.175）と同じである。これを，図4に示すと以下の図のようになる。また，図6に示された反応を図4と比べた考察も以下の図に合わせて示した。

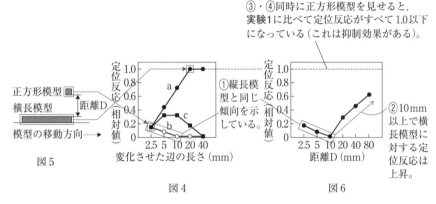

③・④同時に正方形模型を見せると，**実験1**に比べて定位反応がすべて1.0以下になっている（これは抑制効果がある）。

①縦長模型と同じ傾向を示している。

②10mm以上で横長模型に対する定位反応は上昇。

正方形模型 ■

横長模型

距離D

模型の移動方向----→

図5

図4

図6

① 誤り。上の図6の横軸2.5～10mmの範囲は，図4b（縦長模型）の横軸2.5～10mmの範囲の変化とほぼ同じである。これは，ヒキガエルが縦長模型と同様に認識していることを示す。

② 正しい。上図6より10mm以上では模型に対する定位反応は上昇している。これは物体が獲物として認識されたことを示しており，獲物効果は増加している。

③・④ ともに正しい。**実験2**で用いた横長模型の定位反応は，単独の場合は図4より1.0であるが，正方形模型を同時に配置した場合では図6より，すべて1.0以下に低下している。これは正方形模型があることで，横長模型に対する定位反応が抑制されていると考えられる。

23 植物の生活と植物ホルモン

解説 問1 図2では培養液に植物ホルモンが含まれないときに比べて，ジベレリンのみを加えたときは重さも長さも増加率は変わらないが，オーキシンのみを加えた場合はいずれも増加し，オーキシンとジベレリンを加えた場合はいずれもさらに増加している。よって，オーキシンは単独で茎の重量増加・伸長成長を促進し，ジベレリンは単独ではいずれも促進も抑制もしない。しかし，ジベレリンはオーキシンの存在下では，オーキシン単独時よりも茎の重量増加・伸長成長を促進する。

重要事項の確認 **茎の成長に関わる植物ホルモン**

オーキシン：細胞壁を緩めて吸水を促進。
ジベレリン：セルロースの形成を横方向に促進。茎を伸長成長。
エチレン：セルロースの形成を縦方向に促進。茎を肥大成長。

問2 図2の茎切片の重さと長さの12時間あたりの変化を図に示すと下図のようになる。

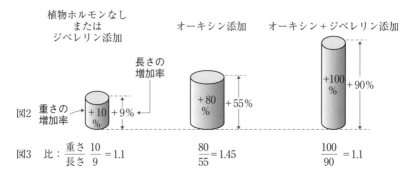

図3 比：$\dfrac{\text{重さ}}{\text{長さ}}\dfrac{10}{9}=1.1$ $\dfrac{80}{55}=1.45$ $\dfrac{100}{90}=1.1$

図に示した数値は実験開始時に対する12時間での増加した割合を示している。この図を見ると，いずれも茎切片は成長しているが，オーキシン単独では茎が太くなり，オーキシンとジベレリンの両方を添加すると茎は細く伸長することがわかる。

①・② ともに誤り。単位長さあたりの重さは図3の比の値を示しており，オーキシンを含む培養液の方が，オーキシンとジベレリンを含む培養液の場合よりも増加する。

③・④ 上図のように，茎の太さはオーキシンを含む培養液の方が，オーキシンとジベレリンを含む培養液の場合よりも太い。③は誤り，④は正しい。

なお，茎の伸長作用はオーキシンが細胞壁の成分を一部分解することで細胞内に水の流入を均一に促すのに対し，ジベレリンは地面と平行に細胞壁の繊維（セルロース）を細胞表面に合成することで，肥大成長側への細胞伸長を抑制する（伸長方向へ細胞

がより成長する)作用がある。

54 種子の発芽
問1　④　　問2　③　　問3　①

解説 問1　ヨウ素溶液はデンプンに反応し，青色(青紫色)に呈色する。寒天培地には
デンプンが含まれるので，デンプンが分解されなければ寒天培地は青色に染まる。一
方，種子は発芽時に胚で合成されたジベレリンが糊粉層に作用し，アミラーゼの合成
と分泌を促す。アミラーゼは胚乳に拡散して胚乳中のデンプンを，発芽時の養分とな
る糖(グルコース)に分解する。寒天培地ⅠとⅢではアミラーゼが合成されて周囲の寒
天培地に作用し，デンプンを分解したため青く呈色しなかったと考えられる。種子の
発芽抑制に関わるホルモンはアブシシン酸であり，寒天培地に加えるとアミラーゼの
合成は行われないので，寒天培地のデンプンが分解されず，青色に呈色する。

重要事項の確認　種子発芽
胚でジベレリン合成・分泌 ➡ 糊粉層がアミラーゼを合成・分泌 ➡ 胚乳のデ
ンプンが分解されて糖(グルコース)になる ➡ 糖(グルコース)を用いて胚が成長。

問2　①　正しい。寒天培地ⅠとⅢで寒天中のデンプンが分解されたのは，種子からア
　　ミラーゼが分泌されたためである。
　　②・④　ともに正しい。寒天培地Ⅲの胚なし半種子を置いた部分でも呈色が見られな
　　いのは，種子がアミラーゼを合成，分泌していることを示す。胚なし半種子には胚
　　がなく，ジベレリンが合成されないはずなので，ジベレリンは寒天を介して隣の胚
　　つき半種子から供給され，胚なし半種子に作用したと考えられる。
　　③　誤り。寒天培地Ⅲの胚なし半種子は胚がないため，ジベレリンは合成されない。
問3　実験2の内容をもとにヨウ素溶液を加えた後の寒天培地を示すと，下図のように
　　なる。

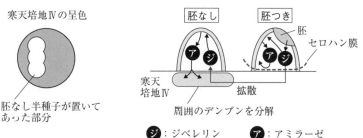

寒天培地Ⅳの呈色

胚なし半種子が置いて
あった部分

胚なし　　胚つき　胚　セロハン膜
ジ：ジベレリン　　ア：アミラーゼ

寒天
培地Ⅳ　周囲のデンプンを分解　拡散

　　胚つき半種子の下では呈色反応が見られるので，アミラーゼは胚つき半種子から寒
天培地に分泌されていない。一方，呈色反応が見られない胚なし半種子は寒天培地に
アミラーゼを分泌している。胚なし半種子がアミラーゼを合成できたのは，問2と同
様に，胚つき半種子からジベレリンが供給されたためである。

第5章　生物の環境応答

①・② セロハン膜をジベレリンは通過し，アミラーゼは通過しない。よって，①は
正しく，②は誤り。

③ 誤り。ジベレリンは隣の種子まで到達し，アミラーゼは種子の周辺のみにしか拡
散しないので，ジベレリンの方が寒天を拡散しやすいといえる。

④ 誤り。アミラーゼは両方の半種子で合成されている。胚あり半種子の下が呈色す
るのは，アミラーゼが合成されないからではなく，セロハン膜によってアミラーゼ
が寒天に到達できないからである。

⑤ 誤り。問2と同様に，ジベレリンは胚のみで合成され，胚なし半種子では合成さ
れない。

⑥ 誤り。胚なし半種子の下にセロハン膜を敷くと，アミラーゼが通過できなくなり
寒天培地でデンプンが分解されず，ヨウ素溶液によって寒天全体が呈色するように
なる。

---

[55] 花の開閉
問1 ⑤　　問2 株A－ア　株B－ウ　株C－イ

解説 問1 しくみ@は細胞体積が成長していくことで起こる成長運動(光屈性や重力
屈性)，しくみⓑは水の流出入により細胞体積を可逆的に増減させることで起こる膨
圧運動(光傾性など)である。図1を見ると，温度変化の有無にかかわらず，表皮片の
長さは時間経過とともに伸びることはあっても縮んではいない。つまり，@の成長運
動と判断できる。膨圧運動であれば，細胞体積が縮小する箇所があるはずである。

問2 アブシシン酸(ABA)は乾燥による気孔閉鎖に関与するが，光の強さによる気孔
閉鎖には関与しない。また，気孔はガス交換を促すため光合成が行われる日中に開放
し，夜間に閉鎖する。乾燥・暗条件における気孔閉鎖経路を図示すると以下のように
なる。

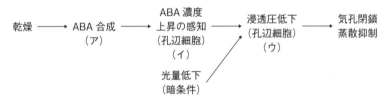

ABA を変異株に与えた際，イとウのしくみが正常であれば(アのしくみが欠損し
ていても)気孔は閉じるが，イ・ウのいずれかが異常だと気孔を閉じることはできない。

また，暗条件にした際，ウのしくみが正
常であれば気孔は閉じるが，ウが異常だと
気孔を閉じることはできない。これらをま
とめると，右表のようになる。

	ABA 添加	暗条件	変異部位
株A	○	○	ア
株B	×	×	ウ
株C	×	○	イ

○：気孔閉鎖あり，×：気孔閉鎖しない

> **重要事項の確認** **気孔の開閉**
>
> **気孔の開放**：フォトトロピンが青色光を受容 —→ 孔辺細胞内に K⁺ が流入 —→ 孔辺
> 細胞内に水が流入 —→ 膨圧上昇 —→ 孔辺細胞の湾曲 —→ 気孔が開く。
> **気孔の閉鎖**：アブシシン酸の合成と受容 —→ 孔辺細胞から K⁺ が流出 —→ 孔辺細胞
> 外に水が流出 —→ 膨圧低下 —→ 孔辺細胞の縮小 —→ 気孔が閉じる。

24 | 植物の光応答

56 花芽形成と開花時期の調節
問1 ③　　**問2** ②　　**問3** ⑥

解説 **問1**　植物は種子が発芽してから，子葉を展開し，日長や温度が適切な条件になると花芽形成をして開花・結実する。植物の花芽形成などが日長の情報をもとに行われる性質を光周性という。

　図1より，3/16～4/16の間と9/1～10/16の間で子葉が展開した個体は約30日で開花する。これは，子葉が展開してから花芽を形成し，開花するまでに最低でも30日要することを示している。子葉が展開してから開花までに要する期間は，5/16が約125日，6/16が約90日，7/16が約65日，9/16が約30日である。開花までに要する日数を子葉が展開した各日に加えると，ア～ウが9/15～20前後，エが10/16前後となり，③が正しい。

問2　図1より，日長の時間が約13時間を超えると，子葉の展開から開花までの日数は30日を超える。日長が長くなると花芽形成をしなくなることから，実験に用いた植物は短日植物であると判断できる。

① 　誤り。開花時期と日長に関連性がないのであれば，子葉が展開した時期がいつであっても，同じ日数が経過した時点で開花するはずである。

② 　正しい。子葉の展開から開花までは最低でも約30日必要であり，日長が約13時間を超えると開花までの日数が伸びるので正しい。

③・④ 　ともに誤り。日長が13時間より長くなると，この植物は花芽形成を行えず，子葉の展開から開花までの日数は増加するが，図より比例して増加または減少するとはいえない。仮に比例しているのであれば，開花までの日数の変化は，日長の曲線と同様または逆の傾向を示すはずである。

問3　これまでの説明の通り，この植物は短日植物であり，花芽形成に必要な暗期の長さの最小値（限界暗期）は 24 − 13 = 11 時間程度であると推測できる。よって，⑥が正しい。なお，図1において，4/16までは，約30日で開花しているのに，5/1以降では開花までの日数が増大しているのは次のように説明できる。日長時間が約13時間以下（暗期が約11時間以上）の環境では，子葉展開後に直ちに花芽形成して，開花の準備が行われる。一方，日長の時間が約13時間を超えると，この植物の限界暗期よりも実際に与えられている連続した暗期の長さが短くなり，日長の時間が約13時間を下回るまで，花芽形成が行われず，その分開花までの期間が延びる。つまり，5/1～8/16に子葉を展開した個体が花芽形成をするのは，9/1に子葉を展開した個体とほぼ同時期になる。

第5章　生物の環境応答

解説 問1 実験に用いたキクは短日植物であり，連続した暗期が限界暗期を超えると花芽形成する。本文や実験中の内容から限界暗期を推定することが重要である。本文より，Y株もW株も暗期8時間の条件では花芽形成しなかったので，限界暗期は，8時間＜Y株，8時間＜W株である。実験1より，暗期10時間で花芽したことから，各株の限界暗期は，8時間＜Y株≦10時間，8時間＜W株≦10時間とわかる。さらに，**実験2**より，10時間の暗期のうち暗期開始から30分後に10分間の光中断を行う（連続暗期のうち長いのは9時間20分であり，こちらが反映される）とY株のみが花芽形成したことから，各株の限界暗期は，8時間＜Y株≦9時間20分，9時間20分＜W株≦10時間とわかる。よって，限界暗期はW株の方が長い。

> **重要事項の確認** 植物の花芽形成の調節
> **限界暗期**：花芽形成が起こるかどうかの境界となる連続暗期の長さ
> **長日植物**：限界暗期より連続暗期が短くなると花芽形成
> **短日植物**：限界暗期より連続暗期が長くなると花芽形成
> **中性植物**：暗期の長さに関係なく花芽形成

問2 暗期8時間の条件では，Y株もW株も花芽形成せず，どちらも花芽形成に必要なフロリゲンは体内で合成されない。この2株を接ぎ木しても，与えた暗期の長さは限界暗期に達しないので，花芽形成しない。

問3 実験3において，YW株を実験2の条件で栽培すると花芽が形成する。実験2の連続暗期9時間20分において花芽形成するのはY株であり，Y枝でフロリゲンが合成されたと判断できる。花芽形成は両枝でみられたので，Y枝の葉で合成されたフロリゲンが師管を通ってW枝に達し，花芽形成を促したと推測できる。これは，**実験4**においてYW株の枝の葉を取り除いたとき，Y枝の葉が残っている場合（W枝の葉がすべてない場合）に花芽形成が起こっていることからも，Y枝の葉が暗期の長さを感知していたと裏付けられる。つまり，Y株，W株の体内で合成されるフロリゲンや，フロリゲンを受容する機構は両者で同じであったといえる。花芽形成の開始を決定する限界暗期を答えればいいので，②Y株の限界暗期が正解。

問4 実験4で行った環状除皮とは，茎の外側から形成層にノミを入れ，形成層より外側を環状にはがす操作である。環状除皮を行うと，形成層の外側に位置する師管が断裂するため，処理をした部位より先にフロリゲンが輸送されなくなる。問3より，Y株の限界暗期に置かれた場合，フロリゲンを合成できるのはY枝の葉のみであるからY枝で合成されたフロリゲンは環状除皮をしたB点まで師管を通って輸送される。B点より先にはフロリゲンは輸送されないので，Y枝のみがフロリゲンの作用を受けて花芽形成する。

58 花芽形成，繁殖戦略

問1 ④　　**問2** ①　　**問3** ④

解説 **問1**　表1より，いずれの日に種子をまいても，花壇aでは翌年の4/15に花芽が，脇に屋外灯を置いて暗期の時間を短くした花壇bでは翌年の3/10に花芽が見られた。暗期の長さが短い環境（花壇b）で花芽形成の時期が早まることから，園芸植物Xは，限界暗期よりも暗期が短くなると花芽形成が起こる長日植物とわかる。

次に，限界暗期の長さを推定する。花壇aでは，毎日，日の出・日の入りの時刻が変化するため，連続暗期の長さを把握しにくい。よって，屋外灯を日没から19時まで点灯している花壇bについて考える。花壇bで連続暗期が11時間となるのは，3/10頃である。限界暗期に達したその日に花成するとは考えられないので，限界暗期に達したのは3/10よりも前（連続暗期が11時間よりも長い時期）と考えられ，限界暗期は11時間よりも長いと判断できる。

問2　園芸植物Xは限界暗期が11時間より長い長日植物なので，花壇bでは6月〜10月下旬まで長日条件である。にもかかわらず花成しないのは，冬の一定期間の低温を経験しないと花芽形成のスイッチが入らないためである。これは，秋まきコムギなどにもみられる春化と呼ばれる現象である。

問3　バイオームの内容を含めた問題である。

ア．園芸植物Xは限界暗期が11時間以上の長日植物であるので，日長の年内変動が小さく，高温の低緯度地方の熱帯多雨林や雨緑樹林が生育場所ではない。

イ．攪乱が起きた土地では個体数が減少するため，自家受粉ができないと繁殖に不利。

ウ．夏緑樹林ならば，晩秋から春にかけて林床が明るくなるため適当である。照葉樹林のギャップは，立ち枯れや自然災害で生じるため，いつできるかわからず，種子の生存期間が短い種の生育には適さない。

25 植物の配偶子形成と受精・発生

59 花粉管の伸長と ABC モデル

問1 ②　　**問2** ④, ⑥　　**問3** ③

解説 **問1**　問題文の内容から，領域1〜4の大まかな位置関係と，各領域で発現する遺伝子を示すと右図のようになる。変異体は領域2ががく，領域3が雌しべ

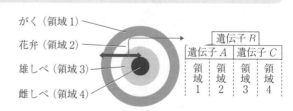

| がく（領域1） |
| 花弁（領域2） |
| 雄しべ（領域3） |
| 雌しべ（領域4） |

	遺伝子 R		
遺伝子 A		遺伝子 C	
領域1	領域2	領域3	領域4

に変化している。これは野生型の花の領域1と4とそれぞれ相同な構造である。よって，上図から，変異体の花では領域1と4に相当する遺伝子のみが発現していることになり，変異体は遺伝子Bを欠損していると推測できる。

問2　表１の野生型の結果より，培地のスクロース濃度が低いほど花粉は破裂しやすく，花粉外の浸透圧(濃度)が低いほど花粉内に水が浸透して膨張している。また，野生型において０％と10％の結果を比べると，スクロースが培地中にある方が花粉管は伸長(花粉Ｃ)することから，スクロースが花粉管の伸長に関わると推測される。

① 誤り。表１より，野生型花粉ではスクロース濃度が低いほど膨張している。

② 誤り。表１の野生型花粉では，吸水し破裂した花粉Ｄが全体の51％を占めている。

③ 誤り。寒天のみというのはスクロース濃度が０％であることを示す。野生型花粉はスクロースがないと，全体の８％しか花粉管を正常に伸長できない。

④ 正しい。外部からの栄養分とは糖質のスクロースのことである。図２より野生型花粉管の伸長をみると，スクロース濃度０％のときは1.5時間で花粉管の伸長が停止するのに対し，スクロース濃度10％では少なくとも2.5時間目まで同じ速度で伸長を続ける。これは細胞内の栄養分を使い果たした後に，外部から栄養源を吸収して用いていると考えられる。

⑤ 誤り。表１より，変異体Ｚでは，吸水して大きく膨らんだ花粉Ｂが98％を占める。

⑥ 正しい。表１で変異体Ｗの花粉Ｃの割合は野生型とほぼ同じであるが，図２より伸長速度が野生型の約半分であるので花粉管の吸水効率がやや低く，細胞が成長しにくい可能性がある。また，④で説明した通り，花粉管の伸長は糖質などの栄養分を用いる可能性もあり，栄養分の代謝効率が低くても花粉管の伸長に影響があらわれる。可能性としては妥当な推論である。

問3　花粉管の伸長は，10％スクロース培地上と自然界とで同じであるので，図２の野生型(10％)のデータをもとに考察する。図２より，花粉をまいてから花粉管が伸長するまでに0.5時間を要し，花粉管の伸長速度は8〔mm〕÷2〔時間〕＝4〔mm/時間〕とわかる。柱頭から胚のうまでの距離は2.0cmであるので，花粉管が20mm伸長するには，伸長開始から20〔mm〕÷4〔mm/時間〕＝5〔時間〕を要する。これに花粉管の伸長開始までに要する時間を加えて，0.5＋5.0＝5.5〔時間〕が正答である。

60　花粉管の誘引のしくみ
問1 ②　　**問2** ⑤　　**問3** ③，⑤

解説　問1　①・②　実験２の図３より，種Ａ～Ｄは助細胞によって花粉管を胚珠に誘引するしくみを備えていることがわかる。よって，①は誤り，②が正しい。

③・④　種子植物全体や維管束植物全体に関しては実験をしていないため判断できない。まずは実験からわかる範囲で考察するようにしよう。

⑤ 誤り。種Ｅに花粉管誘引のしくみがあるかは調べていないので，種Ｅとの分岐後にこの性質が獲得されたかはわからない。

⑥ 誤り。アゼナ属と分岐したトレニア属の共通祖先から種Ａ～Ｃはさらに分岐したので，種Ｄと種Ａ・Ｂ・Ｃの進化的距離は等しいといえる。そのため，実験１のみでは種Ｄと近縁な種は特定することはできない。

問2 図4から，「胚珠・柱頭・花粉管」，つまり，雌（胚珠・柱頭）と雄（花粉管）の種が完全に一致しないと，花粉管は胚珠に到達しないことがわかる。複数の実験とその結果を比較する場合，条件が1つだけ異なる2つの実験を比較するという原則に従って考察する。

③・④・⑤ 胚珠と花粉管の種が異なる場合（図3のA・A・DとD・D・A）も，柱頭と花粉管の種が異なる場合（A・D・AとD・A・D）のどちらの組合せでも花粉管が胚珠に到達しないことから，⑤が正しく，③と④は誤りと判断する。

① 誤り。各組合せでどのようなしくみにより交雑が妨げられているかは実験していない。

② 誤り。他種の花粉を拒絶するしくみは同程度であると推測される。

問3 ① 種Fと種Gがもつ染色体数が異なる場合は，種間雑種はその中間の染色体数をもつことになり，体細胞分裂がうまく進行せずに胚発生が正常に行われないことがあるため，適当。

②・④ 開花時期や花粉媒介を行う動物が異なれば，花粉がお互いには運ばれないので，これも適当。

③・⑤ おしべとめしべの本数や，形成する種子数を調べても，異種間交配ができるかどうかの判断に用いることはできないので，適当ではない。

⑥・⑦ 種間雑種ができないことを直接的に示すために行う実験なので適当。

第6章 生態と環境

26 植生の遷移

61 遷移の過程と光合成曲線
問1 ① 問2 ⑤ 問3 ⑧

解説 問1 図1に示されたA種とB種の幹の直径を見ると、A種は細いものが多く含まれるが、B種は総じて中程度～太い樹木のみである。樹木は成長に従い幹が太くなるので、幹の直径が細い樹木は芽生えて間もない樹高の低い幼木である。図Ⅰ～Ⅴにおいて、森林形成後の暗い林床でも安定して細い樹木（幼木）がみられるのはA種であり、これが陰樹である。また、日本の冷温帯に存在するバイオームは夏緑樹林であり、①ナラ、⑥クリなどが代表例である。②トドマツ・④シラビソは亜寒帯に生育する針葉樹。③カシ・⑤タブノキは暖温帯に生育する照葉樹の例なので誤り。

問2 火山活動や地殻変動によって生じた、土壌や生物が存在しない土地で始まる植生遷移を一次遷移という。一次遷移のうち、陸上で始まる遷移を乾性遷移、湖沼で始まる遷移を湿性遷移という。まず、B種が陽樹、A種が陰樹である。図Ⅰ～Ⅴにおいて、陽樹（B種）の芽生えはみられないので、混交林から陰樹林にかけての一次遷移の過程であるとわかる。陽樹のB種は樹齢を増すごとに幹は太くなっていくが、遷移が進むと寿命によって徐々に枯死していく。幹の直径が細い順から太い順に並べると、Ⅴ→Ⅲ→Ⅰ→Ⅱとなる。ⅣはB種がみられず、陰樹のA種のみなので、極相に達した状態といえる。

重要事項の確認 遷移の種類
- **一次遷移**：裸地（土壌や生物が存在しない土地）から始まる遷移
  - **乾性遷移**：陸地から始まる一次遷移
  - **湿性遷移**：湖沼から始まる一次遷移
- **二次遷移**：種子、根を含む土壌がある土地から始まる遷移

問3 陽樹と陰樹の光合成曲線は右図のようになる。植物が生育するために必要最低限の光の強さを光補償点、植物に光をそれ以上多く当てても、光合成速度が大きくならない光の強さを光飽和点といい、いずれも陽樹の方が高い。図2にはA種（陰樹）の光合成曲線が示されているので、B種（陽樹）ではa点（光補償点）は右にずれる。

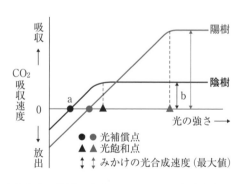

また、強光下における見かけの光合成速度（b）も陽樹が大きいので、bの値は大きく

なる。なお，呼吸速度は光の強さ 0 で示された CO_2 放出量で，陽樹の方が大きい。

62 遷移の調査
問1 ① **問2** ①，④

解説 **問1** 堆積物中の花粉の種類と量を分析することで，花粉が出土した地層の時代の，その地域に生育していた植物種とその繁栄の度合いを推定できる。図1に示した花粉量はその時代に繁栄していた植物種と植物量であると捉える。コメツガ，オオシラビソは寒冷な高標高地域に分布する針葉樹，ブナ，ミズナラは温暖な低標高地域に分布する夏緑樹である。

ⓐ 誤り。コメツガ，オオシラビソは寒冷な高標高地域に分布する。

ⓑ 合理的な推論。両者の光や水，無機塩類を巡る争いが激しく，極端に生育に優位な種がなかったため，植物種の入れ替わりに時間がかかった可能性がある。

ⓒ 合理的な推論。種子の散布距離が短いと，分布域の変化はゆっくり進むと考えられる。実際，オオシラビソとコメツガは種子の大きさが小さく散布力が比較的高いが，ブナ，ミズナラは種子が大型で散布力が低い。

問2 ① 正しい。火入れにより土壌中の有機物は燃え，土壌内の有機物量はほぼ 0 になっていると考えられる。分解者による土壌有機物から無機塩類への分解が起こらず，植物が生育しにくい。また，無機物や水を保持することが難しく，本来土壌中にあった種子も燃えてなくなっているので，遷移は一次遷移に近い状態になる。

② 誤り。微粒炭が最も多い600年前頃には草本の花粉が出現しており，微粒炭が草本の成長を抑制したとはいえない。

③ 誤り。火入れを行った場合，その土地の植物はすべて焼けてしまうので，地表に到達する光は多いはずである。

④ 正しい。火入れ以外(家畜の放牧や，植物の刈り取りなど)の人為的かく乱のために，遷移の進行が遅れている可能性がある。

27 気候とバイオーム

63 バイオーム（生物群系）

問1 ①，⑤　問2 ④　問3 ②，⑦　問4 ①　問5 ②　問6 ④

解説 問1　図1のバイオームの名称は，次の通りである。a－熱帯・亜熱帯多雨林，b－雨緑樹林，c－照葉樹林，d－夏緑樹林，e－針葉樹林，f－ツンドラ，g－硬葉樹林，h－ステップ，i－サバンナ，j－砂漠。

① 正しい。日本の年間降水量は全国的に多く，自然に手を加えなければ，高山帯を除いてすべての地域で森林が形成される。分布するバイオームは南から順にaの一部（亜熱帯多雨林：aの中で，年平均気温と年降水量が低い地域に成立）→c（照葉樹林）→d（夏緑樹林）→e（針葉樹林）である。

② 誤り。h（ステップ）やi（サバンナ）はともに草原であり，イネ科の植物が優占する。熱帯に分布するサバンナでは，ハナキリンやアカシアなどの樹木が点在する。

③ 誤り。b（雨緑樹林）とi（サバンナ）は雨季と乾季の区別があるが，d（夏緑樹林）は乾季が存在しない。

④ 誤り。いずれも荒原であり，極地であるが，f（ツンドラ）にはコケ植物や地衣類，一部の藻類に加え，ジャコウウシやトナカイなどの動物も生息する。また，j（砂漠）にもサボテン，ベンケイソウの他にガラガラヘビなどの動物も生息する。

⑤ 正しい。地中海沿岸は夏に雨が少なく，冬に雨が多い気候である。夏の乾燥を防ぐため，生育する硬葉樹の葉はクチクラ層が厚く硬いという特徴をもつ。

⑥ 誤り。一般に森林は，高温多湿地域では階層構造が発達し，低温や乾燥した地域では階層構造が発達しない。熱帯・亜熱帯多雨林では階層構造が発達し，着生植物やつる植物が多くみられる。

問2　最大降水量が約4000mmであることや，気温が0℃の位置（針葉樹林を横断する部分）は，覚えるべき事項の一つである。

問3　バイオームの分布がきちんとわかっていれば，簡単な問題である。

① ・② ・③ 年平均気温（横軸）が同じとき，年降水量（縦軸）が多いほど（グラフでは上方にいくほど），年有機物生産量は多くなる。よって，②が正しく，①・③は誤り。

④ 誤り。ツンドラ（f）とサバンナ（i）を比べると，サバンナの方が有機物の生産量は大きい。

⑤ 誤り。針葉樹林（e）と砂漠（j）を比べると，針葉樹林の方が有機物の生産量は大きい。

⑥ 誤り。硬葉樹林（g）と照葉樹林（c）を比べると，照葉樹林の方が有機物の生産量は大きい。

⑦ 正しい。硬葉樹林（g）と雨緑樹林（b）を比べると，雨緑樹林の方が有機物の生産量は大きい。

問4 下の 重要事項の確認 のような日本の南北方向におけるバイオームの分布を水平分布という。

① 誤り。北海道北東部は亜寒帯で針葉樹林が分布する。針葉樹林に優占する植物の多くは常緑樹であり，特定の季節に落葉はしない。エゾマツ・トドマツも常緑樹。なお，カラマツは落葉針葉樹である。

② 正しい。標高の高い地域を除いて，北海道南西部から東北地方（北関東なども含まれる）までは冷温帯で，冬季に落葉する広葉樹からなる夏緑樹林が分布する。

③ 正しい。本州の関東地方から西日本，四国，九州は暖温帯で，クチクラ層が発達した葉をもつ常緑広葉樹からなる照葉樹林が分布している。

④ 正しい。九州南端部から沖縄は亜熱帯で，亜熱帯多雨林が分布する。

②〜④に示してある樹種は誤っていないので，あわせて覚えておくとよい。

問5 森林限界より上の寒帯である高山帯には森林が見られず，クロユリやコマクサなどが優占する高山草原が広がる。また，ハイマツなどの樹木は森林を形成しないが，ところどころに点在することがある。よって，②が正しい。①アカシアはサバンナ，③コルクガシは硬葉樹林，④サボテンは砂漠にみられる植物である。

重要事項の確認 日本の水平分布

針葉樹林
夏緑樹林
照葉樹林
亜熱帯多雨林

利尻岳　140°　145°
45°
（亜寒帯）
大雪山
鳥海山
朝日岳　40°
（冷温帯）
穂高岳
（亜熱帯）　奄美大島　130°　135°
35°
沖縄島　富士山
125°　（暖温帯）
25°　130°
阿蘇山
屋久島　30°

問6 図1より熱帯・亜熱帯多雨林(a)の年有機物生産量は約2.1kg/m²であり，その有機物に含まれる窒素の重量比が0.7%と問題文中にあるので，1平方メートルあたりの吸収する窒素量は次の式で求められる。

$$2.1 \times 10^3 〔g〕 \times \frac{0.7}{100} = 14.7 〔g〕$$

よって，④が正しい。

問1　③　　問2　②　　問3　⑧　　問4　④

解説 問1　暖かさの指数（WI）とは，「月平均気温5℃以上の月に関して，それぞれの月平均気温から5℃を差し引いたうえ，年間にわたってそれらを合計した値」であり，生育する植物の目安となる。表2の地点Xの月別平均気温を見ると，5℃以上の月は4〜10月である。これらの月の平均気温から下表のように5℃をそれぞれ差し引き，█の部分を合計した「67」が地点Xの暖かさの指数である。

月	1月	2月	3月	4月	5月	6月	7月	8月	9月	10月	11月	12月
気温	−5	−3	−1	6	12	16	20	21	17	10	4	−2
−5℃	×	×	×	1	7	11	15	16	12	5	×	×

問2　まず，地点Xは日本にあるので，成立するバイオーム（気候帯を（　）内に示す）は高山草原・ツンドラ（寒帯），針葉樹林（亜寒帯），夏緑樹林（冷温帯），照葉樹林（暖温帯），亜熱帯多雨林（亜熱帯）のいずれかである。日本には熱帯は存在しない点にも注意したい。よって，日本に存在しない①，④は誤りである。さて，前問より地点Xの暖かさの指数は67である。表1より，地点Xのバイオームは冷温帯（WI 45〜85）に属するので，地点Xに成立するバイオームは②の夏緑樹林が正しい。

問3　夏緑樹林の代表的な樹種には，ブナ，ミズナラ，カエデ，クリなどがあり，⑧が正しい。①ヘゴや②ビロウは熱帯・亜熱帯多雨林に，③トドマツや④トウヒ，⑥シラビソは針葉樹林に，⑤タブノキ，⑦クスノキは照葉樹林にみられる樹種の例である。

問4　問1と同じようにWIの計算を行う。下表のように，まず，気温が5℃上昇した将来の気温を計算してみる。将来は4〜11月が5℃を超えており，これらの月の平均気温から5℃をそれぞれ差し引き，█の部分を合計すると「106」となる。表1より，暖温帯（WI 85〜180）に属するので，将来の地点Xに成立するバイオームは④の照葉樹林に変化する。

月	1月	2月	3月	4月	5月	6月	7月	8月	9月	10月	11月	12月
現在	−5	−3	−1	6	12	16	20	21	17	10	4	−2
将来	0	2	4	11	17	21	25	26	22	15	9	3
−5℃	×	×	×	6	12	16	20	21	17	10	4	×

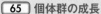

28 個体群と個体群の成長

[65] 個体群の成長

問1 ① 問2 ② 問3 ② 問4 ① 問5 ③

解説 問1 ある地域に生息する個体数を推定する方法の一つとして，標識再捕法がある。

① 誤り。1回目で捕獲し標識した標識個体を放し，個体群全体に拡散してから2回目の捕獲をするので移動能力が高い動物に有効である。

② 正しい。標識個体を放した後，出生や死亡で個体数が変動しないうちに2回目の測定を行う。

③ 正しい。外部との個体の流出入があると標識個体が減ったり，非標識個体が増えたりして，正確な個体数を推定できない。

④ 正しい。個体への標識は測定期間中，安定して保たれ，標識した個体と非標識個体との間で生存に有意差が生じてはならない。

問2 標識再捕法の実験であり，池全体の個体数は以下の式に代入して求められる。

$$\frac{1回目に標識した個体数}{池全体の総個体数} = \frac{2回目に捕獲された標識個体数}{2回目に捕獲された総個体数} \quad よって，$$

$\dfrac{100}{x} = \dfrac{4}{120}$，$x = 3000$〔個体〕 である。1m^{2}中の個体群密度を求めるので，

$$\frac{3000〔個体〕}{5000〔m^2〕} = 0.6〔個体/m^2〕$$

問3 生物を一定の空間で飼育すると最初は個体数が急激に増加するが，個体群密度が高まると，空間や食料などの資源をめぐる種内競争が高まり，また死体や老廃物による環境の悪化によって個体群の成長は環境収容力で上限値に達する。このように，個体群密度の変化に伴って，個体群を構成する個体の発育・生理が変化する現象を密度効果という。

問4 問題文に示された増加率は期間内で個体数が何倍に増加したかを示す。各選択肢の増加率を順に求めると，0〜1日では，$\dfrac{25}{5} = 5$(倍)，① 1〜2日では，$\dfrac{130}{25} = 5.2$(倍)，

② 2〜3日では，$\dfrac{320}{130} \fallingdotseq 2.5$(倍)，③ 3〜4日では，$\dfrac{380}{320} \fallingdotseq 1.2$(倍)，④ 4日目以降の個体数は，約380個体で一定なので，1倍である。よって，①が正しい。

問5 培養液を2倍量に増加させて同様の実験を行うと，ゾウリムシが用いることのできる資源(餌と空間)の量が2倍になる。資源の増加に伴い，環境収容力は約2倍になるので個体数の上限値は図1の約2倍に上昇する。一方，初期の増加率は，資源が十分な環境では培養液中にいるゾウリムシの個体数で決定する。よって，2日目くらいまでの初期増加率は図1と同様であると予想される。

66 生命表と生存曲線
問1 ③　　**問2** ③，④　　**問3** 種X-②　種Y-①

解説 **問1**　植物における最終収量一定の法則に関する問題である。植物では個体群密度が高まると，個体あたりの種子数の減少や発芽率の減少，個体の短小化がみられる。このように，個体群全体の総重量は種子をまいたときの密度に関係なく最終的にはほぼ一定になる。個体群密度が低いほど個体は大きく成長し，逆に高いほど個体は成長しにくく，どちらも最終的な個体群全体の収量は変化しないため，③が正しい。

問2　図1に示した生存曲線は縦軸が対数目盛りであり，グラフが直線の場合は死亡率が一定であることを示す。一般的な図1のa型～c型の生物の特徴を以下に示す。

a型：産卵・産子数が少なく，幼齢期に親が出生個体を保護するので，幼齢期の死亡率が低く，多くの個体が生殖年齢に達するまで生存できる。大型の鳥類，哺乳類，社会性昆虫など。

b型：親の保護がみられるがa型ほどではなく，死亡率が一定である。小型・中型の鳥類，爬虫類，ヒドラなど。

c型：産卵数が多く，その後の親の保護はほとんどみられない。そのため幼齢期での死亡率が高く，多くの個体が生殖年齢に達する前に死亡する。魚類，昆虫類など。

① 誤り。水生無脊椎動物や魚類の生存曲線はc型である。

② 誤り。b型のグラフが直線なのは齢ごとの死亡数ではなく，死亡率が一定のためである。

③ 正しい。各グラフに示された生物の正確な生殖年齢はわからないが，出生時に1000個体であったc型の生物は2齢の時点で10個体以下まで個体数を減らしており，多くの個体が生殖年齢に達する前に死亡することがわかる。

④ 正しい。上記説明にもあるように，親の保護が手厚い種はa型のグラフに，保護がみられない種はc型のグラフになる。

問3　表1の種Xの生命表を見ると，齢ごとの生存個体数は1齢上がるごとに約半分に低下している。生存率が約50%ということは半数の個体が齢ごとで死亡するので，死亡率は10齢の100%を除いて約50%で一定となり，b型のグラフを示す生物となる。

　一方，表2の種Yの生命表を見ると，0齢での死亡数は1000－874＝126個体であり，0齢での死亡率は126/1000×100＝12.6%である。同様に齢ごとの死亡率を求めると，1齢－14.3%，2齢－16.6%，3齢－20.2%，4齢－24.4%，5齢－34.2%，6齢－49.2%，7齢－99.2%，8齢－100%となり，幼齢期は死亡率が低いが，老齢期で死亡率が急激に上昇する。そのため，種Yはa型のグラフを示す生物である。

67 個体群内の個体の分布
問1 ⑤　　**問2** ③，④

解説 **問1**　5cm四方の方形枠を用いると，個体数が0の区画が4つ，個体数が1の区画が3つ生じ，方形枠が小さすぎることがわかる。また，20cm四方の方形枠で

は大きすぎるため，個体群の分布のようすがわからない。

① 誤り。5cm四方に表より多くの個体数が含まれる場合がある。

② 誤り。20cm四方に，明らかに表より多くの個体が含まれる。

③・⑥・⑨ 誤り。ほぼ均等に個体が分布しており，5cm四方の方形枠で数えたときに，0個体または1個体の区画が合計7つ，10cm四方の方形枠で数えたときにも0個体の区画があるという結果に反する。

④ 誤り。10cm四方に，明らかに表より多くの個体が含まれる。

⑤ 正しい。右図のようになる。

⑦ 20cm四方の方形枠でも，個体数が0の区画が出来てしまう。

⑧ 20cm四方の方形枠に含まれる個体数が，明らかに少ない。

5cm四方で枠内を分割　　　10cm四方で枠内を分割

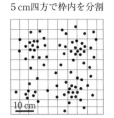 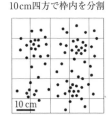

〔別解〕 個体群密度から考える方法もある。20cm四方($400cm^2$)の方形枠の個体数をすべて足すと，157個体 $/4000cm^2$。選択肢の図の面積は，①〜③が約25cm四方($625cm^2$)，④〜⑥が約50cm四方($2500cm^2$)，⑦〜⑨が約100cm四方($10000cm^2$)であり，各枠内には80個体の生物が・として示されている。個体群密度は，①〜③が80個体 $/625cm^2$，④〜⑥が80個体 $/2500cm^2$，⑦〜⑨が80個体 $/10000cm^2$なので，157個体 $/4000cm^2$と最も近いのは④〜⑥である。次に，5cm四方の方形枠では，0個体の方形区も半分近く見られことから⑤と判断できる。

問2 選択肢の成長速度は，表2の「1日あたりの体重増加量」である。

①・②誤り・③正しい。小型個体，大型個体のどちらでも，生息密度が高いほど1日あたりの体重増加量は減少している。

④正しい・⑤・⑥誤り。どの生息密度においても，1日あたりの体重増加量は大型個体に比べて小型個体の方が高い。

［68］ 利他行動と血縁度
問1 ②，③　　**問2** ア−②　イ−④　ウ−③　　**問3** ①

解説 問1 働きバチの卵巣成熟は，女王バチが分泌するフェロモンによって抑制されている。本問では，「視覚情報のみ → 卵巣が成熟」と「フェロモンの受容 → 卵巣の成熟抑制」という2つの実験結果を比較すればよい。よって，②の「フェロモンの到達は制限されるが，視覚情報は提示する」実験から，視覚情報だけでは卵巣成熟が起こる(卵巣成熟は抑制されない)ことを確かめ，③の「視覚情報とフェロモンの両方を働きバチに提示する」実験から，女王バチからフェロモンが到達していれば卵巣成熟が起きないことを確かめればよい。「比較できる2つの実験は条件を1つだけ変えたものである」という原則に注意して問題を解こう。

問2 血縁度は，ある個体がもつある遺伝子を他の個体が共通にもつ確率であり，血縁関係にある個体間の近縁度を表す指標として用いられる。ヒトやマウスなどの通常の

二倍体動物では親子間の血縁度は0.5，兄弟姉妹間の血縁度も0.5であり，自分の子を増やすことと，共通の親から生じる兄弟姉妹を増やすことは遺伝子の伝搬からみると同等の価値をもつ。しかし，ミツバチでは，雄バチが単相・雌バチが複相なので，血縁度は以下のように求める。

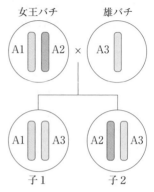

女王バチ　　　　　　　雄バチ

A1　A2　×　A3

A1　A3　　　A2　A3

子1　　　　　　　子2

右図のように，女王バチでは A1 と A2，雄バチでは A3 の染色体をもつとする。生じる子(働きバチ)は A1A3，A2A3 の 2 通りのうちどちらかになる。このとき，すべての働きバチで保有する染色体の一方は女王バチ由来，もう一方は雄バチ由来である。

ア．子1と子2を比較する。子1と子2の組合せとして考えられるのは，(A1A3, A1A3)，(A1A3, A2A3)，(A2A3, A1A3)，(A2A3, A2A3)，だから，A1 が一致する確率は $\frac{1}{4}$，A2 が一致する確率も $\frac{1}{4}$ となり，合計で染色体は $\frac{1}{2}$ の確率で一致する。よって，女王バチ由来の染色体が姉妹間で一致する確率は0.5。

よって，アは0.5。

イ．子1と子2を比較すると，雄バチ由来の常染色体(A3)は姉妹間で必ず一致しているので，イは1。

ウ．ア，イの確率から，働きバチ間の血縁度を求めると以下の式が成り立つ。

女王バチ由来の染色体が一致する確率　　　雄バチ由来の染色体が一致する確率　　　血縁度
（ 0.5 × 0.5 ） ＋ （ 1 × 0.5 ） ＝ 0.75

働きバチ間で常染色　女王バチに由来する　　働きバチ間で常染色　雄バチに由来する
体が一致する確率　　染色体をもつ確率　　　体が一致する確率　　染色体をもつ確率

よって，ウは③の0.75が正しい。

問3　問2で説明した通り，女王バチ由来の染色体が一致する確率は0.5×0.5＝0.25である。一方，雄バチ由来の染色体は働きバチ間で異なるため，雄バチ由来の染色体が一致する確率は0×1＝0となる。よって，0.25＋0＝0.25となり，①が正しい。

重要事項の確認 ■ **血縁度と適応度**

血縁度：2つの個体が遺伝的にどれだけ近縁かを示したもの。血縁度が1の場合，2つの個体はクローンであることを示す。

適応度：ある個体が残した子のうち，生殖可能な年齢まで達した子の数。

包括適応度：自分自身の子に遺伝子が受け継がれる場合だけでなく，血縁関係にある他個体から生まれた子に遺伝子が受け継がれる場合も含めて考えた適応度のこと。

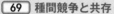

69 種間競争と共存

問1　②　　問2　④　　問3　③

解説 問1　本文にある「Bを実験的に取り除く→Aは下部まで分布域を広げる」,「A を実験的に取り除く→Bは上部に分布域を広げられない」という点に注目する。Aは 海水に浸りにくい環境でも生存できるが, Bは海水に浸りにくい乾燥した環境では生 存できない。よって, ②, ④のいずれかが正しい。さらに, フジツボAとBは成長速 度が異なり, 図1より分布域が広いフジツボBは, Aに比べて成長速度が大きいと考 えられる。

問2　問1より, フジツボBは乾燥に弱いため, フジツボAが分布している上部で生存 することはできない。これは, 乾燥という非生物的環境によってフジツボBが上部に 分布できないことを示している。よって, ①と②が誤りで, ④が正しい。

　③　誤り。本文にある「成長速度が大きいフジツボは, 成長速度が小さいフジツボを 岩からはがして排除」という内容から, 成長速度が小さいフジツボAは, 成長速度 の大きいフジツボBを排除できない。フジツボBが上部で生育できないのは乾燥に 適応できないためである。

問3　成体のフジツボAとBは生活空間を分けながら, 同一の地域に生活している。こ のような関係を共存(すみわけ)といい, ③もすみわけの一例である。なお, その他の 選択肢の相互作用は, ①種間競争, ②被食者－捕食者相互関係, ④生態的同位種であ るが同じ地域に生息しないため相互作用はない, ⑤相利共生, ⑥間接効果である。

重要事項の確認　**生物の相互作用(利益と不利益が生じる関係)**

両者が利益を得る関係…**相利共生**

両者が利益を共有する関係…**すみわけ, くいわけ**

一方は利益を得るが, もう一方には利益も不利益もない関係…**片利共生**

一方が利益, もう一方が不利益を被る関係…**被食者－捕食者相互関係, 寄生**

両者が不利益を被る関係…**種間競争**

---

70 被食者－捕食者相互関係と間接効果

問1　③　　問2　①　　問3　①　　問4　④

解説 問1　本文の内容より, 異なる2種間でみられる化学物質による利益の関係と, リママメ, ハダニ, 捕食ダニの関係は次ページの図のようにまとめられる。

第6章 生態と環境

実験1より，箱に入れたリママメ
の葉は加害を受けないと捕食ダニを
誘引せず，実験2より，加害を受け
たリママメの葉は捕食ダニを誘引
し，ハダニを忌避させることがわか
る。よって，③が正しい。

① ・ ②　ともに誤り。誘引物質はハ
　ダニでなくリママメの葉が放出
　し，ふだんは葉に存在しない。

④　誤り。実験1と2でハダニの捕
　食実験はしていないので判断でき
　ない。

問2　実験2〜4では，リママメの葉
を捕食するハダニの数を変えて実験
している。それぞれで箱Ⅱに加えた
加害葉にダニが誘引または忌避され
たかをまとめると下表の結果が得ら
れる。

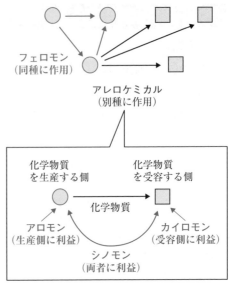

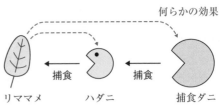

	ハダニの数	捕食ダニ	ハダニ
実験2	300匹	誘引	忌避
実験3	100匹	誘引	−
実験4	20匹	−	誘引

　上表から，リママメの葉は加害するハダニの数（密度）が多いときに捕食ダニをよく
誘引し，少ないときはその効果がみられないことがわかる。よって，①が正しい。

問3　問2で示した表のハダニの部分をみると，葉の加害が低い（20匹）ときはハダニが
誘引され，葉の加害が高い（300匹）ときは逆に忌避される。加害の程度によってハダ
ニの行動が変化することから，加害の程度が上がると葉が合成，放出する化学物質の
濃度は上昇すると推測できる。化学物質が低濃度のときは捕食できる葉の位置を知り，
一方，濃度が高まってくると捕食ダニが誘引される前に葉から逃走することができる。
よって，①が正しい。

②　誤り。ハダニを集合させると加害の程度が高まり，誘引された捕食ダニに捕食さ
　れて不利益になる。

③　誤り。加害の程度で葉に集まるハダニの密度は大きく変化する。

④　誤り。捕食ダニは加害の程度によって誘引されるので，加害されている葉が複数
　ある場合はそれぞれの葉に捕食ダニが集まる。特定の加害葉に捕食ダニを集中させ
　るには，加害葉の中でも加害の程度を十分に高める必要があり，捕食の危険が高まっ
　てハダニには逆に不利になる。自己犠牲という観点でみれば，④が完全に誤りとは
　いえないが，化学物質の放出量が変わることでハダニの行動が変化するという点か

ら利益を考えると，①が適する。

問 4　リママメは捕食ダニを誘引してハダニを捕食してもらう点で利益を得ており，捕食ダニはリママメに餌となるハダニがいることを知らせてもらうことで利益を得ている。両者に利益をもたらすので，シノモンである。

> **重要事項の確認** **間接効果**
> 間接効果：直接的には被食－捕食などの関わりのない 2 種間の相互作用が，その 2 種以外の別生物の存在で変化する現象。その種の存在によって，2 種間の捕食者－被食者相互関係や，種間競争が緩和されることが多い。

30 ｜ 窒素同化・窒素固定

71 根粒菌の窒素固定とマメ科植物との共生
問 1　②　　**問 2**　①

解説 **問 1**　実験 1 より，野生型植物は根粒菌に感染して根粒が形成されると，新たに伸びた根には根粒が形成されず，根粒が形成されていない場合は，根全体に根粒を形成する。このとき，根全体に形成される根粒の数は同数である。次に図 2 a，b と実験 2 の最終文より，接木の操作自体は根粒の形成に影響を与えないことと，変異体は野生型植物に比べて多くの根粒を形成することがわかる。また，図 2 a と d の組合せと，図 2 b と c の組合せで形成される根粒の数が等しいことから，根粒の形成数は主に植物の地上部の性質によると考えられる（①誤り，②正しい）。
③　誤り。図 1 c で根粒を除いた場合，図 1 d で根粒が根全体に形成されている。
④　誤り。図 2 c で変異体の地上部に接木した野生型植物の根で根粒の形成数が過剰になっている。もともと根粒の形成数を抑える性質があるならば，根粒数は多くならないはずである。

> **重要事項の確認** **窒素固定**
> 空気中の窒素を NH_4^+ に変えるはたらきを窒素固定という。
> **窒素固定を行う生物**：根粒菌，アゾトバクター（好気性細菌），クロストリジウム（嫌気性細菌），シアノバクテリアなど。
> **根粒菌とマメ科植物の共生**：根粒菌はマメ科植物に NH_4^+ を供給し，マメ科植物は根粒菌に光合成産物を供給する。互いに利益を得る関係（相利共生）。根粒菌は単独でも土壌で生活できるが，その場合は窒素固定を行わず，土壌から直接 NH_4^+ を吸収する。
> **菌根菌と植物の共生**：菌根菌は植物の根に共生して根のように菌糸を伸ばし，体表から無機窒素や無機リンなどを吸収して植物に供給する（窒素固定は行わない）。植物は菌根菌に光合成産物を供給する（相利共生）。

問2　図3aとbより，根に一度根粒が形成されると再び根粒菌を感染させても根粒は形成されず，図3cとdより，根に根粒が形成されていない場合は根粒菌を感染させると根粒が形成される。感染後に他の根の根粒形成を抑制する何らかの信号が根から地上部へ向けて発せられると考えられる（①は正しく，④は誤り）。

②　誤り。根粒形成後に根粒形成の促進信号が根に送られるならば，図3bで根粒は過剰に形成されるはずである。

③　誤り。根粒形成前に根粒形成を抑制する信号が根に送られるならば，根粒形成は初感染時でもほとんど起こらないはずである。

31 生態系の物質生産とエネルギーの移動

> **72** 生態系内の物質循環
> 問1　⑤　　問2　③　　問3　⑥　　問4　④

解説 問1　生態系を構成する生物は役割の違いから，生産者，消費者，分解者がある。消費者は外界から得た有機物を体内で分解して用いる生物である。植物など生産者を食べる消費者を**植物食性動物（一次消費者）**，一次消費者以降の動物を食べる消費者を**動物食性動物**という。また，枯死体や排出物などの有機物を無機物に分解する生物を**分解者**という。選択肢のうち，植物食性動物はリスとバッタ，動物食性動物はカマキリ，カエル，タカ，ヘビであり，ミミズは落ち葉などを食べる分解者である。

問2　①　誤り。生物の活動（樹木の光合成）によって，非生物的環境が変化（大気中の二酸化炭素濃度が減少）することを**環境形成作用**という。

②　誤り。非生物的環境の変化（光の強さの違い）によって，生物の活動が変化（光合成速度が変化）することを**作用**という。

③　正しい。消費者を，有機物を取り込み分解して生命活動のエネルギーとする生物と定義する場合，分解者も消費者の一種となる。

④　誤り。生態系を構成する生物の食物連鎖は複雑な網状構造をしており，これを**食物網**という。一般に複数の被食者が複数の捕食者に捕食される。

⑤　誤り。消費者がいなくなることで生産者は増加するが，資源は有限なので，最終収量一定の法則に従い，個体数は環境収容力付近で一定になる。

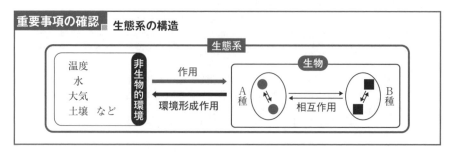

重要事項の確認 生態系の構造

問3　aは光合成による炭素の移動を示す。一方，生物が呼吸で大気に放出する CO_2 の流れはb，c，d，eである。図1の生態系の炭素循環はきちんと理解しておくこと。

問4　① 正しい。脱窒(f)は脱窒素細菌の呼吸によって，土壌中の NO_3^-（や NO_2^-）から N_2 が生じる過程である。

② 正しい。N_2 から NH_4^+(j)が生じる過程を**窒素固定**といい，土壌中の**アゾトバクター**，**クロストリジウム**，**根粒菌**以外に，水界のシアノバクテリアなどの生物も行う。また，工業的手法や空中放電でも窒素が固定される。

③正しい・④誤り。hは枯死体などの分解で生じた NH_4^+ が，ｉは硝化菌による硝化作用によって生じた NO_3^- が植物に供給される過程で，植物の窒素同化に用いられる。

⑤ 正しい。図2に示された矢印のうち，生物を介して大気中の N_2 とやりとりしているのはｆとｇのみである。

73　生産力ピラミッド
　問1　④，⑤　　**問2**　1 - ④　2 - ⑥

解説　**問1**　生産力ピラミッドにおける各エネルギーの名称は，下の 重要事項の確認 を見て復習しておこう。

④ 誤り。**不消化排出量**は，動物が消化しきれずに排出した排出物がもつ有機物中の化学エネルギーを示しており，これは分解者に渡される。その後，分解者の呼吸によって熱エネルギーとして生態系外に失われる。

⑤ 誤り。Gは光合成で固定されたエネルギー量である**総生産量**である。Hは総生産量から**呼吸量**(E_0)を除いた**純生産量**を示している。

⑥ 正しい。成長量はその年に蓄積したエネルギー量を示すので，次年度の初めには**現存量**の一部となる。

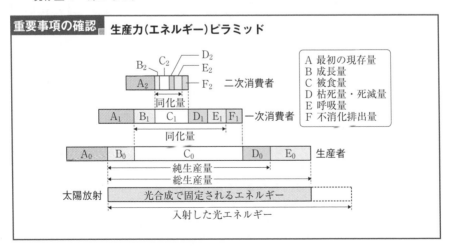

重要事項の確認　**生産力（エネルギー）ピラミッド**

A　最初の現存量
B　成長量
C　被食量
D　枯死量・死滅量
E　呼吸量
F　不消化排出量

第6章　生態と環境

問2 問題文より，エネルギー利用効率(%) $= \dfrac{\text{その栄養段階の同化量(I)}}{\text{1つ前の栄養段階の同化量(I')}} \times 100$ で

算出される。生産者と二次消費者のエネルギー利用効率は以下のように求められる。

生産者：$\dfrac{\text{総生産量(G)}}{\text{入射した光エネルギー}} \times 100 = \dfrac{12000}{300000} \times 100 = 4$〔%〕

二次消費者：$\dfrac{\text{二次消費者の同化量}}{\text{一次消費者の同化量}} \times 100 = \dfrac{C_1 - F_2}{B_1 + C_1 + D_1 + E_1} \times 100 = \dfrac{180}{600} \times 100 = 30$〔%〕

32 生態系の保全と生物の多様性

74 生態系のバランスと保全
問1 ⑥ 問2 ① 問3 ③, ⑤ 問4 ②, ⑤

解説 **問1，2** 図1に示された二酸化炭素の変化は5年間で5周期あり，上昇と下降は1年で起こっている。陸上の多い北半球の夏は植物の光合成が盛んで大気中の二酸化炭素が吸収されて二酸化炭素濃度は減少し，逆に低温で光合成が不活発な冬には大気中の二酸化炭素濃度濃度は上昇する(問2は，①が正しい)。図1の二酸化炭素濃度の変化の程度は地点cが最も大きく，地点aが最も小さい。変化量が大きいということは，夏と冬の光合成速度の差が大きいということである。岩手県のバイオームは夏緑樹林であり，冬に落葉するので冬の光合成速度は極端に低下する。よって，地点cは岩手県の観測結果である。ハワイは熱帯・亜熱帯多雨林に属し，月ごとの平均気温の温度差は多少あるので，地点bがハワイの観測結果である。また，一年中低温で植物がほとんど存在しない南極点の二酸化炭素濃度の変化は，地球の二酸化炭素濃度の平均的な変化と捉えられるので，地点aの観測結果と推測できる。

重要事項の確認 **地球の温暖化（温室効果）**
温室効果：温室効果ガスが地球表面から出る熱(赤外線)を吸収し，その一部を地表面に反射することで地表や大気の温度を上昇させる現象。
温室効果ガスの例：二酸化炭素，メタン，フロンなど。

問3 表1のラッコの生息数，生息密度は多い順にC島(高密度で安定)＞B島(増加中)＞A島(絶滅)である。

① ・ ② ともに正しい。ラッコがいないA島では，ウニの生物量，平均体重はともに大きい。

③ 誤り。ウニの生息密度はC島＜A島＜B島の順に増加し，平均体重はC島＜B島＜A島の順に増加するので，反比例しているとはいえない。

④ 正しい。ウニが大型化(平均体重でC島＜B島＜A島)すると，コンブの生育密度はC島＞B島＞A島の順に減少している。

⑤ 誤り。ウニ以外の他の植食性無脊椎動物の被度はA島＜B島＜C島の順に増加するが，ウニの生物量はC島＜B島＜A島の順に増加し，逆の傾向を示している。

⑥　正しい。ラッコのいないＡ島では，コンブの生育密度が他の島に比べて最小である。

問4　①・③・④・⑥やアメリカザリガニ・ブルーギル・セイヨウタンポポ・ムラサキイガイなどは外来生物の具体例である。②・⑤やアマミノクロウサギ，ビワコオオナマズ・ゲンゴロウなどは昔からその土地に生活していた在来種の例である。

［75］自然浄化と人間による生態系への影響
　　問1　③，④　　　問2　③，⑤

解説 問1　生活排水や工業排水などに含まれる水界に流れ込んだ有機物が，時間とともに生物のはたらきで分解され，水質が改善する現象を自然浄化という。
①　誤り。本文の内容から，図1のaは生物の呼吸で初期に減少する酸素濃度，物質bはタンパク質分解によって生じるアンモニウムイオン濃度の変化を示している。
②　誤り。生物cはアンモニウムイオンを硝酸イオンに変えるはたらきをもつ硝化菌（亜硝酸菌と硝酸菌）が主である。
③　正しい。ゾウリムシなどの原生動物は細菌を捕食し，汚水流入地点付近で増殖する。
④　正しい。地点Bでは川底に藻類が増え，底生動物の餌や隠れ家が充実している。そのため，底生動物の種数は多い。
⑤　誤り。藻類（生物d）は NH_4^+ から硝化作用によって生じた NO_3^- を利用して増殖するが，NO_3^- の減少に伴い数を減らす。しかし，地点Cでは細菌などのはたらきで水質は改善されてきれいになっており，光は十分に供給されている。
⑥　誤り。淡水域で無機塩類が過剰になると富栄養化が起き，植物プランクトン（主にシアノバクテリア）が大量増殖する。このような状態をアオコ（水の華）と呼ぶ。

重要事項の確認　自然浄化と水質汚濁
　自然浄化：水系に流入した有機物が，生物などのはたらきで分解され水質が改善する現象。
　水質汚濁：水系に流れ込む有機リンや有機窒素が過剰になると，富栄養化が起きて植物プランクトンが増殖し，多くの水生生物が死滅したりする現象。河川・湖ではアオコ（水の華），海では赤潮がみられる。

問2　①　正しい。雨滴に溶けると，硫黄酸化物は硫酸系の物質に，窒素酸化物は硝酸系の物質に変化する。そのため，降水する雨は酸性化し，湖沼の酸性化による水生生物の死滅や樹木の枯死を引き起こす。
②　正しい。このような現象を生物濃縮といい，体内で分解されにくく排出されにくい物質が引き起こすことが多い。
③　誤り。別の場所から持ち込まれた生物は外来生物といい，その地域の生態系を著しく破壊する外来生物は特に特定外来生物（侵略的外来生物）と呼ばれる。
④　正しい。地球温暖化によって引き起こされる生態系への影響は，他にもバイオー

ムの変化によるその地域の生物の絶滅などもある。

⑤ 誤り。京都議定書は二酸化炭素をはじめとする温室効果ガスの削減目標を定めた
もので，現在はその内容がパリ協定に引き継がれている。絶滅の危機にある生物を
まとめた本はレッドデータブックという。